本书出版获得以下资助：
山西省应用基础研究计划项目（20210302123444）
中国高校产学研创新基金项目（2021FNA02009）

HULIANWANG ZHONG DE YUNEI LUYOU KEYONGXING HE LUYOU JIENENG GUANJIAN JISHU YANJIU

互联网中的域内路由可用性和路由节能关键技术研究

耿海军 ◎ 著

知识产权出版社
全国百佳图书出版单位
—北京—

图书在版编目（CIP）数据

互联网中的域内路由可用性和路由节能关键技术研究 / 耿海军著 . —北京：知识产权出版社，2023.9

ISBN 978-7-5130-8886-2

Ⅰ . ①互… Ⅱ . ①耿… Ⅲ . ①路由协议—可用性—研究 ②路由器—节能—研究 Ⅳ . ① TN915

中国国家版本馆 CIP 数据核字（2023）第 167170 号

内容提要

本书着眼于路由可用性和路由节能研究，通过扩展互联网部署的域内路由协议改善域内路由可用性来减少由于网络故障造成的网络中断，通过基于路由保护的路由节能方案来降低网络能耗。针对上述研究，本书分别讨论了基于逐跳方式的路由保护算法、基于 LFA 的路由保护算法、基于路径交叉度的路由保护算法、软件定义网络中的路由保护算法和互联网中的路由节能算法。本书的研究成果可以为 ISP 解决域内路由可用性和路由节能提供多方位和多平台的解决方案。

责任编辑：徐　凡　　**责任印制：**孙婷婷

互联网中的域内路由可用性和路由节能关键技术研究

耿海军　著

出版发行：知识产权出版社有限责任公司	**网　　址：**http://www.ipph.cn
电　　话：010-82004826	http://www.laichushu.com
社　　址：北京市海淀区气象路 50 号院	**邮　　编：**100081
责编电话：010-82000860 转 8533	**责编邮箱：**laichushu@cnipr.com
发行电话：010-82000860 转 8101	**发行传真：**010-82000893
印　　刷：北京中献拓方科技发展有限公司	**经　　销：**新华书店、各大网上书店及相关专业书店
开　　本：720mm×1000mm　1/16	**印　　张：**18.5
版　　次：2023 年 9 月第 1 版	**印　　次：**2023 年 9 月第 1 次印刷
字　　数：280 千字	**定　　价：**88.00 元

ISBN 978-7-5130-8886-2

前　言

随着互联网的发展，其支持的应用范围呈现出显著的变化。最初，互联网主要支持一些非实时应用，如电子邮件、传输文件等。如今，大量的实时业务数据在互联网上广泛传播，如 IP 语音（Voice over Internet Protocol，VoIP）、股票在线交易、远程手术、视频流媒体和即时通信等，这些新型应用对路由可用性提出了更高的要求。由此可见，路由可用性将直接影响用户的财产安全甚至生命安全。

研究表明，信息与通信技术中网络设备消耗的能耗占全球能耗的 10%，并呈现逐年增加的趋势。随着互联网规模的逐渐扩大，在互联网中部署的网络设备逐渐增加，网络能耗也随之增加。因此，如何降低网络能耗成为一个重要的研究课题。虽然互联网在设计之初采用了网状拓扑结构来应对网络运行中的突发故障和峰值流量，但目前互联网部署的域内路由协议采用最短路径转发报文，没有充分利用网络中的冗余链路。已有研究表明，骨干网在峰值流量时链路利用率仅为 30%，大部分时间的链路利用率不到 5%。这为研究路由节能机制提供了契机。

本书着眼于路由可用性和路由节能研究。路由可用性主要解决由于故障造成的网络性能下降问题，路由节能则通过关闭网络中的链路或者结点来降低网络能耗。路由可用性和路由节能之间存在着密切的关系：①两者之间存在着明显的制约关系。一方面，ISP 通常在网络中部署大量的冗余链路来提高域内路由可用性，势必增加网络能耗，违背了路由节能的目标。另一方面，业界普遍通过关闭或者休眠网络元素（结点、链路）来降低网络能耗，势必降低路由可用性，违背了路由可用性的目标。②两者之间存在一定的联系。为了提高域内路由可用性，业界通常采用路由保护算法来应对网络中频繁发生的故障。为了降低互联网能耗，业界通常采用路由节能算法来关闭网络元素（结点、链路）。路由可用性主要解决网络中随机出现的故障情形。路由节能可以理解为有计划地关闭网络元素，从而达到节能的目的。路由可用性主要处理网络中随机出现的单故障情形，而路由节能主要处理网络中有计划的并发故障情形。路由节能中关闭的网络元素也是一种特殊形式的网络故障。

本书研究互联网中的路由可用性和路由节能问题，研究成果可以为 ISP 解决域内路由可用性和路由节能提供多方位和多平台的解决方案。

目　录

第1章　绪论

1.1　研究背景及意义

随着互联网技术的快速发展，互联网中自治系统的规模和数量急剧增长，这给域内路由带来了许多迫切需要解决的问题，其中路由可用性[1-2]和路由节能[3-4]问题显得尤为突出。一方面，针对网络故障的测量研究表明，网络中的故障频繁出现，并且不可避免。当故障发生时，传统路由协议无法在50ms内完成收敛，很难满足实时应用如IP语音、股票在线交易、远程手术、视频流媒体和即时通信等对网络收敛时间的需求[5]。网络故障的出现，可能导致互联网服务提供商（Internet Service Provider, ISP）无法提供承诺的服务质量，进而影响其声誉和收益。另一方面，互联网在设计之初采用了网状拓扑结构来应对网络中的突发故障和峰值流量，大量的高能耗冗余设备广泛部署在互联网中，不仅带来了巨大的经济开销，而且造成了严重的资源浪费和对环境的不利影响。研究表明，互联网能耗占到了全世界能耗总量的10%[6]。低碳节能已经成为一个全球性的热门话题。习近平总书记在全国生态环保大会上强调："绿水青山就是金山银山。"中国作为一个有担当、负责任的大国，一直提倡绿色节能。因此，提高域内路由可用性和降低网络能耗成为互联网亟待解决的、关键性的科学问题。

现有的域内路由可用性和路由节能面临下面4个方面的挑战。

（1）在路由可用性方面，LFA（Loop-Free Alternates）因其简单而受到业界的密切关注，并且得到了华为和华三等路由器厂商的部署和支持。但LFA有一个致命的缺点，即LFA无法保护网络中所有可能出现的单故障情形。因此，以应对所有单故障情形为目标的LFA部署策略是一个重要的研究课题。

（2）在路由节能方面，节能算法需要根据网络中的实时流量矩阵判断链路利用率情况，以优先关闭链路利用率较低的链路，从而达到节能的效果。但是，在实际网络中很难准确地测量到实时流量矩阵，很难准确计算出链路的链路利用率，并且设计节能算法需要对网络拓扑结构有整体的了解，所以，设计基于流量感知的分布式节能算法是一件比较困难的事情。因此，如何设计基于拓扑感知的集中式的路由节能是一个重要的问题。

（3）针对路由可用性和路由节能的研究方案大都将这两个科学问题单独研究，没有考虑二者之间的区别和联系。事实上，路由可用性和路由节能之间存在着密切的关系，因此探索一种能将二者融合的机制来同时满足可用性和节能的需求是一个重要的研究课题。

（4）路由可用性主要解决由于网络故障造成的网络性能下降问题，路由节能则通过关闭网络中的链路或者结点来降低网络能耗。在解决由于网络故障或者关闭网络元素导致的网络拥塞问题时需要知道网络中的实时流量矩阵，根据已有的流量矩阵建立相应的负载均衡模型和解决方案，但在实际网络中很难准确地测量实时流量矩阵。因为设计链路负载均衡算法需要对网络拓扑结构有整体的了解，而分布式的解决方法只有局部的信息而没有全局的视角，所以设计分布式链路负载均衡算法是一件比较困难的事情。因此，如何设计基于拓扑感知的、集中式的链路负载均衡算法是一个重要的问题。

1.2 路由可用性研究现状

路由可用性是指用户能够得到所请求服务的概率。随着互联网的发展，大量实时业务涌现，这些业务对网络及时性的要求也越来越高，对互联网的"自我修复能力"也提出了很高的要求。而网络故障频繁发生，在修复过程中可能会发生路由环路和收敛时间过长等问题，而且修复时间一般在几秒到几十秒之间，已经无法满足目前互联网的实时性需求。所以，提高路由可用性已经成为了目前急需解决的问题，并且在针对提高路由可用性方面的方案已经有了值得肯定的成绩。本节总结和分析了目前已有的提高路由可用性的方案，并将这些方案主要分为两大类，分别为被动保护方案和路由保护方案，并详细介绍了目前国内外的科研成果，对比了各方案的优缺点，总结、分析了这些方案的主要贡献及不足，并对以后进一步的研究提出了研究方向。

互联网始于 20 世纪六七十年代美国的阿帕网 [7]，是网络与网络之间所串连成的庞大的网络，这些网络以一组通用的协议相连，形成逻辑上的单一的巨大网络 [8-9]，并在短短几十年的时间内，由最初的军用网络发展到如今全球性的网络平台。其应用涉及人们生活的方方面面。毋庸置疑，互联网已经成为人们生活中不可分割的一部分。

随着信息化程度的不断加深，大量实时业务 [10-12] 的涌现，互联网的应用范围也发生了巨大的变化，由原先简单的非实时应用，如电子邮件等，发展到如今股票在线交易、远程手术、视频流媒体和即时通信等越来越实时化的需求。因此，互联网的可用性要求也随之提高。这对路由可用性的要求也随之提高。路由的可用性 [13-19] 能否胜任网络的任务已经成为了科研人员研究的重要指标。

现如今，在网络中，故障不可避免地频繁发生 [20-23]。在这种情况下，如果互联网依然要保证正常的通信则需要有很强的“自我恢复能力”。也就是说，在故障发生时，互联网需要及时发现并且解决问题，保证数据包及时准确地发送到目的地。为了实现这种能力，一般通过路由协议 [24-25] 来修复网络中的故障。现在广泛使用的路由协议有 OSPF 和 IS-IS 等，但是在修复过程中会出现路由环路或者路由黑洞等问题，而且收敛时间较长 [26-29]，修复时间一般在几秒至几十秒。并且，如今网络需求量日益增多，路由的可用性已经无法满足实时性的需求，所以，提高路由可用性已成为急需解决的问题。如何提高网络处理故障的能力、如何缩短路由的收敛时间已经成为科研工作者们着重研究的问题 [30-35]。

1.2.1 提高路由可用性方案分类

路由可用性是指用户能够得到所请求服务的概率[36-38]。可用性不仅考虑到故障，还考虑到故障修复。平均故障时间（Mean Time to Failure, MTTF）表示故障发生的平均间隔时间；平均修复时间（Mean Time to Repair, MTTR）为故障发生后需要的修复时间。那么，路由可用性可以表示为MTTF/（MTTF+MTTR）。

因为路由可用性是现在必须面对并且急需解决的问题，科研人员对此投入了很多精力，并且，已颇有成效。总体来说，可以把这些科研成果大致分为被动保护方案和路由保护方案[39]，如图 1-1 所示。

（1）被动保护方案。该方案主要通过改变路由协议中的参数或者修改链路权值来加快收敛速度。

（2）路由保护方案。该方案主要通过提前计算备份路径保证数据及时、准确送达。若出现故障，则使用备份路径来完成数据传输。根据报文转发形式也可将路由保护方案分为逐跳转发和非逐跳转发[40]，其中逐跳转发主要包括等价多路径路由（ECMP）、LFA、O2、路由偏转、MRC、FCP、FIR、U-turn 等方案，非逐跳转发主要包括 Not-Via、Tunnel 和段路由等方案。

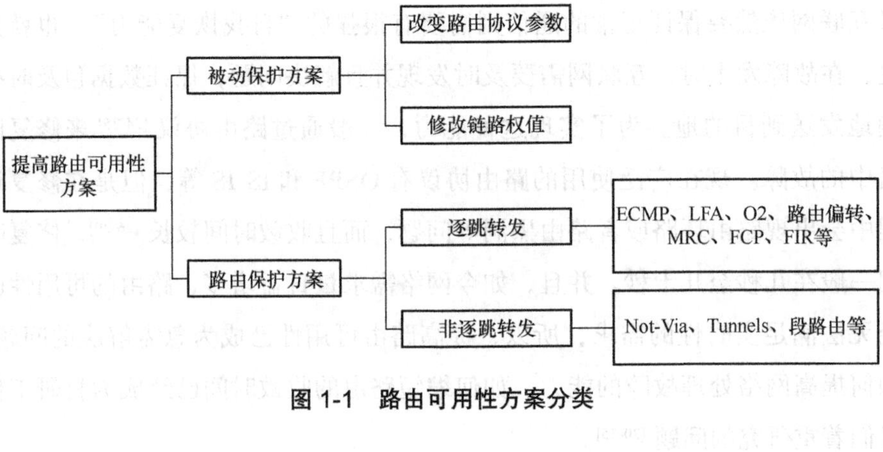

图 1-1 路由可用性方案分类

1.2.2 路由可用性方案简述

1. 被动保护方案

1）改变路由协议参数

在网络中出现故障时路由协议的收敛过程一般分为 4 个阶段：故障检测阶段、故障通知阶段、路由重计算阶段、转发信息阶段。路由收敛时间一般为从故障发生到完成收敛的总时间。要想提高整个过程的效率可以分别从 4 个阶段进行优化，从而提高路由可用性。下面分别讲述前 3 个阶段的优化方法。

（1）故障检测阶段。在这个阶段，路由器按照一定的时间间隔定时向邻居结点发送 HELLO 报文，从而保持连接状态，同时也有失效时间间隔。通过改变检测时间可以改变网络的稳定状态，但同时也会使得网络维护成本发生变化。若减少 HELLO 报文的时间间隔可缩短检测时间，但也会大大增加通信开销。

（2）故障通知阶段。为了使得故障信息可以告知全网路由协议，一般采用洪泛法来传送消息，但此过程可能由于局部路由抖动而引起网络严重动荡。为了缩小故障的影响范围，防止出现网络动荡，文献 [41] 提出了两种限制洪泛的算法，分别为枝更新算法（Branch-Update Algorithm, BUA）和向量权值算法（Vector-Metric Algorithm, VMA）。这两种算法可以减小洪泛的范围，也可以减小数据包不必要的丢失。

（3）路由重计算阶段。在这个阶段，路由器根据最新信息计算更新路由表。为了提高路由重计算的效率，纳瓦兹（Narvaez）等提出了增量最短路径算法 [42-43]（Incremental Shortest Path First, ISPF）。在网络局部发生变化时最短路径树也随之发生变化。ISPF 在原来最短路径树的基础上做局部修改，从而减少路由器的工作量，同时也可提高重计算效率。

2）修改链路权值

一般网络中选择的最优路径是所有路径权值之和最小的路径，所以链路的权值在路由方面起着重要的作用。链路的权值可以在网络管理员允许的范围之内随意选取，所以可以通过修改链路权值来提高路由可用性，避免出现环路。

文献 [44] 中作者提出了无环路收敛（Loop Free Convergence, LFC），这个方案旨在解决网络收敛过程中可能出现环路这个问题。文献 [45] 提出了动态改变部分链路权值的算法。此算法主要根据当前流量和链路带宽来对权值进行改变，流量越大权值越大。文献 [46] 提出了静态链路权值分配，避免流量过于集中，从而可以应对时间较短的链路故障。

2. 路由保护方案

1）逐跳转发

（1）等价多路径路由（ECMP）。

等价多路径路由（Equal Cost Multiple Paths, ECMP）[47] 方案在多路径路由中比较简单。若从源结点到目的结点中间有多条权值相同的路径，可以将路径权值相同的路径作为其中一条路径的备用路径。这样的设置更容易部署，还会保证不会有环路产生。

（2）LFA。

无环备选项 [48]（Loop Free Alternates, LFA）是目前普遍采用的本地重路由方案，包括单链路保护条件（Loop Free Condition，LFC）、单结点保护条件（Node Protection Condition，NPC）和并发故障保护条件（Downstream Condition，DC）。下面分别介绍这 3 个条件，其中 $\text{dist}(x,d)$ 表示结点 x 到结点 d 的最小代价。

① LFC：对于任意结点的目的结点 d，结点 c 可以将报文转发给它的邻居结点 x $(x \neq y)$，假设 y 为最优下一跳，当且仅当结点 c 和结点 x 满足

$$\text{dist}(x,d) < \text{dist}(c,d) + \text{dist}(c,x) \tag{1-1}$$

② NPC：对于任意的目的结点 d，结点 c 可以将报文转发给它的邻居结点 x $(x \neq y)$，假设 y 为最优下一跳，当且仅当结点 c 和结点 x 满足

$$\text{dist}(x,d) < \text{dist}(x,y) + \text{dist}(y,d) \tag{1-2}$$

③ DC：对于任意的目的结点 d，结点 c 可以将报文转发给它的邻居结点 x $(x \neq y)$，假设 y 为最优下一跳，当且仅当结点 c 和结点 x 满足

$$\text{dist}(x,d) < \text{dist}(c,d) \tag{1-3}$$

由上所述可以得出以下 3 个结论。

① NPC ⊂ LFC，反之不成立。

② DC ⊂ LFC，反之不成立。

③ NPC 和 DC 不存在任何关系。

下面通过一个例子来解释这 3 个条件的应用。

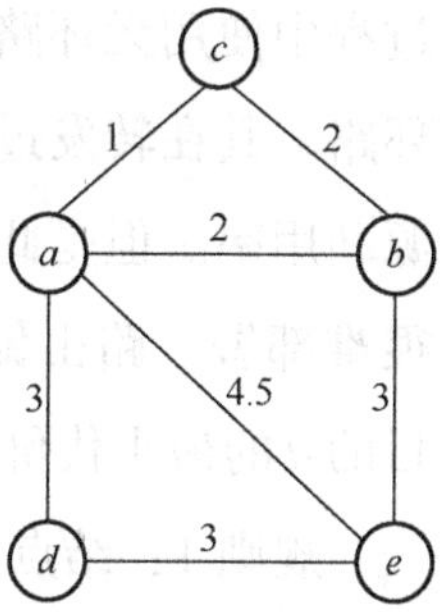

图 1-2　LFA 举例

假设图 1-2 中 c 为计算结点，c 到目的地址 d 的默认下一跳为 a，b 到 d 的最小代价等于5，a 到 c 的最小代价等于1，c 到 d 的最小代价等于4。因为 $\text{dist}(b,d) < \text{dist}(b,c) + \text{dist}(c,d)$，所以结点 b 可以作为 c 到目的地址 d 的 LFC 下一跳。然而，因为 $\text{dist}(b,d) = \text{dist}(b,a) + \text{dist}(a,d)$，所以结点 b 不可以作为 c 到目的地址 d 的 NPC 下一跳。类似的，由于 $\text{dist}(b,d) > \text{dist}(c,d)$，所以结点 b 不可以作为 c 到目的地址 d 的 DC 下一跳。类似的，c 到目的地址 e 的默认下一跳为 b。因为 $\text{dist}(a,e) < \text{dist}(a,c) + \text{dist}(c,e)$、$\text{dist}(a,e) < \text{dist}(a,b) + \text{dist}(b,e)$ 和 $\text{dist}(a,e) < \text{dist}(c,e)$ 都成立，所以结点 a 可以作为 c 到目的地址 e 的 LFC、NPC 和 DC 下一跳。

（3）U-turn。

研究表明，LFA 方案的故障保护率较低，基于此，作者提出利用 U-turn[49] 方案来提高 LFA 的故障保护率。U-turn 主要根据邻居结点的无循环下一跳转发由于发生故障而受影响的流量，相对于 LFA 来说，U-turn 在单链路故障方面的保护更加全面，但是不能保证可以保护所有单链路故障。

（4）DMPA。

针对 LFA 的实现方式算法复杂度高的问题，文献 [50] 提出利用 DMPA

算法来降低算法复杂度。DMPA 是一种域内动态多路由算法，分为静态算法和动态算法。其与其他算法不同之处在于该算法只需要维护一棵以自身为根的最短路径树，并会在最短路径树构造完毕时完成所有目的结点的下一跳的计算。最优路径树结构和结点下一跳的集合会随着链路的变化而变化。此方案的复杂度较小，在路由度量有严格保序性时比较适用，不适用于非严格保序性的情况。

（5）路由偏转。

文献 [51] 提出利用路由偏转来增加路径的多样性，此方案在传播报文的过程中使用无环路的规则，即将报文发送给非最短路径上的结点来避免出现环路。其在转发过程中用标签来控制整个过程，从而提高网络的可用性和资源利用率。但是此方法实现起来比较复杂，实现的代价较大，在实际生活中很难部署。路由偏转无环路规则有如下 3 条，其中 $\text{dist}(n_i)$ 表示使结点 n_i 到目的 d 的最小代价，结点 n_{i-1} 、 n_i 和 n_{i+1} 互为邻居。

规则 1：结点 n_i 偏转集合中的结点 n_{i+1} 应该满足

$$\text{dist}(n_{i+1}) < \text{dist}(n_i) \tag{1-4}$$

规则 2：结点 n_i 偏转集合中的结点 n_{i+1} 应该满足下列条件中的任何一个。

$$\text{dist}(n_{i+1}) < \text{dist}(n_i) \tag{1-5}$$

$$\text{dist}(n_{i+1}) < \text{dist}(n_{i-1}) \tag{1-6}$$

规则 3：结点 n_i 偏转集合中的结点 n_{i+1} 应该满足下列条件中的任何一个，其中 G 是网络拓扑， G/l 表示去掉链路 l 后的网络拓扑。

$$\text{dist}(G/l_{i+1}, n_{i+1}) < \text{dist}(G/l_i, n_i) \tag{1-7}$$

$$\text{dist}(G/l_{i+1}, n_{i+1}) < \text{dist}(G, n_{i-1}) \tag{1-8}$$

由上述 3 个规则可知，规则 1 与 LFA 中的 DC 相同，相对于其他两个规则比较简单，而规则 2 和规则 3 代价比较高，算出的偏转集合比较多。但是实现规则 2 和规则 3 的代价相对较高。

（6）O2。

为了让每个结点发出的不同下一跳可以传送到相同的目的地，文献 [52] 提出了基于链路状态的域内多路径路由方法 O2（Outdegree2）。此方法可以使流量被分担在不同的多条路径上，缓解网络负担。如果网络中没有发生故障，O2 可以使得不同路径的流量分配相对平衡。如果发生故障，O2 可以减缓网络堵塞，把网络的负担分开到不同路径中从而减少流量对链路的冲击。但是，O2 的复杂度较高，这对于网络拓扑有一定的要求，而在现实生活中很难实现和难以部署。

（7）多路由配置方案（MRC）。

在网络状态发生改变时，为了迅速找到适合的备用路径，文献 [53] 提出了多路由配置路由方案（Multiple Routing Configurations, MRC）。MRC 提出为每个路由器保存多个配置图，每个配置包括所有的结点和链路，当报文在转发过程中遇到失效链路时，可以立即将报文转发到备用路径。在此条件下，该方案可以在不知道网络变化原因的情况下完成所有单链路或者单结点故障的处理。

（8）分组携带故障信息（FCP）。

文献 [54] 提出了分组携带故障信息（Failure-Carrying Packet, FCP），即在故障发生时转发的报文会将遇到的故障保存在报文的头部，若报文到达某个结点时会将报文头部的故障信息传给这个结点，这个结点收到信息之后根据此信息计算出新的拓扑，在新拓扑的基础上计算出最优下一跳。此方案保证了只要源结点和目的结点之间存在路径就可以将所需要传输的信息安全送达目的结点。在计算最优下一跳时，将故障信息加入报文头部，然后重新拓扑，之后再计算最优下一跳。

此方案跳过了传统路由协议的收敛过程，同时也意味着避免了在路由收敛过程中可能出现的路由环路等很难避免的问题。但是此方案算法的复杂度较高，相对于现在普遍使用的协议来说修改的地方比较多，所以，若想广泛使用相对比较困难。

（9）FIR。

李（Lee）等人提出了网络故障不敏感路由（Failure Insensitive Routing，FIR）[55]。FIR 主要根据不同的入口来判断使用哪一个转发表。FIR 的核心思想是将路由结点的接口作为分组标识故障的信息。根据现有路由体系结构，只需要将已经计算好的转发表发给不同的线卡就可以，而不需要改动路由协议。文献 [56] 提出了在入接口信息下的保护路由算法，并从理论上证明了设计算法可以对二连通网络中的任一单一链路故障和结点提供保护。文献 [57] 主要研究了在任意数量下利用入接口感知转发可以达到的保护程度。

2）非逐跳转发

（1）Not-Via。

文献 [58] 中提出了 Not-Via 地址的快速重路由机制。此方案中的每条链路都有两个地址，分别是普通的 IP 地址和 Not-Via 地址。为了绕开网络中存在故障的结点或者链路，将这些结点和链路的信息存储在 Not-Via 地址中。网络中的报文若遇到故障或被封装，则根据 Not-Via 地址转发，保证报文到达指定的结点，然后对报文解除封装继续最初的方式转发。

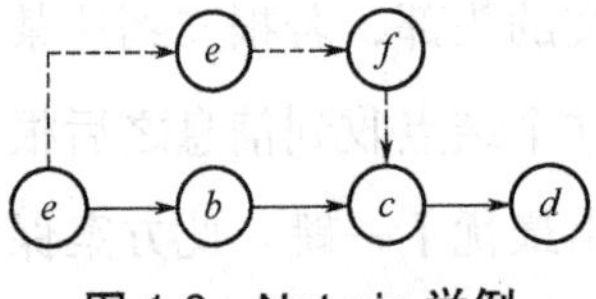

图 1-3　Not-via 举例

下面用一个例子来形象地解释 Not-Via 的执行过程。如图 1-3 所示，若 a 和 d 分别为源结点和目的结点，其原本的路径为 (a,b,c,d)。若 b 结点发生故障则将报文封装并根据 Not-Via 地址经过 e、f 结点将报文发送到 c 结点，到了 c 结点之后对报文进行解除封装，然后正常转发到 d 结点。

此方案可以提高路由的可用性，而且 Not-Via 可以工作在链路权重非对称的网络中。但是，其复杂度比较高，整个过程的费用和计算量较大，不符合实际部署情况且难以实施。

（2）HLP。

针对 Not-Via 实现复杂度较高的问题，文献 [59] 提出了将 LFA 和 Not-via 结合起来的快速重路由方案 HLP。HLP 的执行过程分为两步，首先计算所有结点对之间符合 LFA 规则的下一跳集合，然后计算网络中的关键链路，最后利用 Not-via 方案保护关键链路。HLP 不仅降低了 Not-Via 的计算开销，并且和 Not-Via 的故障保护率是相同的。

（3）Tunnels。

基于隧道的 IP 快速重路由方案（Tunnels）[60] 是不同于 LFA 的一种方法，由布莱恩特（Bryant）等提出。与 LFA 中选择备用下一跳的方法不同之处在于 Tunnels 主要在网络中寻找中间结点，此结点可以完成临时的转发需求，但此结点与保护源点直接相连，所以需要隧道机制来转发。由于现在的路由器大部分都可以支持隧道机制，所以如果想要部署也有很大的实现可能。值得注意的是，Tunnels 不支持链路权重非对称的网络，但是此方案在寻找可靠有效的中转点的问题上还需要改进。针对此问题，文献 [60] 提出了计算隧道终点的启发式算法。

（4）MPLS。

MPLS[61] 的原理和 Not-Via 方案的原理类似，都是为每条链路分配两个地址，分别为普通的 IP 地址和 MPLS 地址，在发生故障时启用 MPLS 隧道绕开发生故障的链路或结点，而且 MPLS 方案可以提供快速分组，缩短数据流的切换时间。此方案缩短了交换时间，但是对适用范围有较高要求，只适用于支持 MPLS 协议的网络。

（5）段路由。

段路由（Segment Routing, SR）[62-66] 的提出是为了支持那些具有严谨服务等级协议（Service Level Agreement, SLA）保证的服务，中心思想是根据一连串分段来构建独特的端到端的路径。段路由会在数据包的头部加入段标签，段标签分为表示路由器的结点标签和表示当前路由器的一个本地接口的邻接标签，之后会根据不同的段标签来完成相应的转发过程。目前，因为网络供应商已经支持 SR，所以可以根据 SR 来实现基于 IP 的快速重路由机制。此方案可以在故障发生时实现自动重新链接，而且可以提高故障保护率、降低路径拉伸度，从而有效提高路由可用性。

1.2.3 方案比较

表 1-1 总结了提高路由可用性方案的优缺点。被动保护方案主要是从加快路由收敛过程方面进行改进，比如加快收敛过程、缩短中断时间等，但在改进收敛过程的同时也要注意路由的稳定性，因为链路的频繁断开可能会引起路由动荡。

由于基于逐跳转发的路由保护方案转发方式与路由协议相同，所以部署相对非逐跳转发比较简单，实用性很强，但是需要考虑资源消耗和复杂度的问题。基于非逐跳转发的路由保护方案与逐跳转发方式的不同之处在于需要借助辅助机制。然而，相对应的辅助机制比较复杂，部署工程很难实施，且会给路由器带来相应的负担。

表 1-1　提高路由可用性方案的优缺点

方案			优点	缺点
被动保护方案	改变路由协议参数		不需要修改路由协议，实现简单，容易部署，加快了路由收敛速度	稳定性差，容易引起路由震荡，给路由器带来额外的负担
	修改链路权值		不产生环路、提高路由可用性	适用范围有限，只能处理可以预见的故障，无法处理突发故障
路由保护方案	逐跳转发	ECMP	实现简单，容易部署	对路由可用性贡献较小
		LFA	实现简单，容易部署	对路由可用性贡献较小，对网络拓扑有一定的要求
		02	减缓网络堵塞、分担流量冲击	实现复杂度较高，对网络拓扑有一定的要求
		路由偏转	利用无环路规则避免路由环路，提高路由可用性	实现复杂度较高，难以部署
		MRC	多个配置图可以保护部分结点和链路	消耗大量资源，需要大量配置
		FCP	避免路由环路	实现复杂度较高，对路由协议改动较大，难以部署

（续表）

方案			优点	缺点
路由保护方案	逐跳转发	U-turn	实现简单，部署容易	对路由可用性贡献较小
		FIR	路由可用性高	实现复杂，计算开销较大
		DMPA	复杂度比较小，容易部署	对路由可用性贡献较小
	非逐跳转发	Not-Via	路由可用性高	实现复杂度较高，对路由协议改动较大，难以部署
		HLP	路由可用性高	需要借助辅助机制转发报文
		Tunnels	路由可用性高	实现复杂度较高，要求路由器支持直接转发
		段路由	路由可用性高，转发方式灵活	对路由协议改动较大
		MPLS	适用于对实时性要求较高的应用	部署开销大，只适用于支持MPLS协议的网络

1.2.4 下一步的研究方向

1. 路由算法的复杂度

路由算法复杂度是网络处理故障能力的标尺。目前的科研成果的路由算法复杂度普遍较高，随之产生的问题是复杂度太高导致的部署困难。然而，要想广泛使用相应的方案，必须符合实际情况，部署要简单，复杂度要低。所以，路由复杂度是急需解决的一个问题。

2. 保护方案的适用性

在提出提高路由可用性的方案时应该考虑到目前路由协议的现状，目前有些方案的适用范围有限，与路由协议不符或者改动较大，这样就无法满足现有网络的需求，从而不能应用到具体的网络中。

3. 增加链路可靠性

在网络故障频繁发生时会导致链路的频繁断开，这样，可能会产生路由不稳定等问题。可以通过提高链路可靠性、适时调整数据的传递效率、减少链路断开次数来提高路由可用性。

4. 基于关键结点的路由保护方案

目前已有的路由保护算法大部分复杂度都比较高而且很难部署，很少考虑网络结点的重要程度，而实际网络中结点的重要程度是不同的。相关研究[67]已表明，网络中的故障有高度集中的特征，所以，在研究中不能将结点一概而论，需要将特殊结点特殊对待，在此基础上再进一步研究路由可用性及相应的算法。目前的研究成果已经在一定程度上减轻了路由的负担，提高了路由的可用性，解决了部分路由保护算法的问题，为提高网络质量做出了值得肯定的成绩。然而，科研工作者们仍然需要进一步探索和提高，加快步伐来解决未攻克的难题。

1.3 路由节能研究现状

随着互联网的迅速发展、移动通信的广泛普及，信息与通信技术（Information and Communication Technology, ICT）也迅猛发展。与此同时，能源的消耗也急剧攀升。为了应对业务量的增长、无法预测的实时流量并保证连接和服务质量（Quality of Service, QoS），现有的网络通常按照网络业务量的峰值来设定，而且网络设备的耗能通常也按照峰值来设定。但是，网络的业务量在大部分时间里不会达到峰值，甚至远远小于峰值。这就意味着能量的利用率很低，而且大部分的能量会被浪费掉。因此，降低能耗成本、提高能耗利用率已经成为目前急需解决的问题。目前，针对绿色网络节能方案已经有了值得肯定的成绩。本节总结了目前已有的绿色网络节能方案，并对这些方案进行了归纳分类，还详细介绍了在绿色网络节能方面的研究成果，对比了不同绿色网络节能方案之间的优缺点，总结分析了这些方案的贡献及不足，并对未来的进一步研究提出了研究方向。

近年来，随着互联网的迅速发展，网络已经成为人们生活不可或缺的一部分。随着网络用户和网络规模的快速增长，网络的能源消耗也急剧攀升[68]。

众所周知，能源的消耗对生态环境会带来直接的影响。日益严峻的能源问题及温室效应等现象都要求人类朝着节能减排、绿色环保的方向发展。而目前的网络为了确保 QoS 并且应对业务量的变化，通常用峰值来设置网络元件，而且，为了保障网络的可靠性，网络设备一般会全天候工作。这样超额、长时间地供给资源必然会造成大量不必要的资源浪费。因此，如何减少网络耗能已经成为网络设计和研究的重点，而与此相关的这类问题被统称为绿色网络节能问题 [69]。

目前，针对绿色网络节能问题的解决方案大致可以分为 3 类。第一类研究传统网络 [70] 中的节能问题；第二类研究新型网络体系结构中的节能问题，如软件定义网络 [71]（Software Defined Networking, SDN）节能和内容中心网络 [72]（Content Centric Network, CNN）节能；最后一类为混合网络中的节能问题。图 1-4 总结了上述 3 类节能方案。

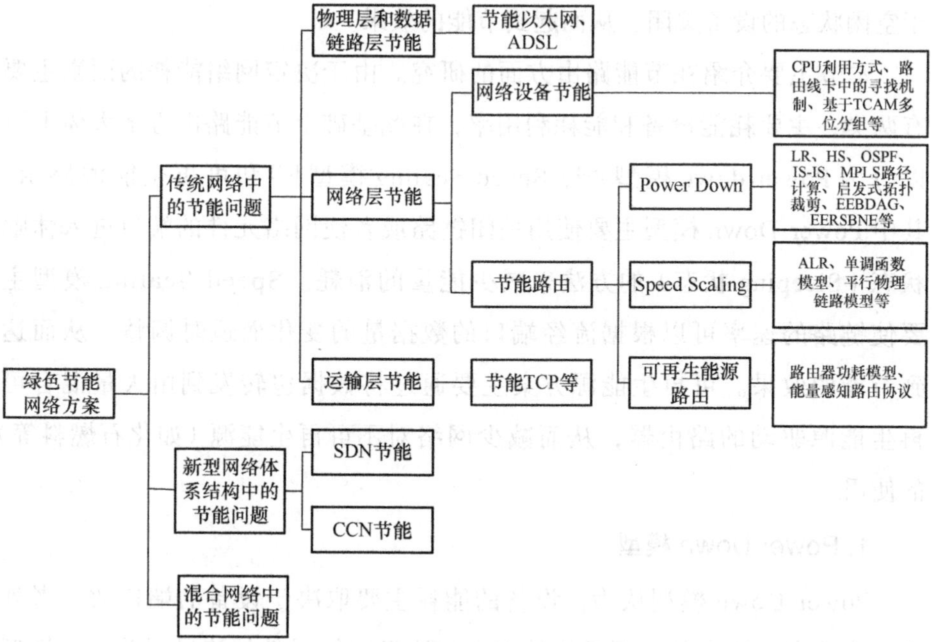

图 1-4　绿色节能网络方案分类

1.3.1 传统网络中的节能方案

针对传统网络中的节能研究可以根据网络分层结构划分为物理层节能、数据链路层节能、网络层节能和运输层节能。其中网络层节能可分为网络设备节能和节能路由。节能路由可进一步分为Power Down模型、Speed Scaling模型和可再生能源路由方案。目前已有的研究，一部分是在物理层和数据链路层进行改进，如文献 [73-74] 提出的高能效以太网等，还有一部分致力于传输层上的设计，从而减少能量消耗，如文献 [75] 提出了能耗高效的TCP等。此外，在网络层方面的研究也有了很多进展，大体上可以分为网络设备的节能[76-79]和节能路由两方面。下面简单介绍网络设备的节能技术。在文献 [80] 中，为了使芯片具有可以动态调整速率和链路的容量，设计了一种功率调整机制。为了减少网络震荡发生的频率，文献 [81-82] 提出将速率调整门限值与定时器结合，并用于设备链路速率调整时间的确定。此外，使用最广泛的设备级节能技术是休眠技术，这种技术主要通过将处于空闲状态的设备关闭，从而起到节能的效果。

本节主要介绍在节能路由方面的研究。由于决定网络能耗的因素主要有两类：主要耗能设备和能耗利用率，在此基础上节能路由方案大体上可以分为Power down模型[83]、Speed Scaling模型[84]和可再生能源路由。其中Power Down模型主要使用关闭链路或者使网络元件的端口进入休眠状态（Sleeping状态）的方法来减少能量的消耗。Speed Scaling模型主要使链路的速率可以根据流经端口的数据量的变化而适时调整，从而达到节能的效果。可再生能源方案主要通过将数据包转发到由大量混合可再生能源驱动的路由器，从而减少网络对不可再生能源（如化石燃料等）的使用。

1. Power Down 模型

Power Down模型认为，设备的能耗主要取决于设备的端口数或者处于工作状态的线卡数，而耗能的多少与流经网络元件的流量无关。该模型也就是传统意义上的开关（ON/OFF）模型。在此模式下，网络元件的端口可以进入休眠模式，也可以被唤醒。该模式以满足网络的业务需求为前提，尽可能将那些利用率很低的链路休眠，以减少处于工作状态的端口数，并将被休眠链路上的业务量转移到其他未被休眠的链路上，从而达到节能的效果。

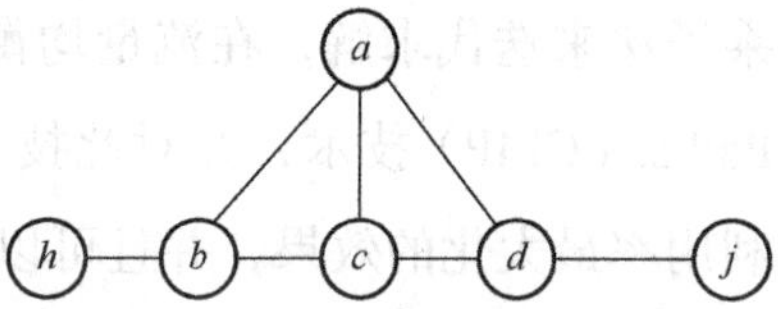

图 1-5 Power Down 模型

下面通过一个形象的例子来解释这一原理。如图 1-5 所示，此网络拓扑有 6 个结点和 7 条链路，其中 *h* 结点是源结点，*j* 结点是目的结点。由 *h* 产生业务，并发往 *j*。现在有两条路径，分别为 *h-b-a-d-j* 和 *h-b-c-d-j*。假设每个处于工作状态的端口耗能为 *k*，由于网络能耗取决于处于工作状态的端口的数量，所以此网络拓扑的能耗为 7*k*。由图可知，*ac* 链路并没有承载流量工作，但是它仍然消耗 1*k* 能量。为了减少能耗，可以将 *ac* 链路休眠，休眠后的 *ac* 路径能耗几乎为 0。此时网络中的能耗为 6*k*，比之前减少 1*k*。类似于此方法的模型就称为 Power Down 模型。

1）LR 和 HS 节能算法

文献 [85] 提出 LR（Lagrangean Relaxation）和 HS（Harmonic Series）这两种算法，这两种算法都以关闭链路或者使链路进入睡眠状态的方法为设计思路，将那些本来应该流经被休眠链路的业务量重新分配到其他未被休眠的链路上，从而降低链路的利用率，达到休眠节能的结果。此方案虽然实现简单，但是使用场景有局限，难以部署。

2）OSPF 域内流量规划

首先介绍 OSPF 的工作原理。开放最短路径优先（Open Shortest Path First, OSPF）协议是如今 IP 网络中应用最为广泛的内部网关协议。其主要通过将现实中的网络、路由器和线路抽象成一个有向图，为每条链路设置权值，并根据已给出的链路权值计算这些链路结点之间的最短路径。

文献 [86] 对一个多拓扑链路权值定义了设置问题，并使用整数线性规划的建模方式结合无环路的路由表更新，从而实现节能路由。文献 [87] 在已建立的混合整数线性规划模型的基础上，设计了对应的算法来对 OSPF 的链路权值进行调整，实现了节能的目标。当源结点和目的结点之间存在多条等价的最短路径时，如果只选择其中的一条，会使得带宽的利用率降低，但也容易造成拥塞。针对此问题，文献 [88] 在链路权值的求解方面使用了拉格朗日乘子法来迭代求解，在流量均衡方面使用了等值多路径（Equal Cost Multi-Paths, ECMP）技术，并对此技术设置了相应的参数，从而达到节能和链路利用率最大化的效果，并且可以通过调整参数的大小来适应网络性能和均衡能量。

这类通过 OSPF 权值计算的方案主要通过对现有的链路权值和链路状态协议进行重计算，进而通过对计算结果进行分析，然后通过调整链路权值和链路状态协议来实现节能。这种方法在网络的兼容性方面比较好，但复杂度较高，而且收敛性也不太好，难以应对目前复杂多变的网络环境。

3）IS-IS 域内流量规划

IS-IS 协议和 OSPF 协议的工作原理相同，都是通过最短路径有限算法（Shortest PathFirt，SPF)，在知道每条链路权重的基础上，计算出源结点到目的结点之间的最短路径。因为业务量的规划对网络能耗有着不可忽视的作用，所以可以通过调整链路权重来改变业务量的分布情况，从而间接实现节能的目的。现有的方案主要通过数学模型和启发式算法来实现业务量规划。

4）MPLS 路径计算

张民贵等人利用多商品流模型来描述那些基于多协议标签交换协议（Multi Protocol Label Switching, MPLS）的节能路由问题，提出了基于流量工程的绿色节能算法 GreenTE [89]。GreenTE 结合了 OSPF 和 MPLS 两个路由协议，通过计算某条最短路径范围内的多物品流模型使得流量可以更有效地聚合，使一些链路进入闲置状态进而关闭，在保证网络性能的同时也减少了网络的耗能。

GreenTE 方案的主要策略是在网络系统设备闲置时将其置于休眠状态或关闭，这样可以有效地节省能量，但 GreenTE 的时间复杂度太高，在相对合理的时间之内很难算出较大规模网络的结果，而且，此方案的流量矩阵目前不能实时、准确地计算出结果。

文献 [90] 为了可以处理实时到达的流量请求，设计了在线的准入和相应的路由算法来解决此类问题。该算法可以为未知的实时流量及时安排路由，同时保证尽可能少地使用结点和链路。但是，实际的互联网中的流量一般不会通过请求才到来，而且流量也不能提前预知，所以这种方案的应用场景较少。

文献 [91] 提出了一种基于蚁群算法的自适应节能路由。该算法可通过蚁群式的搜索让新到达的网络流量在没有全局指导的情况下自适应地找到流量的汇聚点，进一步关闭那些流量没有流经的地方，同时也可以通过调整特定的参数来实现流量的汇聚程度。此方案主要解决了流量的难预测问题，通过蚁群式的搜索方式为突发流量找到流量汇聚点。

目前 MPLS 技术及其相关研究虽然已经逐渐成熟，但是因为协议、状态数目等限制，未能广泛部署，传统的 IP 网络仍然占主流，而 MPLS 的使用相对较少，主要用于虚拟专用网等少数网络。

5）启发式拓扑裁剪

启发式拓扑裁剪主要通过拓扑图本身所具有的性质来找出那些利用率相对较低或对网络的贡献相对较小的链路。将这些标注出来的链路所对应的路由器线卡置于休眠状态或者关闭，路由将在剩余未被关闭的链路上计算，从而实现节能路由。

与此相关的研究已经有了值得肯定的成果。文献 [92] 提出依据结点的连通度和流经结点的流量来选择要关闭的链路。文献 [93] 及其进一步研究 [94] 提出了按照链路能耗和流量来选择要被关闭的链路。文献 [95] 也提出了类似的想法和启发式算法。

文献 [96] 提出了分布式的拓扑裁剪方法，主要通过相关的协议来使得不同结点在选择要关闭的链路时选择相同的链路。文献 [97] 在以上研究的基础上进行了深入的研究，并提出了具有优先顺序的关闭策略。

文献 [98] 通过设计启发式算法来解决频繁改变进入关闭状态的链路问题。此算法限制了链路状态的转换次数，减少了配置的开销。在已经给定的流量变化情况、QoS 需求和切换次数限制的情况之下，利用随机图理论建立模型，从而计算出需要关闭的链路。

启发式拓扑裁剪方案主要的优点是计算复杂度相对较低，可以将计算工作分配给各个结点，并且通过相应的方法来确保所得到的结果是一致的。它的缺点主要是对于网络中实时变化的流量很难做出相应的解决方案，而且在某些情况下此方案比较容易引起拥塞。

6）EEBDAG

由于实时流量在短时间内变化频繁而且很难准确测量，导致启发式方案难以部署。为了解决这类 NP-Hard 难题，文献 [99] 提出了一种基于有向无环图的互联网域内节能路由算法（Energy-efficient Intra-domain Routing Algorithm Based on Directed Acyclic Graph, EEBDAG）。该算法属于基于拓扑感知的节能算法。此算法的特点在于，不需要提前预知实时流量数据，只需要知道网络的拓扑结构，就可以通过有向无环图来解决由于关闭链路造成的路由环路和网络性能下降等问题。此算法在链路利用率、节能比例和实现方式等方面的优势已经由实验证明，而且易于在现有网络结构上部署，为节能路由方面的研究提供了一种新颖的思路和方案。

7）EERSBNE

文献 [100] 提出了一种基于网络熵的域内节能路由方案（Intra-domain Energy Efficient Routing Scheme Based on Network Entropy, EERSBNE）。由于目前的网络中的实时流量难以预测，EERSBNE 实现了在未知流量矩阵的前提下根据已知的网络拓扑结构来计算出网络中需要关闭的链路。该算法通过链路关键度模型计算出网络中全部链路的重要程度，然后将计算结果同网络熵模型相结合，关闭网络中的链路，从而达到节能的效果。

此算法为耗能严重的域内网络提供了一种较优的解决方案，在保证了网络的性能的同时也减少了网络的耗能，而且网络的拉伸度较低，拓扑结构相对稳定，并且在现有网络中比较容易部署。这种基于图论的节能方案在提高节能路由效率的同时，也保证了网络的服务质量。

2. Speed Scaling 模型

Speed Scaling 模型主要认为能耗的利用率为网络耗能的决定性因素，若利用率高，则代表能耗小，反之则代表能耗高，并且认为每条网络链路的能耗与链路承载的业务量存在着一定的数学关系。能耗的利用率主要包括以下几方面：处理流经端口流量的速率、链路容量的利用率等。此模式的研究方向主要为调整设备的处理速率和链路利用率，通过数学建模将能耗问题转化为线性规划问题并进一步求解，通过将业务流量进行合理分布来实现节能。

1）ALR

动态链路自适应技术（Adaptive Link Rate, ALR）是指可以通过调整流经设备接口的流量的速率来适应网络中链路的负荷变化，从而满足通信质量的动态需求。

2）单调函数模型

在 ALR 的基础上，可以将链路对于流量利用率的关系抽象成单调函数。在函数的类型方面，文献 [101] 主要研究了功耗函数的几种类型，包括线性函数、次线性函数、超线性函数、0-1 型函数等。在应用场景方面，文献 [102] 和文献 [103] 主要通过随机图模型对线性函数模型的应用场景进行了研究。研究发现，在目前的拓扑网络中，链路的静态能耗要比动态能耗小，所以将网络中的部分链路休眠或关闭可以节约网络的能耗。文献 [104] 在网络流理论的基础上，将链路能耗与流量的关系假设为超线性，并得到了节能路由的性能下限。其中的假设是在 CPU 功耗模型的基础上提出的。

此类方法将能耗问题转化为函数模型，并推导出链路和路由的性能，但大部分研究对于设备本身的性能挖掘不够，所得到的函数形态不够明显。

3）平行物理链路模型

在实际的网络中，逻辑链路是由多条平行的物理链路组成的。其中物理链路是一条无源的点到点的物理线路段，中间没有任何其他交换结点。逻辑链路就是数据链路，是物理链路加上必要的通信规程。为了减少网络的能耗，可以减少每条逻辑链路所具有的物理链路，并可以在平行的物理链路之间进行取舍。文献 [105] 提出了相应的启发式算法来解决相应的问题。但是该算法复杂度较高，不易求解。在此基础上，为了实现流量均衡，并增加单一路径的限制条件，文献 [106] 结合 MPLS 技术，在 Dijkstra 算法和 Yen 算法的基础上提出了相应的启发式算法。

3. 可再生能源路由方案

可再生能源路由方案主要为目前能源枯竭问题做出应对方案，通过相应的协议或者模型来将数据包转发到那些由较多可再生能源驱动的路由器上，从而减少那些由较多不可再生能源驱动的路由器的使用，由此来达到节能的效果。

1）能量感知路由协议

文献 [107] 中提出了一种新的基于梯度的路由协议——能量感知路由协议。此协议有利于沿着由最高数量的可再生能源驱动的路由器转发数据包，而且了解现实 ISP 网络的分布式和混合可再生能源基础设施，并且可以自适应动态网络负载和天气模式变化。通过评估的方式可证明此协议非常有效地减少了域内网络消耗的棕色能量，而不会产生拓扑不稳定性。

2）路由器功耗模型

文献 [108] 提出了路由器的功耗模型和最小的不可再生路由（MIN-NRE）问题，在此基础上分析了 MIN-NRE 问题的复杂性，使用图形转换为两种特殊情况开发最优和次优算法，并为一般 MIN-NRE 问题开发了一种先进的算法。此方案综合考虑了多方面的要求，如 QoS 要求、路径拉伸等。

1.3.2　新型网络体系结构中的节能方案

1）SDN 节能

随着网络用户规模的迅速扩大，网络的应用需求也随之丰富，网络的结构也越来越复杂。网络的可管理性、可控制性及可扩展性等问题愈加凸显。这些问题无疑为网络的发展设置了障碍。为了解决这类问题并改进现有的网络架构，SDN 应运而生。虽然 SDN 在控制、灵活性等方面有值得肯定的优点，但是在能源浪费方面的问题也是不容忽视的。针对 SDN 的节能包括设备节能和节能路由等。

设备节能主要研究如何降低交换机的能耗，如文献 [109] 在三态内容寻址存储器（Ternary Content Addressable Memory, TCAM）交换机的基础上，把数据包预测电路增加到每个端口上，并且通过实验证实了这个方法的可行性。在节能路由方面，文献 [110] 提出了一种利用虚拟网络拓扑实现节能的路由技术，并且研究了控制器的优化部署方案。

2）CCN 节能

文献 [111] 提出了 CCN 架构在节能方面可以达到很好的效果。文献通过对一个完整 CCN 中的各个网络设备（如路由器）进行能耗分析，通过模拟仿真，认识到 CCN 是一个比较好的节能网络，并指出 CCN 在节能方面有很大的潜力。

1.3.3　混合网络中的节能方案

随着 SDN 的出现和大规模部署，互联网面临了更加复杂的结构。网络中同时有 SDN 设备和传统网络设备，因此该网络可称为一个混合网络。因此，研究混合网络中的节能方案是一个重要且复杂的研究课题。文献 [112] 首先探讨了混合网络中节能方案面临的挑战，并且对节能方案做了详细的分类。文献 [113] 研究了一种新的体系架构 RouteFlow，利用该架构达到节能的目的。文献 [114] 利用启发式算法实现能量感知路由。文献 [115] 将混合网络划分为二层和三层混合网络，并且分别研究了各自层次的节能方案。

1.3.4 绿色网络节能方案比较

不同绿色网络节能方案比较结果见表 1-2。目前已有的节能路由方案，复杂度普遍比较高而且很难部署。这些研究几乎都是在已知流量和流量矩阵的基础上展开的，很少考虑流量的变化。而实际网络中的流量是实时变化的，流量矩阵也随之变化。所以，在研究中不能只在已知条件的基础上展开研究，应该将不可预测的流量加入到研究的范畴之中。其中，可再生能源路由是一种新型的节能路由方案。此方案对目前日益严重的能源问题做出了很好的节能减排作用。

目前的研究成果已经在一定程度上减少了路由的耗能、解决了部分节能问题，为节能路由做出了值得肯定的成绩，进一步的探索和提高仍然需要科研工作者们加快步伐，以解决还未攻克的难题。

表 1-2　绿色网络节能方案比较

方案			优势	劣势
传统网络中的节能问题	Power Down	LR 和 HS	实现简单	较难部署
		OSPF	兼容性较好	复杂度高、收敛性较差
		IS-IS	兼容性较好	复杂度较高
		MPLS	相对成熟	复杂度高、难以部署
		启发式拓扑裁剪	复杂度较低	难以应对实时流量
		EEBDAG	解决流量难预测问题	—
		EERSBNE	解决流量难预测问题	—
	Speed Sealing	ALR	满足通信的动态需求	—
		单调函数模型	将能耗问题转化为函数模型	函数形态不够明显
		平行物理链路模型	—	计算复杂度较高
	可再生能源路由	能量感知路由协议	有效减少域内网络消耗的棕色能量	—
		路由器功耗模型	有效降低不可再生能源消耗	—

（续表）

	方案	优势	劣势
新型网络体系结构中的节能方案	SDN 节能	控制性和灵活性好、降低交换机的耗能	安全性有待提高
	CCN 节能	—	—
混合网络中的问题	混合 SDN 网络节能	在满足业务需求下，可实现良好的节能效果	—

1.3.5　下一步的研究方向

1）在未知流量矩阵的情况下进行节能路由

目前已有的科研成果中，大部分方案都需要在已知流量矩阵的基础上来处理相应的节能问题，但网络中的流量是实时变化的，及时获取实时的流量矩阵是十分困难的事情，而且这些方案大多都不能简单地部署到现有的网络中。所以，为了提高方案的实时性、降低方案的部署难度，在未知流量矩阵的情况下进行节能路由是一个很好的研究方向。

2）为拓扑结构设计合理的权重

在互联网上运行的路由协议如 OSPF 和 IS-IS 均明确了流量对于最短路径的决定性作用，而流量是实时变化的，所以，只把网络拓扑当作前提条件是不够的，为了保证处于工作状态的链路流量满足物理容量的约束，应该为已知的网络拓扑设计一套较为合理的权重。

3）可再生能源节能

目前全世界都在倡导利用可再生能源发电，比如利用太阳能和风能等。但是，可再生能源有很多不可控的因素，比如电力不稳定等。因此，研究可再生能源节能路由是未来的一个研究课题。

1.4　本书的研究内容

本书着眼于路由保护算法和路由节能算法研究，通过扩展互联网部署的域内路由协议来改善域内路由可用性，从而减少由于网络故障造成的网络中断问题；通过研究基于路由保护的路由节能方案来降低网络能耗。

本书分别讨论了基于逐跳方式的路由保护算法、基于 LFA 的路由保护算法、基于路径交叉度的路由保护算法、软件定义网络中的路由保护算法和互联网中的路由节能算法。本书的研究成果可以为 ISP 解决域内路由可用性和节能提供多方位和多平台的解决方案。

第 2 章　基于逐跳方式的路由保护算法

2.1　基于逐跳方式的单链路故障保护算法

当网络中的某条链路出现故障时，互联网部署的域内路由协议需要重新收敛，在收敛过程中经过该链路的报文将会被丢弃。针对该问题，IETF（The Internet Engineering Task Force）提出了快速重路由保护框架，利用该框架可以有效减少网络中单链路故障造成的报文丢失问题，然而该方案并不能 100% 保护网络中所有可能的单链路故障。基于该框架，研究者提出了一种基于隧道的解决方案，该方案虽然可以提供 100% 单链路故障保护，但是该方案需要辅助机制的协助，开销较大，难以实际部署。因此，本节介绍一种基于逐跳方式的针对单链路故障的全保护方案，该方案可以保护网络中任意的单链路故障造成的报文丢失问题。本节提出的方案可以 100% 保护网络中的所有单链路故障，然而该方案并不能 100% 保护网络中的所有的单结点故障和并发故障，因此，下一步将重点研究单结点和并发故障对应的全保护方案。

2.1.1　单链路故障保护算法

1. 网络模型和基本理论

网络可以抽象为图 $G=(V,E)$，其中 V 表示结点（路由器）的集合，E 表示边（链路）的集合。对于图中的任意一条边 $e=(x,y)\in E$，用 $w(e)$ 表示该边对应的权值，该权值具有不同的特征，可能表示时延、带宽、可靠性、跳数或者能量消耗，甚至可以是这几个度量的组合。用 $\text{Primary}(s,d)$ 和 $\text{Backup}(s,d)$ 分别表示源结点 s 到目的结点 d 的最优下一跳和备份下一跳；用 $\text{SP}(s,d)$ 表示从结点 s 到结点 d 最短路径；用 $\text{Cost}(s,d)$ 表示从结点 s 到结点

d最短路径的代价。

定义 2-1：对于任意目的结点d，如果$E_d \subset E$，$|E_d| = |V| - 1$，并且任意结点$v \in V$到目的结点d都拥有最小代价，则称$T_d(V, E_d)$表示以d为根的最短路由树。在路由树T_d中，对于任意结点$v \in V$，用$\text{child}(v)$表示结点v的孩子结点，$\text{parent}(v)$表示结点v的父亲结点，$\text{subtree}(d,v)$表示在T_d中以结点v为根的子树。

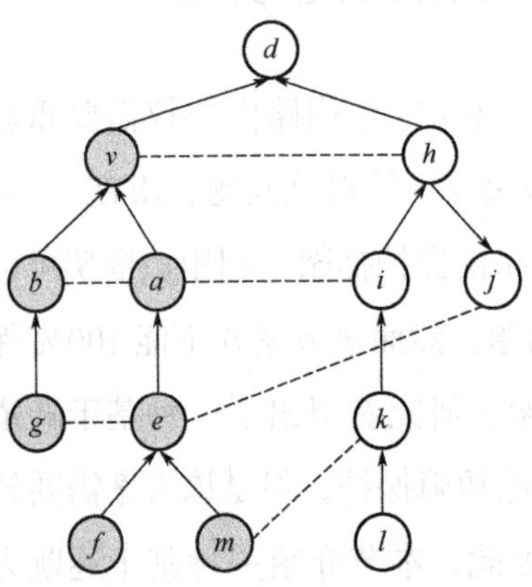

图 2-1　以结点d为根的最短路由树

下面通过一个例子来解释上述定义。图 2-1 中所有的实线和虚线构成了一个网络图，其中实线表示以结点d为根的最短路由树。对于结点f，其达到目的d的最短路径表示为$\text{SP}(f,d) = (f,e,a,v,d)$，结点$f$到目的$d$的最优下一跳$\text{Primary}(f,d) = e$。结点$v$有两个孩子结点$\text{child}(a) = \{a,b\}$。灰色的结点是以结点$v$为根的子树，用$\text{subtree}(d, v)$表示。

定义 2-2：对于任意一个事件(s, d, f)，其中s表示源结点，d表示目的结点，f表示路径$\text{SP}(s, d)$上的单链路故障。当该事件发生时，如果s到d的路径依然保持连通，则称该网络具有健壮的网络拓扑结构。

定义 2-3：在以d为根的最短路由树中，对于事件(v, d, f)，其中f表示路径$\text{SP}(v, d)$上的单链路故障，如果存在一条链路(x, y)，使得$x \in \text{subtree}(d,v)$和$y \in V - \text{subtree}(d,v)$同时成立，则称链路$(x, y)$为子树$\text{subtree}(d,v)$的桥，用$\text{Candidate}(v) = \{(x, y)\}$表示。

定理 2-1：对于一个健壮的网络拓扑结构，对于事件(v, d, f)，其中f表示路径$\text{SP}(v, d)$上的单链路故障，则子树$\text{subtree}(d,v)$至少有一个桥。

证明：使用反证法来证明。假设不存在任何链路(x, y)使得$x \in \text{subtree}(d,v)$和$y \in V - \text{subtree}(d,v)$同时成立，那么对于任意结点$x \in \text{subtree}(d,v)$，与结点$x$相连的链路的另一端$y$仅仅和集合$\text{subtree}(d,v)$中

的结点相连，y 到 d 的最短路径必定经过结点 v，则当结点 v 到目的结点 d 的默认下一跳出现故障时，v 和 d 之间将无法连通，这与前提假设相矛盾，即原假设不成立，定理得证。

图 2-1 形象地说明了定理 2-1，利用 T_d 可以得到 $\text{subtree}(d,v)$（图 2-2 中灰色结点）。定理 2-1 说明了如何寻找子树 v 对应的桥。遍历集合 $x \in \text{subtree}(d,v)$ 中的所有邻居结点，找到其所有在 $y \in V - \text{subtree}(d,v)$ 中的邻居结点，两个集合中的结点连接的边即为子树 $\text{subtree}(d,v)$ 对应的桥。在图 2-1 中，结点 v 的子树 $\text{subtree}(d,v)$ 所对应的桥为 $\text{Candidate}(v) = \{(v, h), (a, i), (e, j), (m, k)\}$。

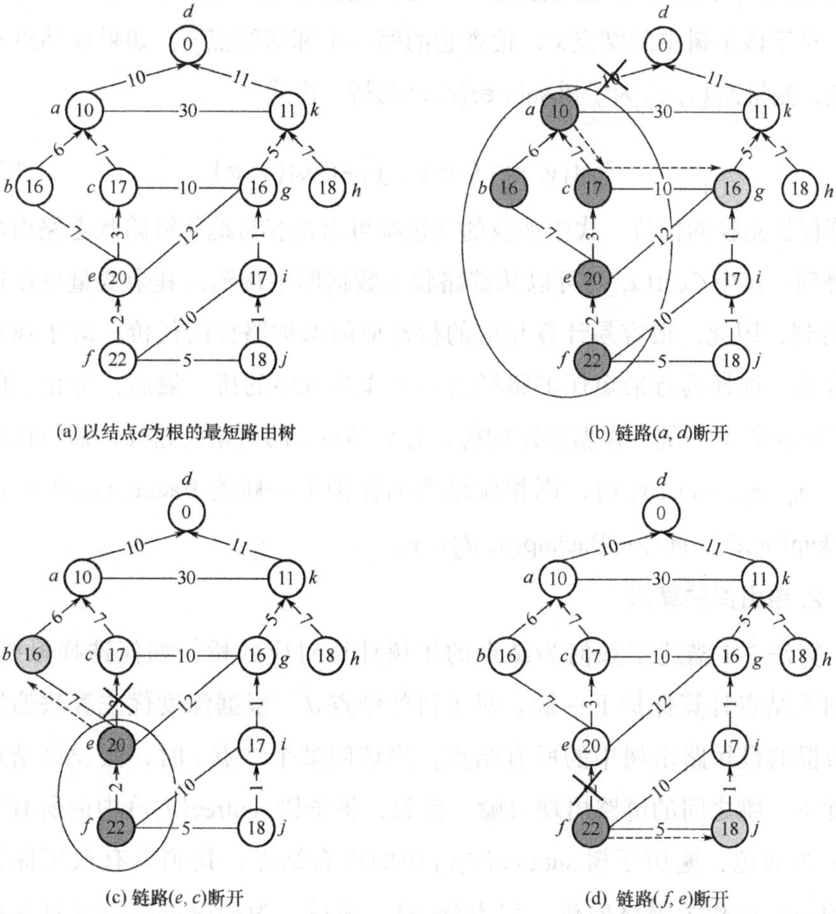

图 2-2　计算备份下一跳实例

由上述例子可知，结点的子树对应的桥并不是唯一的，不同桥对应的保护路径的代价是不同的。因此，下面将重点解决 3 个问题：①如何找出子树对应的所有桥；②如何选择最佳的桥，从而使得保护路径具有最小的代价；③如何为结点计算保护下一跳。

由于对于任意目的结点的计算方法都是类似的，因此，不失一般性，算法仅仅考虑目的地址为 d 的计算方法。下面将介绍如何解决上述 3 个问题。根据深度优先算法遍历以 d 为根的最短路由树中的所有结点，当访问某个结点 v 时，假设该结点和其最优下一跳之间的链路出现故障。将子树 $\text{subtree}(d,v)$ 中的所有结点标记为灰色，遍历子树 $\text{subtree}(d,v)$ 中的所有结点，对于该子树中的结点 x，检查它的每一个邻居结点 y，如果该结点不是灰色，则链路 (x, y) 为子树 $\text{subtree}(d,v)$ 的桥。由式

$$\text{Cost}(v, x)+\text{Cost}(x, y)+\text{Cost}(y, d) \tag{2-1}$$

计算保护路径的代价。式中涉及的变量都可以很容易地从链路状态路由协议中得到。其中 $\text{Cost}(x, y)$ 可以从链路状态数据库中得到，其余变量可以通过 T_d 得到，因此，很容易计算相应的桥对应的保护路径的代价。对于找到的所有桥，选择具有最短保护路径的一个作为最终的桥。最后，为相应的结点计算保护下一跳。根据选定的桥，计算结点 v 的重路由路径，假设该路径为 $(v,m_1, m_2,\cdots,m_k, x, y)$，则相应结点的保护下一跳为 $\text{Backup}(v,d) = m_1$，$\text{Backup}(m_1,d)=m_2$，$\cdots$，$\text{Backup}(x, d)=y$。

2. 路由保护算法

算法 2-1 描述了如何为结点的子树计算对应的桥，如何选择最终桥，如何为结点计算保护下一跳。对于目的结点 d，根据深度优先算法遍历以 d 为根的最短路由树中的所有结点，当访问某个结点 v 时，假设该结点和最优下一跳之间的链路出现故障。首先，将子树 $\text{subtree}(d,v)$ 中的所有结点标记为灰色，遍历子树 $\text{subtree}(d,v)$ 中的所有结点，找到具有最短保护路径的一个桥作为最终的桥，记为 (m,n)，最后，为相应的结点计算保护下一跳。

算法 2-1

Link-protection(d)

// 每个结点计算到目的地址 d 的备份下一跳

Input：

$G(V,E)$，目的地址 d

Output：

Backup[][d]

for $v \in V$ do

Backup[v][d] ← ∅

v.color ← white

计算 $T_d(V, E_d)$，并且存储结点到 d 的最优下一跳

// 按照深度优先顺序访问 $T_d(V, E_d)$ 中的结点；对于每个结点 v，假设该结点到 d 的最优下一跳链路出现故障

for $v \in V$, $v \neq d$ do

f ← Primary(v, d)

将 subtree(d, f) 中的所有结点标记为红色

if Backup[][d]≠ ∅ then

continue

mincost ← ∞

for $x \in$ subtree(d, f) do

for 每个与结点 v 直接相连的结点 y do

if y 是白色的 or

Cost(v, x) + Cost(x, y) + Cost(y, d)−Cost(v, d) ⩾ mincost then

continue;

mincost ← Cost(v, x) + Cost(x, y) + Cost(y, d)−Cost(v, d)

AssignBackup(x, y,v,d)

```
将所有结点标记为白色
return Backup[][d]
```

算法 2-2　AssignBackup(*x*, *y*, *v*, *d*)

```
// 为路径 SP(x,v) 上的所有结点计算备份下一跳
u ← x
v ← y
While u≠v do
If Backup[u][d]= ∅ Then
Backup[u][d] ← v
v ← u
u ← Primary(u)
```

图 2-2 描述了为路径 (a, c, e, f) 中的结点计算备份下一跳的过程，图中圆圈中的数值表示该结点到目的 d 的最小代价。

（1）假设当链路 (a, d) 断开时，找出所有以 a 为根的子树的桥 $\{(a,k),(c,g),(e,g),(f,i),(f,j)\}$。当桥为 (c,g) 时，对应的保护路径的代价最小，此时结点 a 对应的重路由路径为 (a, c, g)，因此 $\text{Backup}[c][d]=g$，$\text{Backup}[a][d]=c$。

（2）假设当链路 (c, a) 断开时，因为结点 c 已经找到备份下一跳，因此不执行任何操作。

（3）假设当链路 (e, c) 断开时，找出所有以 e 为根的子树的桥 $\{(e,b),(e,g),(f,i),(f,j)\}$，当桥为 (e,b) 时，保护路径的代价最小，此时结点 e 的重路由路径为 (e, b)，因此 $\text{Backup}[e][d]=b$。

（4）假设当链路 (f, e) 断开时，找出所有以 f 为根的子树的桥 $\{(f,i),(f,j)\}$，当桥为 (f,j) 时，保护路径的代价最小，此时结点 f 的重路由路径为 (f, j)，因此 $\text{Backup}[f][d]=j$。

定理 2-2：当网络中的所有结点都部署上述的路由保护算法时，可以保

护网络中任意单链路故障。

证明：对于网络中任意的源结点 s 和目的结点 d，假设链路 $L=(x, y)\in \mathrm{SP}(s, d)$ 出现故障。根据定理 2-1 可知，子树 $\mathrm{subtree}(d,x)$ 至少存在一个桥，则算法可以保护链路 L。由于结点 s 是结点 x 的子孙结点，则当链路 $L=(x, y)$ 断开时，从源结点 s 发送到目的结点 s 的报文可以正常到达。

定理 2-3：算法 2-1 的时间复杂度为 $|V|\bullet O(|V|+|E|)$。

证明：在为某个结点计算保护下一跳的算法中（算法第 11 ～ 15 行），网络中的每个结点最多被访问一次，而每条链路最多被访问两次，因此，为每个结点计算保护下一跳的时间复杂度 $O(|V|+|E|)$。如果利用算法 2-1 为网络中所有结点计算保护下一跳，该算法的时间复杂度为 $|V|\bullet O(|V|+|E|)$。

2.1.2　分布式方案

上面介绍的算法采用集中式计算，可以应用在各种网络协议中，如距离矢量路由协议、链路状态路由协议。如果采用分布式算法，则上述算法只能应用在链路状态路由协议中，如 OSPF、IS-IS 等。下面将分别介绍分布式方案中对应的转发机制和分布式算法。

1. 转发机制

对于任意目的结点，每个结点在转发表中维护两个下一跳，分别是最优下一跳和备份下一跳。下面将描述结点选择下一跳的方法。当某个结点收到报文时，将分为 3 种情况。

（1）该结点到目的结点的最优下一跳没有故障，则将报文转发给最优下一跳。

（2）该结点到目的结点的最优下一跳出现故障，将报文转发给备份下一跳。

（3）该结点从最优下一跳接收到报文，该结点到目的结点的最优路径必定出现故障，因此，该结点需要将报文转发给备份下一跳。

2. 分布式算法

下面将详细描述分布式计算方案，不失一般性，假设目的地址为 d，源地址为 a。在链路状态路由协议中，每个结点都拥有该自治系统内的整个拓扑结构，因此结点 a 可以计算以目的地址 d 为根的最短路径树，假设 a 到 d 的最短路径是 $(a,m_1,m_2,m_3,\cdots,m_k,d)$，在分布式算法中，只需要计算该路径中的结点的备份下一跳即可，而没有必要计算网络中所有结点的备份下一跳。例如，在图 2-2 中，如果结点运行保护算法，则只需要首先计算出结点 (a, c, e) 对应的备份下一跳，然后为结点 f 计算备份下一跳，计算出 f 对应的备份下一跳后程序执行完毕。

由上面的描述可以看出，分布式算法只需要对集中式算法做微小的改动。对于某个结点，当计算出该结点的备份下一跳时，算法将执行完毕，而没有必要为其他结点计算备份下一跳，因此，将大大降低算法的执行时间。并且，在计算出该结点的备份下一跳之前，该结点不需要为已经计算出的其他结点下一跳存储备份下一跳，这将大大降低算法占据的存储空间。

2.1.3 实验及结果分析

为全面评价提出的算法的性能，实验中采用了大量的拓扑结构，包括真实的 Abilene[116] 拓扑、利用 Rocketfuel[117] 测量的拓扑、利用 Brite 软件 [118] 生成的拓扑。

(1) Abilene 是一个真实的拓扑结构，该拓扑由 11 个结点和 14 条链路组成。

(2) 在实验中，从 Rocketfuel 测量的拓扑结构选择了 4 个典型结构作为实验对象，这些拓扑的具体参数见表 2-1。

(3) 利用 Brite 生成的拓扑的参数见表 2-2，其中 Model 参数为 “Waxman”，mode 参数为 “Router only”，结点数量为 20 ～ 1000 个，网络结点的平均度为 2 ～ 40 个，链路带宽 10 ～ 1024Mbit/s，时延取链路带宽的倒数，并且假定链路权值是对称的 [25]。

表 2-1　Rocketfuel 拓扑结构

AS 号码	AS 名称	结点数量 / 个	链路数量 / 条
3967	Exodus	79	147
1221	Telstra	108	153
3257	Tiscali	161	328
1239	Sprint	315	972

表 2-2　Brite 拓扑参数

参数	Model	N	HS	LS
参数值	Waxman	20 ~ 1000	1000	100
参数	m	NodePlacement	GrowthType	alpha
参数值	2 ~ 40	Random	Incremental	0.15
参数	beta	BWDist	BwMin-BwMax	model
参数值	0.2	Constant	10 ~ 1024	Router-only

本实验的模拟环境是 PC，CPU 是 Intel i5，CPU 主频 1.7GHz，内存 1.5GB，采用 C++ 开发模拟平台。为了说明算法的有效性，算法将和 LFA、U-turn 比较。

1. 理论性分析

首先，为了说明算法的高效性，从理论上分析算法的性能。表 2-3 列出了不同算法对应的数据，其中 k 表示结点邻居个数，m 表示结点邻居和这些邻居对应的邻居的个数总和，从表 2-3 可以看出，Link-protection 可以保护网络中所有单链路故障，LFA 和 U-turn 只能保护部分单链路故障。如果采用集中式计算方案，U-turn 的复杂度最高，Link-protection 的复杂度最低。如果采用分布式方案，LFA 和 U-turn 具有同样的复杂度，Link-protection 的复杂度最低。因此，不论采用集中式还是分布式方案，Link-protection 都低于其余两种算法的复杂度。

表 2-3　算法理论性能比较

	Link-protection	LFA	U-turn
单链路故障	Y	N	N
算法复杂度（分布式）	$\lvert V\rvert \bullet O(\lvert V\rvert + \lvert E\rvert)$	$k \bullet O(\lvert V\rvert^2)$	$m \bullet O(\lvert V\rvert^2)$
算法复杂度（集中式）	$\lvert V\rvert \bullet O(\lvert V\rvert + \lvert E\rvert)$	$O(\lvert V\rvert^3)$	$O(\lvert V\rvert^3)$

2. 故障保护率

本部分用故障保护率来评价不同方案对网络中单链路故障的保护能力。将故障保护率定义为：当网络中出现故障时，网络中所有连通的源－目的对的数量与所有源－目的对数量的比值。因此，算法的故障保护率越高，该算法的性能越高。

表 2-4 列出了不同算法在真实拓扑和利用 Rocketfuel 推测的网络拓扑的故障保护率。从表 2-4 可以看出，算法 Link-protection 可以保护网络中所有的单链路故障，明显优于 U-turn 和 LFA，该数据符合理论结果。

表 2-4　不同算法对应的单链路故障保护率　　单位：%

网络拓扑	Link-protection	LFA	U-turn
Abilene	100	54.28	84.67
Exodus	100	63.28	91.23
Telstra	100	53.46	80.85
Tiscali	100	75.84	90.13
Sprint	100	79.87	94.24

故障保护率随着结点平均度变化情况如图 2-3 所示。随着结点平均度的增加，LFA 和 U-turn 的故障保护率随之提高，然而，当平均度为 30 时，故障保护率依然低于 85%，Link-protection 可以提供 100% 单链路故障保护率。

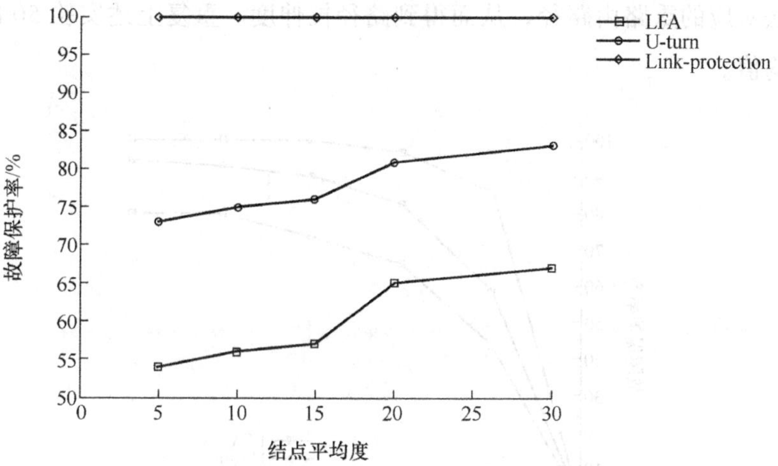

图 2-3　故障保护率随着结点平均度变化情况

3. 增量部署

本章提出的算法 Link-protection 和互联网部署的链路状态路由协议是兼容的，因此，该算法支持增量部署。增量部署问题可以描述为：给定某个网络拓扑结构和需要部署结点的数量，目标是如何选择一组结点部署该算法，从而使得故障保护率最高。下面的实验采用贪心算法进行增量部署，即每次选择一个使得故障保护率提高最多的结点进行部署。

图 2-4 描述了算法 Link-protection、LFA 和 U-turn 在 Sprint 拓扑中执行上述增量部署方案，故障保护率随着部署结点数量的变化情况。实验结果表明，随着部署结点数量的增加，故障保护率也随之增加。当部署大约 50% 的结点时，网络故障保护率有了大幅度的提高。因此，没有必要对网络中所有的结点部署该算法，只需要部署网络中关键的结点即可。当部署同样数量的结点时，Link-protection 的故障保护率明显优于 LFA 和 U-turn。

4. 路径拉伸度

本部分评价当网络发生单链路故障后不同算法的路径拉伸度。路径拉伸度的定义为：当网络出现故障后，使用重路由算法的路径长度与新的最短路径长度的比值。因此，路径拉伸度越小，重路由路径越接近于最短路径。本章采用的实验方法如下：随机断开网络中的某条链路，分别计算 3

种算法对应的重路由路径，从而得到路径拉伸度。重复上述实验 50 次，计算平均值。

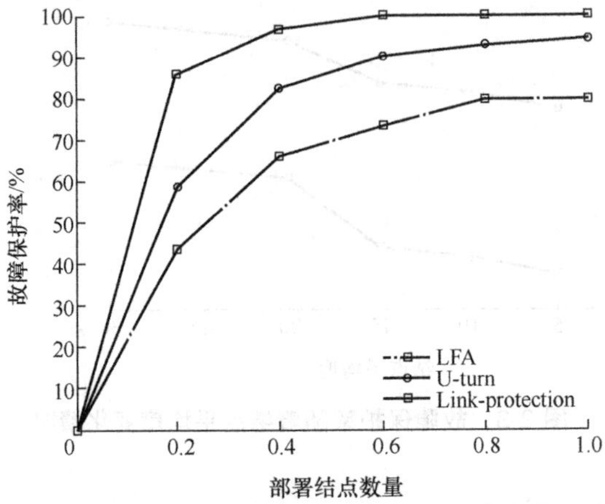

图 2-4　故障保护率随着部署结点数量的变化情况

不同算法对应的路径拉伸度如图 2-5 所示。可以看出，LFA 和 U-turn 方案的路径拉伸度明显高于算法 Link-protection。这是因为 LFA 和 U-turn 采用了从备份下一跳随机选择的方式，因此，不能保证使用较短的重路由路径。算法 Link-protection 保护路径拉伸度较小，因为，在计算时该算法选择代价最小的路径作为重路由路径。

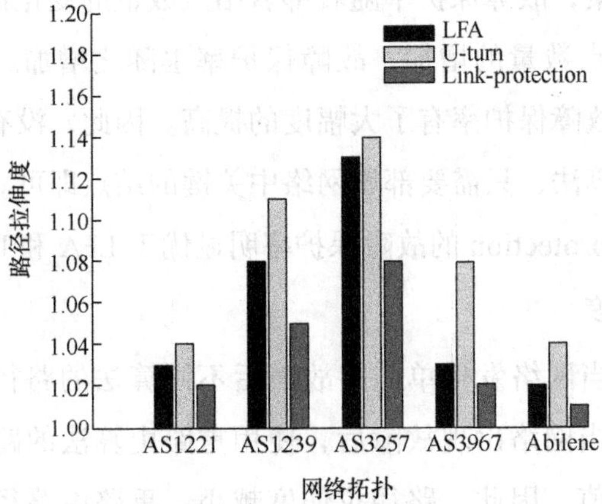

图 2-5　路由拉伸度

2.1.4 结束语

本节提出了一种基于逐跳方式的针对网络中单链路故障的全保护方案。该方案和互联网运行的路由协议的转发方式一致，容易部署。理论分析和实验结果表明，该方案可以 100% 保护网络中所有单链路故障。网络中单结点和并发故障的发生率为 30%，然而上述的算法并不能很好地应对这些故障。因此，下一步将重点研究单结点和并发故障对应的全保护方案。

2.2 基于逐跳方式的单结点故障保护算法

研究表明，网络中的故障频繁发生。当网络出现故障时，目前互联网部署的域内路由协议需要经历收敛过程，在此期间将有大量报文丢失，这会导致用户体验下降，严重影响因特网服务提供商（Internet Service Provider, ISP）的服务质量。因此，提高域内路由可用性成为亟待解决的一个科学问题。为了提升路由可用性，业界提出了快速重路由的基本框架（IP Fast Re-Route, IPFRR），基于该框架的解决方案可以减少路由协议收敛过程中报文丢失情况，然而该方案并不能 100% 保护网络中所有可能的单结点故障。因此，本节提出了一种基于逐跳方式的针对单结点故障的全保护方案。该算法具有如下特点：①实现简单；②支持逐跳转发方式；③支持增量部署，因此适合在实际中部署。实验结果表明，该方案不仅可以 100% 保护网络中所有单结点故障情形的路由保护算法，并且具有较小的路径拉伸度。

2.2.1 单结点故障保护算法

1. 基本模型

网络拓扑结构可以用图 $G=(V,E)$ 来表示，其中 V 表示网络中路由器的集合，E 表示网络中链路的集合。对于网络中的某条链路 $e=(x, y)\in E$，用

$w(e)$代表该链路的权值，该值可以是跳数、时延、带宽、能耗等，也可以是其中这几个度量的组合。假设源地址为s，目的地址为d，$P(s, d)$表示源到目的地址的最优下一跳，$B(s,d)$表示源地址到目的地址的备份下一跳，$\mathrm{SP}(s, d)$表示源地址到目的地址的最优路径，$C(s,d)$表示源地址到目的地址的最优路径的代价。

定义 2-4：在网络拓扑$G=(V,E)$中，对于该网络中的任意一个目的地址d，称$T_d(V, E_d)$是以结点d为根的最优路由树，当且仅当满足下面两个条件：

（1）$E_d \subset E$，$|E_d|=|V|-1$。

（2）对于树中的任意一个结点$v \in V$，该结点到目的地址d的路径具有最小的代价。

定义 2-5：在最优路由树$T_d(V, E_d)$中，对于树中的任意一个结点$v \in V$，$\mathrm{child}(v)$表示该结点的所有孩子结点，$\mathrm{parent}(v)$表示该结点的父亲结点，$\mathrm{subtree}(v)$表示以该结点为根的子树中的所有结点。

定义 2-6：在以目的地址d为根的最优路由树中，对于该树中的任意一个结点$v \in V-d$，假设该结点出现故障。当结点$u \in \mathrm{child}(v)$时，如果存在一条链路(x, y)，使得$x \in \mathrm{subtree}(d,u)$和$y \in V-\mathrm{subtree}(v)-d$同时成立，则称链路$(x, y)$是子树$\mathrm{subtree}(u)$的第一类桥，用$\mathrm{Candidate1}(u)=\{(x, y)\}$表示；当结点$w \in \mathrm{child}(v)$时，如果存在一条链路$(p, q)$，使得$p \in \mathrm{subtree}(u)$和$q \in \mathrm{subtree}(w)$同时成立，则称链路$(p, q)$为子树$\mathrm{subtree}(u)$和子树$\mathrm{subtree}(w)$的第二类桥，用$\mathrm{Candidate2}(u)=\mathrm{Candidate2}(w)=\{(p, q)\}$表示。第一桥和第二类桥统称为桥，用Candidate来表示。

定义 2-7：对于任意事件(u, d, f)，其中u表示源地址，d表示目的地址，f表示u到d的最优路径$\mathrm{SP}(u, d)$上的单结点故障。当该事件出现时，如果u到d依然存在别的路径，二者仍然保持连通，即该网络图中不存在割点，当该网络拓扑结构中的任何一个结点出现故障时，都不会影响该网络的连通性，则称该网络具有健壮拓扑结构。

定理 2-4：对于一个健壮的网络拓扑结构，假设结点f出现故障，结点f有k个孩子结点，分别用$f_1, f_2, \cdots, f_k$表示，则必定存在一个孩子结点$f_x \in \text{child}(f)$，该孩子结点对应的子树$\text{subtree}(f_x)$至少有一个第一类桥。当某个孩子结点$f_y \in \text{child}(f)$对应的子树没有第一类桥时，则该孩子结点对应的子树$\text{subtree}(f_y)$至少有一个二类桥。

证明：下面使用反证法来证明该定理。

首先证明该定理的前半部分。当结点f出现故障时，假设结点f的所有孩子结点都没有第一类桥，即对于任意结点$f_x \in \text{child}(f)$不存在任何链路(p, q)，使得$p \in \text{subtree}(f_x)$和$q \in V - \text{subtree}(f) - d$同时成立。那么，对于任意结点$p \in \text{subtree}(f_x)$，与结点$p$相连的链路的另一端$q$仅仅和集合$\text{subtree}(f_x)$中的结点相连，$q$到$d$的最优路径必定经过结点$f$。根据上述描述可知，当结点$f$出现故障时，结点$f_y \in \text{child}(f)$对应的子树中的结点将无法到达目的。这与健壮的网络拓扑结构的前提假设相矛盾。因此，该定理的前半部分成立。

下面证明该定理的后半部分。当结点f出现故障时，对于结点$f_y \in \text{child}(f)$，当该结点对应的子树没有第一类桥时，假设该结点对应的子树也不存在第二类桥，即对于结点$f_y \in \text{child}(f)$，不存在任何链路(m, n)，使得$m \in \text{subtree}(f_y)$和$n \in \text{subtree}(f_k)$同时成立，其中$f_k \in \text{child}(f)$，那么对于任意结点$m \in \text{subtree}(f_y)$，与结点$m$相连的链路的另一端$n$仅仅和集合$\text{subtree}(f_y)$中的结点相连，$n$到$d$的最优路径必定经过结点$f$。根据上述描述可知，当结点$f$出现故障时，结点$f_y \in \text{child}(f)$对应的子树中的结点将无法到达目的。这与健壮的网络拓扑结构的前提假设相矛盾。因此，该定理的后半部分成立。

根据上述证明可知，该定理成立。

定义 2-8：在网络拓扑中，假设结点f出现故障。对于任意的源－目的结点(s, d)，当源结点到目的结点的最优路径经过结点f时，即$f \in \text{SP}(s, d)$，则s到d的最优路径将无法连通。如果$f_x \in \text{child}(f)$，$(x, y) \in \text{Candidate}(f_x)$和$(x, y) \in \text{RP}(s,d)$成立，其中$\text{RP}(s,d)$表示结点$s$到结点$d$的重路由路径，则称该桥为$\text{RP}(s,d)$的有效桥。

引理 2-1：在网络拓扑中，假设结点f出现故障，对于其孩子结点$f_x \in \text{child}(f)$，如果$(x, y) \in \text{Candidate}(f_x)$是第一类桥，则该桥一定是有效桥，如果该桥是第二类桥，则该桥不一定是有效桥。

证明：当结点f出现故障时，对于其孩子结点$f_x \in \text{child}(f)$，如果$(x, y) \in \text{Candidate}(f_x)$是第一类桥，其孩子结点$f_x$的重路由路径可以表示为$\text{RP}(f_x, d) = (f_x, \cdots, x, y, \cdots, d)$，因此$(x, y) \in \text{RP}(f_x, d)$，即第一类桥一定是有效桥。当$(x, y) \in \text{Candidate}(f_x)$是第二类桥时，假设$f_k \in \text{child}(f), y \in \text{child}(f_k)$，则$(x, y) \in \text{Candidate}(f_y)$。当子树$f_k$只有该二类桥，不存在别的桥时，结点$f_x$的重路由路径将不包含该桥。这是因为，如果结点$f_x$的重路由路径将包含该桥，则当报文转发到结点$y$时，结点$y$到目的结点的最优路径必然经过结点$f$，而子树$f_k$没有别的桥，因此报文将无法被正确转发到目的地址。相反，当子树f_k存在别的桥时，结点f_x的重路由路径可能包含该桥。因此，第二类桥不一定是有效桥。

2. 路由保护算法

本部分将重点解决 3 个问题：①如何找出子树对应的有效桥；②如何选择最佳的桥，从而使得重路由路径具有最小的代价；③如何为结点计算保护下一跳。

根据引理 2-1 可知，某结点对应的子树可能存在两类桥，第一类桥一定是有效桥，而第二类桥不一定是有效桥，因此，为计算有效桥，算法需要计算出该子树对应的所有桥，然后从中选择有效桥。因为子树对应的桥的数量可能会很多，如果在算法中计算出所有桥，然后再从中选择有效桥，该方案将会增加算法的时间复杂度，因此，为了降低算法复杂度，本章对桥的优先级做了如下规定：第一类桥的优先级大于二类桥的优先级，当某个结点的子树拥有第一类桥时，不再为其计算第二类桥，如果某个结点的子树只有第二类桥，只为其计算有效第二类桥。

下面描述如何为子树选择最佳桥，如何为结点计算备份下一跳。由于对于任意的目的结点计算方法都是类似的，因此，不失一般性，算法仅仅

考虑目的地址为 d 的计算方法。下面的描述对结点的颜色做了区分：所有结点的初始颜色都是白色；当结点 f 出现故障时，当 $f_x \in \text{child}(f)$ 时，将子树 $\text{subtree}(f_x)$ 中的所有结点标记为黑色，表示将要为该子树计算最佳桥；当为该子树计算出有效桥时，将该子树中所有结点标记为灰色。

1）子树有第一类桥

当结点 f 出现故障时，结点 $f_x \in \text{child}(f)$ 对应的子树有第一类桥。将子树 $\text{subtree}(f_x)$ 中的所有结点标记为黑色，根据深度优先算法遍历子树 $\text{subtree}(f_x)$ 中的所有结点，对于该子树中的结点 p，检查它的每一个邻居结点 q，如果该结点不是黑色，则链路 (p, q) 为子树 $\text{subtree}(f_x)$ 的桥，由

$$C(f_x, p)+C(p, q)+C(q, d) \tag{2-2}$$

计算重路由路径的代价。式（2-2）中涉及的变量都可以很容易地从链路状态路由协议中得到。其中 $\text{cost}(p,q)$ 可以从链路状态数据库中得到，其余变量可以通过 T_d 得到，因此，很容易计算相应的桥对应的重路由路径的代价。对于找到的所有桥，选择具有最短重路由路径的一个作为最终的桥。最后为相应的结点计算保护下一跳。根据选定的桥，计算结点 f_x 的重路由路径，假设该路径为 $(f_x, m_1, m_2, \cdots, m_k, p, q)$，则相应结点的保护下一跳为 $B(f_x, d) = m_1, B(m_1, d) = m_2, \cdots, B(p, d) = q$。最后，将子树 $\text{subtree}(d, f_x)$ 中的所有结点标记为灰色。

2）子树只有第二类桥

当结点 f 出现故障时，结点 $f_y \in \text{child}(f)$ 对应的子树只有第二类桥。根据广度优先算法遍历子树 $\text{subtree}(d, f_y)$ 中的所有结点，寻找首次出现的一条边 (m, n)，其中 m 是黑色，n 是灰色，则链路 (m, n) 即为该子树的最佳桥，最后，将子树 $\text{subtree}(f_y)$ 中的所有结点标记为灰色。根据同样的方法计算重路由路径的代价和保护下一跳。

算法 2-3 描述了如何为结点的子树计算有效桥，如何选择最终桥，如何为结点计算保护下一跳。算法将为每个结点计算一个最优下一跳和一个备份下一跳。当网络出现故障时，不受该故障影响的结点依旧按照最优下一跳

转发报文，受该故障影响的结点将报文转发给备份下一跳。将所有结点的备份下一跳设置为空，所有结点的颜色标记为白色（算法 2-1 中的第 1 ～ 4 行）。对于目的结点 d，根据深度优先算法遍历以 d 为根的最优路由树中的所有结点，当访问某个结点 v 时，假设该结点出现故障。假设结点 v 有 k 个孩子结点，分别用 $v_1,v_2,\cdots,v_k$ 表示。首先，将子树 $\text{subtree}(v)$ 中的所有结点标记为黑色，其余结点标记为白色（算法 2-1 中的第 7 行）。如果结点 v 的孩子结点已经有了备份下一跳，则将该孩子结点对应的子树全部标记为灰色（算法 2-1 中的第 8 ～ 12 行）。

算法 2-4 重复执行下面的步骤（1）～（3），直到除去结点 v 外没有黑色结点。

步骤（1）根据深度优先算法遍历子树 $\text{subtree}(v)$ 中的所有黑色结点。

步骤（1.1）如果存在第一类桥，计算具有最短保护路径的一个桥作为最终的桥，记为 (m, n)（算法 2-3 中的第 15 ～ 26 行）。

步骤（1.2）如果不存在第一类桥，根据广度优先算法遍历子树 $\text{subtree}(d,v)$ 中的所有黑色结点，计算出第二类桥，记为 (m, n)（算法 2-3 中的第 27 ～ 31 行）。

步骤（2）寻找结点 m 对应的子树的根结点，并且将子树中所有结点标记为灰色（算法 2-3 中的第 32 ～ 33 行）。

步骤（3）根据选择的最终桥为相应结点计算保护下一跳（算法 2-3 中的第 34 行）。

算法 2-3　Node-protection(*d*)

// 每个结点计算到目的地址 d 的备份下一跳

Input：$v \in V$

　$G(V,E)$，目的地址 d

Output：

　$B(V,d)$

1：For　$v \in V$　do

```
  B(v,d) ← ∅
  v.color ← white
EndFor
计算 T_d(V, E_d)，并且存储结点到 d 的最优下一跳
// 按照深度优先顺序访问 T_d(V, E_d) 中的结点；当访问某个结点时，假设该结点出现故障
For  v ∈ V 并且 v ≠ d  do
  将 subtree(d, v) 中的所有结点标记为黑色
  For  u ∈ child(v)  do
    If B(u,d) ≠∅ then
      将 subtree(u) 中的所有结点标记为灰色
    EndIf
  EndFor
  mincost ← ∞
  Flag = 0
  For  m ∈ subtree(v) 并且 m 是黑色结点  do
    For 每个与结点 m 直接相连的结点 n  do
      If  n 是白色的 then
    Flag = 1
  value = C(m,d) – C( v,d) + C(m,n) + C(y,d)
      If mincost ≥ value then
        m ← x
        n ← y
      EndIf
      EndIf
    EndFor
  EndFor
// 如果不存在第一类桥
```

```
If Flag = 0 then
// 利用广度优先遍历 subtree(v) 中结点
    For m ∈ subtree(v) 并且 m 是黑色 do
        寻找首次出现的一条边 (m, n)，其中 m 是黑色，n 是灰色
    EndFor
EndIf
寻找结点 m 所在的子树，使得 m ∈ subtree(f)，其中 f ∈ child(v)
将 subtree(f) 中的所有结点标记为灰色
// 表示已经为该子树计算出有效桥
AssignBackup(m, n, f, d)
// 如果不存在第一类桥，则计算有效第二类桥
EndFor
return Backup(V, d)
```

算法 2-4　AssignBackup(*x*, *y*, *v*, *d*)

// 为路径 SP(*x*,*v*) 上的所有结点计算备份下一跳，其中 (*x*, *y*) 为子树 *v* 的桥

```
u ← x
v ← y
While u ≠ v do
  If  B(u,d)= ∅  then
     B(u,d) ← v
     v ← u
     u ← Primary(u)
  EndIf
EndWhile
```

图 2-6 描述了当结点 *a* 出现故障时算法为其孩子结点计算备份下一跳的

过程。

（1）找出所有以 a 为根的子树（结点 a 除外）的桥 $\{(g,k),(i,l),(i,m)\}$。因为该子树有第一类桥，所以不再为其计算第二类桥。当选择 (g,k) 作为该子树的桥时，结点 e 的重路由路径的代价最小，因此选择链路 (g,k) 作为以 e 为根的子树的最终桥，并且将以 e 为根的子树标记为灰色。根据选择的最终桥可知，结点 e 的重路由路径为 $\text{RP}(e)=(e,g,k,j,d)$，因此 $B(g,d)=k$，$B(e,d)=g$。

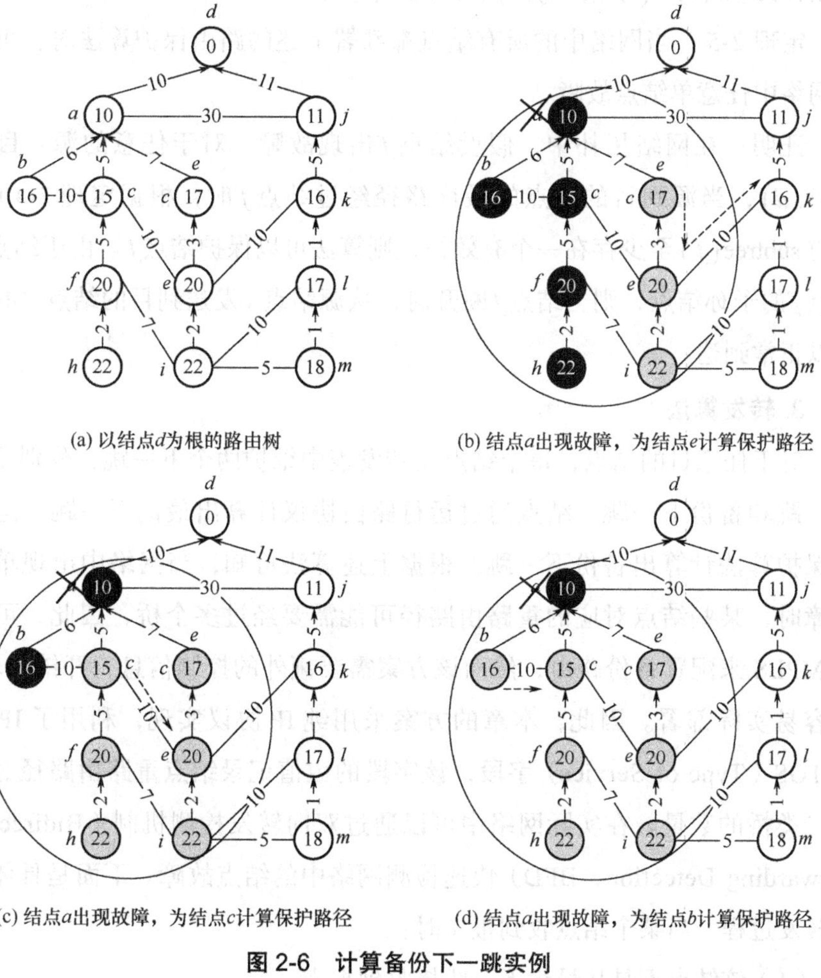

(a) 以结点d为根的路由树　　(b) 结点a出现故障，为结点e计算保护路径

(c) 结点a出现故障，为结点c计算保护路径　　(d) 结点a出现故障，为结点b计算保护路径

图 2-6　计算备份下一跳实例

（2）找出所有以 a 为根的子树（灰色结点和结点 a 除外）的桥 $\{(c,g),(f,i)\}$，

并且将以 c 为根的子树标记为灰色。因为该子树只有二类桥，根据算法只选择一个桥即可，因此选择链路 (c,g) 作为以 c 为根的子树的最终桥。在选择桥时，只考虑和灰色结点相连的链路，因此选择的桥都是有效桥，从而保证算法的正确性。根据选择的最终桥可知，结点 c 的重路由路径为 $\mathrm{RP}(c)=(c,g,k,j,d)$，因此 $B(c,d)=g$。

（3）找出所有以 a 为根的子树（灰色结点和结点 a 除外）的桥 $\{(b,c)\}$，并且将以 b 为根的子树标记为灰色。根据选择的最终桥可知，结点 b 的重路由路径为 $\mathrm{RP}(b)=(b,c,g,k,j,d)$，因此 $B(b,d)=c$。

定理 2-5：当网络中的所有结点都部署上述的路由保护算法时，可以保护网络中任意单结点故障。

证明：在网络拓扑中，假设结点 f 出现故障。对于任意的源 - 目的节点 (s, d)，当源到目的结点的最优路径经过结点 f 时，根据定理 2-4 可知，子树 $\mathrm{subtree}(f)$ 至少存在一个有效桥，则算法可以保护结点 f。由于结点 s 是结点 f 的子孙结点，则当结点 f 断开时，从源结点 s 发送到目的结点 d 的报文可以正常到达。

3. 转发算法

对于任意目的结点，每个结点在转发表中维护两个下一跳，分别是最优下一跳和备份下一跳。结点通过运行路由协议计算出最优下一跳，运行路由保护算法计算出备份下一跳。根据上述算法可知，当网络中出现单结点故障时，某些结点对应的重路由路径可能需要经过多个桥，因此，可以利用 MPLS 来配置备份路由，然而该方案需要额外的控制信息，开销比较大，不容易实际部署。因此，本章的方案采用纯 IP 协议实现，利用了 IP 包中的 TOS（Type of Service）字段，该字段的数值记录结点重路由路径经过的第二类桥的数量。在实际网络中可以通过双向转发检测机制（Bidirectional Forwarding Detection，BFD）快速检测网络中的结点故障。下面是具体的报文转发过程，当某个结点收到报文时：

（1）该结点不是从最优下一跳接收到报文。

（1.1）如果该报文头部的 TOS 字段值为 0，将分为两种情况：

（1.1.1）该结点到目的结点的最优下一跳没有故障，则将报文转发给最优下一跳。

（1.1.2）该结点到目的结点的最优下一跳出现故障，该结点将修改报文头部的 TOS 字段，将报文转发给备份下一跳。

（1.2）如果该报文头部的 TOS 字段值不为 0，则将报文转发给备份下一跳，并且将 TOS 字段的值减 1。

（2）该结点从最优下一跳接收到报文，则该结点到目的的最优路径必定出现了故障，因此，该结点需要将报文转发给备份下一跳。

从上述的转发方式可以看出，本章提出的算法和目前互联网采用的路由算法都采用逐跳转发方式。

2.2.2 实验及结果分析

为了全面、准确地说明上述算法的性能，将在实验中采用多种拓扑结构，其中包括 Abilene 拓扑结构、利用测量工具 Rocketfuel 测量的拓扑结构、利用模拟软件 Brite 产生的拓扑结构。

（1）Abilene 是一个实际运行的网络拓扑，由 11 个路由器和 14 条链路构成。

（2）本章在 Rocketfuel 测量出的拓扑中选择 6 个拓扑，其参数在表 2-5 中列出。

（3）利用模拟软件 Brite 产生拓扑的具体参数在表 2-6 中列出。

表 2-5　Rocketfuel 拓扑结构

AS 号码	AS 名称	结点数量 / 个	链路数量 / 条
1221	Telstra	108	153
1239	Sprint	315	972
1755	Ebone	87	162
3257	Tiscali	161	328
3967	Exodus	79	147
6461	Abovenet	128	372

表 2-6　Brite 拓扑参数

参数	Model	N	HS	LS
参数值	Waxman	20 ～ 1000	1000	100
参数	m	NodePlacement	GrowthType	alpha
参数值	2 ～ 40	Random	Incremental	0.15
参数	beta	BWDist	BwMin-BwMax	model
参数值	0.2	Constant	10 ～ 1024	Router-only

1. 故障保护率

本节将利用故障保护率来评价不同算法应对网络中单结点故障的能力。故障保护率定义为：受保护结点的数量 / 网络中所有结点的数量。从该定义可以看出，对于同一拓扑结构，故障保护率越高，该算法的性能越高。

表 2-7 描述了不同算法对应的故障保护率。表中采用真实拓扑和测量拓扑模拟实验。从表中可以得出结论：本章算法可以 100% 保护网络中所有出现的单结点故障情形，LFA 和 U-turn 只能保护部分单结点故障。本章算法的故障保护率明显高于 LFA 和 U-turn。

表 2-7　不同算法对应的单结点故障保护率　　单位：%

网络拓扑	Node-protection	LFA	U-turn
Abilene	100	62.23	92.34
Telstra	100	61.93	83.12
Sprint	100	86.34	96.21
Ebone	100	57.54	90.23
Tiscali	100	74.67	87.34
Exodus	100	65.76	93.06
Abovenet	100	91.35	97.46

图 2-7 表示故障保护率和网络中结点平均度的关系，采用 Brite 软件生成拓扑模拟实验。从图 2-7 可以看出，本章提出的算法始终保持 100% 故障保护率。LFA 和 U-turn 的故障保护率随着结点度的增加而增加，但是仍然无法提供 100% 故障保护率。当网络结点平均度为 30 时，LFA 和 U-turn 的故障保护率分别为 63% 和 81%。

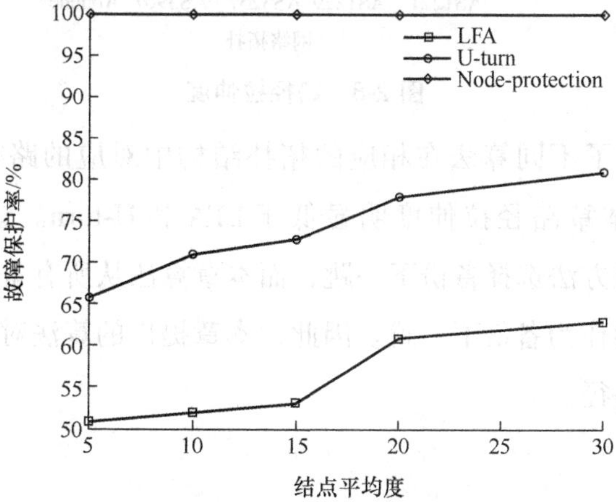

图 2-7　故障保护率随着结点平均度变化情况

2. 路径拉伸度

当网络发生故障时，受该故障影响的路径的代价必定会发生变化。因此，下面将讨论网络发生单结点故障后算法对应的路径拉伸度。路径拉伸度表示为：当网络中发生故障时，重路由路径的代价 / 最短路径代价。路径拉伸度越大，重路由路径代价越大，对资源的消耗越大，相反，路径拉伸度越小，重路由路径越接近最优路径。

下面详细描述实验过程。对于某个网络，随机选择某个结点发生故障，然后利用不同的算法计算重路由路径，最后计算出相应的路径拉伸度。图 2-8 中的数值表示重复上述实验 100 次后计算平均值。

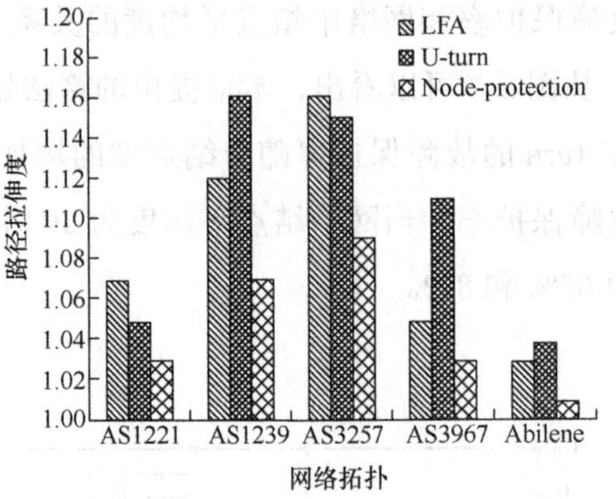

图 2-8 路径拉伸度

图 2-8 描述了不同算法在相应的拓扑结构中对应的路径拉伸度。从图中可以看出，本章路径拉伸度明显低于 LFA 和 U-turn。这是因为 LFA 和 U-turn 采用随机方法选择备份下一跳，而本章算法从所有备份路径中选择代价最小的下一跳作为备份下一跳。因此，本章提出的算法对应的重路由路径更加接近最优路径。

2.2.3 结束语

针对目前互联网部署的域内路由协议存在的可用性问题，本节提出了一种有效的单结点故障路由保护方案。该方案与目前互联网部署的域内路由协议是兼容的，因此支持增量部署，容易在实际环境中部署。理论和实验结果表明，该方案可以 100% 保护网络中所有出现的单结点故障情形，达到了预期目标。本节提出的方案主要针对网络中单故障情形，因此，下一步将重点研究如何将该算法应用在并发故障情形。

2.3 基于结点多样性的域内路由保护算法

已有的路由保护方案都没有考虑网络中结点的重要程度，然而在实际网络中，不同结点在网络中的重要程度是不相同的。针对该问题，本节提出一种基于结点多样性的域内路由保护算法（Intra-domain Routing Protection

Algorithm Based on Node Diversity, RPBND)，首先，该算法计算结点构造以目的为根的最短路径树（Shortest Path Tree, SPT），从而保证 RPBND 算法和目前互联网部署的路由算法的兼容性；然后，在该最短路径树的基础上构造特定结构的有向无环图（Directed Acyclic Graph, DAG），从而最大化路由可用性。实验结果表明，RPBND 极大地提高了路由可用性，降低了故障造成的网络中断时间，从而为 ISPs 部署域内路由保护方案提供了充分的依据。

2.3.1 基于结点多样性的域内路由保护算法

1. 网络模型和问题描述

1）网络模型

我们将网络表示为无向图 $G=(V,E)$，其中 V 表示网络中结点（路由器）的集合，E 表示网络中边（链路）的集合。对于网络 G 中的任意一条链路 $(i,j)\in E$，用 $w(i,j)$ 表示该链路的代价，$r(i,j)$ 表示该链路 $(i,j)\in E$ 的失效概率。对于网络 G 中的任意一个结点 $v\in V$，$\text{Neighbor}(v)$ 表示结点 v 的邻居结点的集合，$\text{spt}(v)$ 表示以结点 v 为根的最短路径树，$\text{dag}(v)$ 表示以结点 v 为根的有向无环图，$N(v,d)$ 表示结点 v 到结点 d 的下一跳集合。因为对于所有目的地址的计算方法是相同的，所以本章只讨论目的结点为 d 的算法。因此，为了描述简洁，我们用 $N(v)$ 表示 $N(v,d)$。

结点多样性：对于任意的结点 $v\in V$，结点 v 的多样性表示该结点将报文成功转发到下一跳的概率，用 $A(v,S)$ 来表示，具体可以用公式表示为 $A(v,S)=1-\prod_{u\in N(v)} r(v,u)$，其中 S 表示结点的集合。

下面通过一个例子来说明上述定义。图 2-9 表示以 d 为根的最短路径树，其中实线表示该树上的链路，虚线表示未使用的链路，边上的数值表示该边的失效概率。结点 a 和 b 到结点 d 的下一跳集合可以表示为 $N(a)=N(b)=d$。结点 a 的多样性可以表示为 $A(a,S)=1-r(a,d)=0.9$，结点 b 的多样性可以表示为 $A(b,S)=1-r(b,d)=0.99$。图 2-10 表示以 d 为根的有向无环图，结点 a 到结点 d 的下一跳集合可以表示为 $N(a)=\{b,d\}$，

结点 b 到结点 d 的下一跳集合可以表示为 $N(b)=\{d\}$。结点 a 的多样性可以表示为 $A(a,S)=1-r(a,d)\cdot r(a,b)=0.99$，结点 b 的多样性可以表示为 $A(b,S)=1-r(b,d)=0.99$。从该例子可以看出，增加结点到目的下一跳数量可以提高结点的多样性。

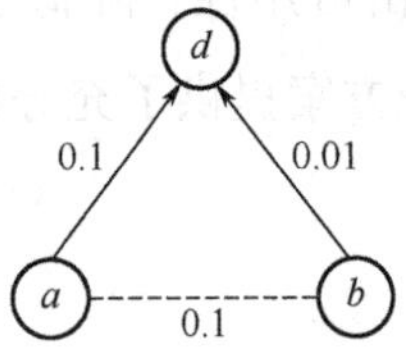

图 2-9　以 d 为根的最短路径树

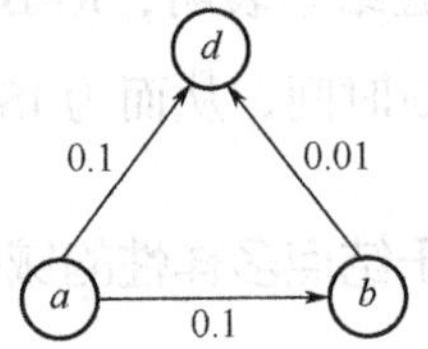

图 2-10　以 d 为根的有向无环图

2. 问题描述

从上述例子可以看出，构造以目的为根的 DAG 可以增加结点的多样性，从而提高路由可用性。然而，给定一个网络拓扑结构和目的结点，我们可以构造多个以目的为根的 DAG。为了实现路由可用性最大化的目标，本章需要构造一棵特定结构的 DAG，该 DAG 必须满足下面两个条件。

（1）以目的为根的 DAG 包括以该目的为根的 SPT，从而确保和目前互联网部署的路由协议的兼容性。

（2）最大化最小结点的多样性。

该问题可以形式化表示为如下内容。

输入：网络拓扑结构 $G(V,E)$ 和目的结点 $d\in V$。

输出：以 d 为根的有向无环图 $\mathrm{dag}(d)$。

目标：$\max\min\limits_{u\in V} A(u,S)$。

条件：$\mathrm{dag}(d)\supseteq \mathrm{spt}(d)$。

2.3.2　集中式算法

1. 算法描述

本章利用构造以目的为根的 DAG 来增加网络中结点的多样性，为了保证和互联网部署的域内路由协议的兼容性，该 DAG 需要包含 SPT，为了保证最大化结点的多样性，该 DAG 需要包含网络中所有的链路。因此，下面需要解决两个方面的问题。

（1）如何保证构造的有向无环图包含最短路径树。首先构造一棵以 d 为根的最短路径树 spt(d)，然后在这棵树的基础上构造 dag(d)，这样就可以保证最终构造的有向无环图包含最短路径树。

（2）如何根据链路的质量确定链路在 DAG 中的方向。由于不在 spt(d) 的每条链路都有两个方向，因此需要设定一个度量来确定上述链路在 dag(d) 的方向，本章采用结点的多样性来解决该问题。

算法 2-5 描述了如何构造以 d 为根的有向无环图。算法的输入是网络拓扑结构 $G(V,E)$ 和目的结点 $d \in V$，输出是在 spt(d) 上增加的链路的集合。首先初始化集合 S、M 和 C，其中 C 表示增加的链路的集合（算法第 1 ～ 3 行），根据网络中链路代价构造以 d 为根的最短路径树（算法第 4 行），再计算集合 M（算法第 6 ～ 10 行），该集合中的结点与集合 S 中的结点有直接相连的边，并且该边在 spt(d) 中，从而保证有向无环图包含 spt(d)，然后从集合 M 中选择具有最大多样性的结点加入到集合 S 中，更新集合 S 和 M（算法第 11 ～ 13 行）。对于网络中所有不属于 spt(d) 的边 (u,v)，如果结点 v 比结点 u 先加入到集合 S 中，则将边 (u,v) 加入集合 C 中（算法第 15 ～ 19 行）。最后返回集合 C（第 20 行）。

算法 2-5

Input：

　$G(V,E)$，目的地址 d

Output：

　需要添加的边的集合 C

1：$S \leftarrow \{d\}$

2：$M \leftarrow \varnothing$

3：$C \leftarrow \varnothing$

4：构造以 d 为根的最短路径树 spt(d)

While $|S|<|V|$
For $u \in V-S \,\&\&\, v \in S$ do
  If $(u,v) \in \mathrm{spt}(d)$ then
    $M \leftarrow \{u\} \cup M$
  EndIf
EndFor
  $w \leftarrow \mathrm{argmax}_{w \in M}(A(w),S)$
  $S \leftarrow \{w\} \cup S$
  $M \leftarrow \varnothing$
EndWhile
For $(u,v) \in E$ && $(u,v) \notin \mathrm{spt}(d)$ do
  If $\mathrm{Location}(S,v) < \mathrm{Location}(S,u)$ then
    $C \leftarrow C \cup (u,v)$
  EndIf
EndFor
Return C

---

2. 算法举例

下面，通过一个例子来说明算法 2-5 的执行过程。初始化：$S \leftarrow \{d\}$，$M \leftarrow \varnothing$和$C \leftarrow \varnothing$，构造以目的地址d为根的最短路径树（见图 2-9，假设链路代价为跳数），结点a到d的下一跳为d，b到d的下一跳为d。

（1）第一次循环。更新集合$M \leftarrow \{a,b\}$，根据结点多样性公式计算$A(a,S)$和$A(b,S)$，$A(a,S)=0.9$，$A(b,S)=0.99$，因此$w \leftarrow b$，更新集合$S \leftarrow \{b,d\}$，$M \leftarrow \varnothing$。

（2）第二次循环。更新集合$M \leftarrow \{a\}$，$A(a,S)=0.99$，因此$w \leftarrow a$，更新集合$S \leftarrow \{a,b,d\}$，$M \leftarrow \varnothing$。

最后根据集合$S \leftarrow \{a,b,d\}$计算需要增加的边的集合为$C \leftarrow \{(a,b)\}$。

假设在算法执行过程中不考虑结点多样性的数值，随机将结点加入到

集合 S 中，则可能导致结点多样性较低。下面通过例子来说明这种情况。如果在第一次循环中选择结点 a 加入集合 S，则 $A(a,S)=0.9$，在第二次循环中选择结点 b 加入到集合 S，则 $A(b,S)=0.999$，网络中结点多样性的最小值为 $A(a,S)=0.9$。因为本节算法的目标是最大化最小结点多样性，因此这种算法显然不是最优的解决方案。

3. 算法时间复杂度

定理 2-6：算法 2-5 的时间复杂度为 $O(|V|\cdot\lg|V|+|E|)$。

证明：算法需要构造一棵以 d 为根的最短路径树（算法第 4 行），该算法的时间复杂度为 $O(|V|\lg|V|+|E|)$，更新集合 M 的时间复杂度为 $O\cdot(|V|\lg|V|+|E|)$（算法第 6 ～ 10 行）。从集合 M 中选择具有最大结点多样性的结点的时间复杂度为 $O(\lg|V|)$（算法第 11 行），执行 $|V|$ 次的时间复杂度为 $O\cdot(|V|\lg|V|)$（算法第 5 行）。第 15 ～ 19 行的时间复杂度为 $O(|E|)$。因此算法 2-5 的时间复杂度为 $O(|V|\cdot\lg|V|+|E|)$。

4. 算法正确性

定理 2-7：对于网络 G 中的任意一个结点 $v\in V$，如果集合 $B\subset C$，则 $A(v,B)\leqslant A(v,C)$。

证明：当集合为 B 时，假设结点 v 到目的结点的下一跳集合为 N_B，当集合为 C 时，假设结点 v 到目的的下一跳集合为 N_C，因为 $B\subset C$，所以 $N_B\subseteq N_C$。根据结点多样性的定义可得 $A(v,B)\leqslant A(v,C)$。

定理 2-8：利用算法 2-5 可以计算出集合 S 的最优解。

证明：下面利用反证法来证明该定理。利用算法 2-5 计算出的集合 $S=(v_n,v_{n-1},\cdots,v_{k+1},v_k,\cdots,d)$，其中 $n=|V|$。假设 v_k 为最先加入到集合 S 中并且具有最小结点多样性的结点。假设存在一个结点 v_m 并且 $v_m\in(v_n,v_{n-1},\cdots,v_{k+1})\subset S$，在集合 S 中结点 v_m 在结点 v_k 之后加入到集合 S 中，而在集合 $P=(v_n,v_{n-1},\cdots,v_k,\cdots,v_m,\cdots,d)$ 中，该结点比结点 v_k 先加入到集合 P 中，并且 $A(v_m,P)>A(v_k,S)$。令 V_m 表示比结点 v_m 先加入到集合 P 中的结点的集合，V_k 表示比结点 v_k 先加入到集合 S 中的结点的集合，如图 2-11 所示。

因为 $V_m \subset V_k$，根据定理 2-6 可知

$$A(v_m, V_m) \leqslant A(v_m, V_k) \quad (2\text{-}3)$$

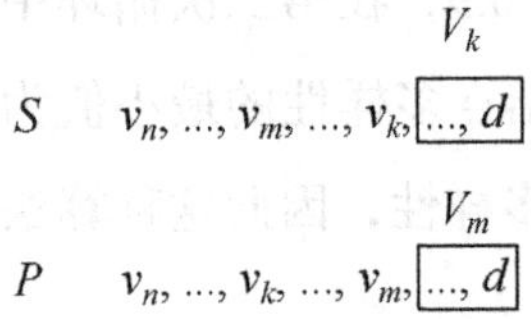

V_k
S $v_n, \ldots, v_m, \ldots, v_k, \ldots, d$
V_m
P $v_n, \ldots, v_k, \ldots, v_m, \ldots, d$

图 2-11 定理 2-7 的证明

在集合 S 中，因为结点 v_k 比结点 v_m 先加入到集合 S 中，所以

$$A(v_m, V_k) \leqslant A(v_k, V_k) \quad (2\text{-}4)$$

根据式（2-3）和式（2-4）可知，$A(v_m, V_m) \leqslant A(v_k, V_k)$，即 $A(v_m, P) \leqslant A(v_k, S)$，这与前提假设 $A(v_m, P) > A(v_k, S)$ 相矛盾，因此定理得证。

2.3.3 分布式算法

在上小节，详细描述了集中式算法，该方案可以利用 SDN 技术进行部署。然而，为了在目前互联网部署的路由协议上部署该方案，需要研究如何利用分布式算法解决上述问题。在集中式算法中，计算结点需要为所有的结点计算下一跳集合，然而在分布式算法中，计算结点仅需要为自己计算下一跳集合即可。因此，与集中式算法比较，分布式算法可以大大降低算法的计算时间和存储空间。分布式算法只需要对集中式算法做微小的调整，即当某个结点运行算法时，如果该结点或者该结点的所有邻居加入到集合 S 中，则算法执行完毕。

下面详细描述分布式算法的执行过程。对于任意目的地址 d，如果运行算法的结点为 n，只需要对算法 2-5 做如下修改。

（1）将 Input 修改为 $G(V, E)$，目的地址 d，运行算法结点 n。

（2）将第 5 行 While 条件修改为 $|S|<|V|\&\&!(n \in S \| \text{Neighbor}(n) \subseteq S)$，表示结点 n 或者其所有的邻居加入到集合 S 中，算法将执行完毕。

第（2）点将第 15 行到第 19 行中所有的变量 u 修改为变量 n，表示算法只需要考虑与结点 n 直接相连的边即可。

2.3.4 实验及结果分析

本节将通过实验评价算法的性能。下面首先介绍实验方法，其中包括实

验拓扑和评价指标，然后进行实验比较。

1. 实验方法

1）实验拓扑

为了充分、准确地评价算法的性能，实验采用了大量的拓扑结构，其中包括真实拓扑结构 Abilene、Rocketfuel 项目公开的测量拓扑结构、利用 Brite 软件产生的拓扑结构。

Abilene 是美国用于科研的网络，该拓扑包括 11 个结点和 14 条边。

在 Rocketfuel 项目公开的拓扑结构中，我们选取了 6 个作为本章的实验拓扑结构，见表 2-8。

Brite 是一个产生拓扑的开源软件，参数见表 2-9。

表 2-8　Rocketfuel 拓扑结构

AS 号码	AS 名称	结点数量 / 个	链路数量 / 条
1221	Telstra	108	153
1239	Sprint	315	972
1755	Ebone	87	162
3257	Tiscali	161	328
3967	Exodus	79	147
6461	Abovenet	128	372

表 2-9　Brite 拓扑参数

参数	Model	N	HS	LS
参数值	Waxman	1000	1000	100
参数	m	NodePlacement	GrowthType	alpha
参数值	2 ～ 10	Random	Incremental	0.15
参数	beta	BWDist	BwMin-BwMax	model
参数值	0.2	Constant	10 ～ 1024	Router-only

2）评价指标

本章将 RPBND 和 OSPF、LFA、MARA-MC 进行比较，主要比较这几种算法的计算复杂度和路由可用性。本实验的模拟环境是 PC，CPU 是 Intel i7，CPU 主频 1.7GHz，内存 2GB，采用 C++ 开发模拟平台，实验结果为 50 次计算结果的平均值。

2. 计算复杂度

本节讨论 4 种算法的计算复杂度，包括每个结点的计算复杂度和所有结点的计算复杂度。表 2-10 列出了 4 种算法的计算复杂度，从表 2-10 可以看出，运行一次 Dijkstra 的算法的计算复杂度为 $O(V\cdot \lg V+E)$，网络中所有结点运行 Dijkstra 的算法的计算复杂度为 $V\cdot O(V\lg V+E)$。为了实现 LFA，每个结点需要运行多次 Dijkstra，计算复杂度为 $D\cdot O(V\lg V+E)$，其中 D 表示计算结点的度，网络中所有结点运行 LFA 的时间复杂度为 $V\cdot O(V\lg V+E)$。MARA-MC 和 RPBND 的计算复杂度是相同的，都是 $V\cdot O(V\lg V+E)$。

表 2-10　不同算法对应的计算复杂度

算法	每个结点计算复杂度	所有结点计算复杂度
Dijkstra	$O(\lvert V\rvert\cdot \lg\lvert V\rvert+\lvert E\rvert)$	$O(\lvert V\rvert\cdot \lg\lvert V\rvert+\lvert E\rvert)$
LFA	$\lvert D\rvert\cdot O(\lvert V\rvert\cdot \lg\lvert V\rvert+\lvert E\rvert)$	$\lvert V\rvert\cdot O(\lvert V\rvert\cdot \lg\lvert V\rvert+\lvert E\rvert)$
MARA-MC	$\lvert V\rvert\cdot O(\lvert V\rvert\cdot \lg\lvert V\rvert+\lvert E\rvert)$	$\lvert V\rvert\cdot O(\lvert V\rvert\cdot \lg\lvert V\rvert+\lvert E\rvert)$
RPBND	$\lvert V\rvert\cdot O(\lvert V\rvert\cdot \lg\lvert V\rvert+\lvert E\rvert)$	$\lvert V\rvert\cdot O(\lvert V\rvert\cdot \lg\lvert V\rvert+\lvert E\rvert)$

3. 路由可用性

本节将利用路由可用性来衡量不同算法的性能。假设源结点 s 到目的结点 d 有 k 条路径，$l_j(s,d)$ 表示其中的第 j 条路径，该路径的可用性可以表示为 $B(l_j(s,d))=\prod_{(m,n)\in l_j(s,d)} 1-r(m,n)$，则结点 s 到结点 d 的端到端的可用性可以表示

为 $F(s,d)=\sum_{i=1}^{k}(-1)^{i-1}M_i$，其中 $M_i=\sum_{e<f<\cdots<g} B(l_e(s,d))\cap B(l_f(s,d))\ldots\cap B(l_g(s,d))$，可以表示为 $M_i=\sum_{e<f<\cdots<g}\prod_{(m,n)\in(l_e(s,d)\cup l_f(s,d)\cdots\cup l_g(s,d))} 1-r(m,n)$，因此路由可用性可以表示为 $A(G)=\frac{\sum_{s,d\in V}F(s,d)}{|V|\cdot(|V|-1)}$。为了简化实验，本节采用一种简单的模型模拟网络中链路的失效概率，假设网络中链路的失效概率为 0 ～ 0.05 的随机数。

首先，我们描述不同算法在真实拓扑和测量拓扑的运行结果。表 2-11 列出了不同算法对应的路由可用性。从该表可以看出，RPBND 算法在所有拓扑结构中的路由可用性的性能都明显优于其他 3 种算法，并且 RPBND 算法的路由可用性在所有拓扑上的运行结果都在 97% 以上。

表 2-11　算法在真实拓扑和测量拓扑中的路由可用性　　单位：%

AS 名称	Dijkstra	LFA	MARA-MC	MRND
Telstra	89.34	92.45	94.67	98.45
Sprint	83.45	90.35	93.26	97.56
Ebone	79.34	91.24	94.56	98.67
Tiscali	91.34	93.67	95.68	98.87
Exodus	80.34	90.23	93.67	98.54
Abovenet	83.47	89.67	92.56	97.68

接着，我们讨论不同算法在模拟拓扑上的运行结果。图 2-12 描述了当网络拓扑大小为 1000 时路由可用性和网络结点平均度的关系。从图中可以看出，随着网络结点平均度的增加，除 Dijkstra 外其余算法的路由可用性也随之增加，这是因为随着结点度的增加，网络中路径的多样性将会增加，而 Dijkstra 始终只计算最优路径。RPBND 算法的路由可用性依然明显优于其他所有算法。

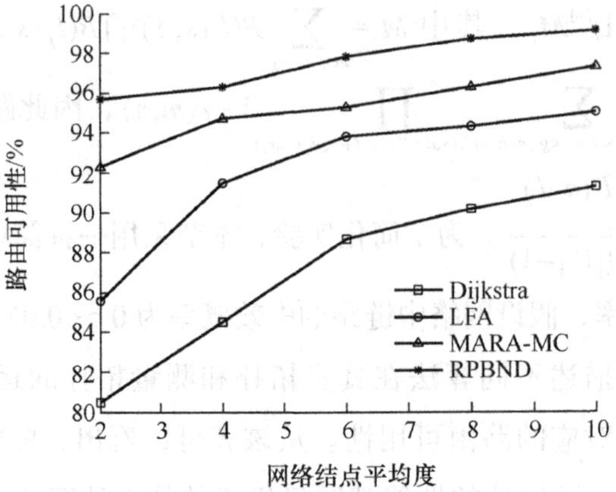

图 2-12 网络结点平均度和路由可用性关系

2.3.5 结束语

为了满足实时应用对路由可用性的要求，业界提出利用路由保护来解决该问题。然而，已有的算法都没有考虑网络中结点多样性，因此，已有的算法并不能计算出最优路由。本节提出了一种基于结点多样性的路由保护算法RPBND，为了保证和互联网部署的域内路由协议的兼容性，该算法首先构造一棵以计算结点为根的最短路径树，然后根据结点的多样性，基于上述的最短路径树构造有向无环图，从而最大化路由可用性。

链路失效概率直接关系到结点多样性的计算，因此，下一步将重点研究链路失效模型，利用该模型更加准确地进行实验，并且将利用虚拟化技术将该算法部署在CERNET2[27]上，利用实际测试结果进一步优化设计方案。

2.4 基于逐跳方式的分布式负载均衡算法

随着互联网的迅速发展和全面普及，网络中的流量数据与日俱增。流量的不断增长容易导致流量不均衡、网络拥塞，进而影响用户的体验。ISP通常采用优化链路权值（Optimizing OSPF Weights, OPW）的方法应对网络拥塞，然而该算法存在3个方面的问题：①需要实际流量矩阵；②容易导致网络震荡；③ OPW 已经被证实为 NP 难题，并且需要采用集中式方法求解。针对 OPW 算法存在的问题，本章提出了一种基于逐跳计算的分布式负载均衡算法（A Distributed Load Balancing Algorithm Based on Hop-by-hop Computing, DLBH)。DLBH 首先为所有结点设置虚拟流量，然后根据虚拟流量计算所有链路的代价，最后采用分布式算法计算最优路由。DLBH 采用分布式方法解决网络拥塞问题，而 OPW 只能采用集中式方法解决网络拥塞问题，因此，DLBH 的扩展性优于 OPW 的扩展性。理论分析表明 DLBH 的时间复杂度为 $O(V \cdot \lg V + E)$，而 OPW 的时间复杂度为 $O(V^2)$，因此，DLBH 的时间复杂度远远小于 OPW 的时间复杂度。实验结果表明，DLBH 的最大链路利用率明显低于 OPW 算法的最大链路利用率，大大降低了网络拥塞。

2.4.1 网络模型和问题描述

图 $G=(V,E)$ 表示一个网络拓扑结构，在该图中 V 代表该网络拓扑中结点的集合，E 代表该网络拓扑中边的集合。对于 $\forall v \in V$，$N(v)$ 表示该结点的所有邻居结点的集合。对于 $\forall (i,j) \in E$，$w(i,j)$ 为该边对应的代价，$c(i,j)$ 为该边对应的带宽；对于网络中的任意两个不相同的结点 $\forall x,y \in V\,(x \neq y)$，$C(x,y)$ 表示这两个结点之间的最短路径对应的代价；$B(x,y)$ 表示结点 x 到结点 y 的最优下一跳；$H(x,y)$ 表示这两个结点之间的最短路径对应的跳数，当两个结点之间有多条最短路径时，取具有最小跳数的路径作为 $H(x,y)$ 的数值。

由于互联网中的域内路由协议一般采用分布式方法，因此本章研究如何采用分布式方法进行负载均衡，降低网络拥塞。因为本章利用的是分布式解决方法，所以下面仅仅讨论结点 c 的计算过程。为了防止网络拥塞，当某条链路的链路利用率较高时，可以将该条链路的权值设置为较大的数值，这样就可以降低该链路的链路利用率。但是，网络中链路利用率随着时间的变化而变化，如果链路的权值也随着时间的变化而变化，将会导致网络不稳定，引发路由震荡。因此，为了设计一个分布式的负载均衡算法，需要解决下面两个问题。

1）如何获得链路的链路利用率

因为实际网络中的流量随时间的变化而变化，所以网络中链路的链路利用率也是时间的函数。下面将描述如何获得链路的链路利用率。

对于任意的目的地址 d，给该结点设置一个虚拟流量，该流量的大小为与其直接相连的链路的带宽总和的 α 倍，即 $T(d)=\alpha\sum_{u\in N(d)}c(u,d)$，其中 $\alpha\in(0,1)$。对于任意一条路径 $(v_0,v_1,v_2,\cdots,v_n)$，$v_n=d$，则链路 (v_i,v_j) 的虚拟流量可以表示为 $t(v_i,v_j,d)=T(d)\bullet(H(v_j,d)+1)^{\beta}$，其中 β 为一个调节参数 $\beta\in(0,1)$。从链路的虚拟流量公式可以看出，某条链路的虚拟流量和目的地址的选取密切相关，并且计算某条链路的链路利用率的时候仅仅和选定的目的地址有关系，而不用考虑其他的目的地址。因此，当目的地址为 d 时，链路 (v_i,v_j) 的链路利用率可以表示为 $\mu(v_i,v_j,d)=t(v_i,v_j,d)/c(v_i,v_j)$。

2）如何根据链路利用率设置该链路的代价

对于任意的目的地址，当计算出某条链路的链路利用率后，如何设置该链路的代价是本章需要解决的另外一个关键问题。在设置链路代价的时候需要考虑两个方面的因素。

（1）链路代价是链路利用率的函数，即 $w(v_i,v_j,d)=F(\mu(v_i,v_j,d))=F(T(d)\bullet(H(v_j,d)+1)^{\beta}/c(v_i,v_j))$。链路代价和链路利用率之间的变化趋势相同，即链路利用率越高，该链路的代价越大；反之，链路利用率越低，该链路的代价越小。

（2）为了防止路由环路，链路代价函数 $F(T(d)\bullet(H(v_j,d)+1)^{\beta}/c(v_i,v_j))$ 必须保证左保序性。

下面给出左保序性的定义。对于两条路径 p 和 q，如果二者都表示从结点 s 到结点 d 的路径，$W(p)<W(q)$ 时，则 $W(r\circ p)<W(r\circ q)$，其中 $W(p)$ 为路径 p 的代价，r 为一条终点为 s 的路径，$\circ$ 表示路径连接操作，如图 2-13 所示。如果上述条件成立，则称代价函数 W 具有左保序性。

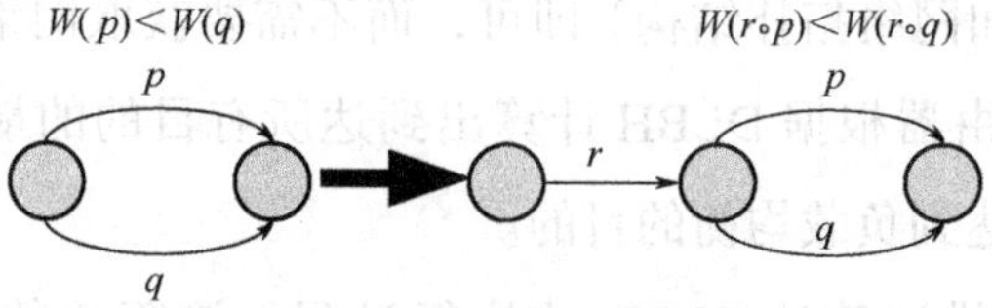

图 2-13　左保序性例子

从上面的讨论可知，对于不同的目的地址，某条链路的代价是不相同的。链路代价的具体数值由式（2-5）表示。由式（2-5）可知，链路利用率越高，链路的代价越高，该代价函数满足了代价函数必须满足的第一个要求。下面通过定理 2-8 来证明该代价函数具有左保序性。

$$w(v_i,v_j,d)=\begin{cases}1 & \mu(v_i,v_j,d)\leqslant 1/3\\ 3 & 1/3<\mu(v_i,v_j,d)\leqslant 2/3\\ 10 & 2/3<\mu(v_i,v_j,d)\leqslant 9/10\\ 70 & 9/10<\mu(v_i,v_j,d)\leqslant 1\\ 500 & 1<\mu(v_i,v_j,d)\leqslant 11/10\\ 5000 & 11/10<\mu(v_i,v_j,d)\end{cases} \tag{2-5}$$

定理 2-9：链路代价函数 $F(T(d)\bullet(H(v_j,d)+1)^{\beta}/c(v_i,v_j))$ 具有左保序性。

证明：假设路径 p 和路径 q 都表示从结点 s 到结点 d 的路径，路径 r 为

$$r=(v_0,v_1,v_2,\cdots,v_n),\ v_n=s \tag{2-6}$$

$$W(r\circ p)=\sum_{i=0}^{n-1}F(T(d)\bullet(H(v_{i+1})+1)^{\beta}/c(v_i,v_{i+1}))+W(p) \tag{2-7}$$

如果 $W(p)<W(q)$，则 $W(r\circ p)<W(r\circ q)$ 必定成立，即该代价函数具有左保序性。

2.4.2　算法

1. 算法设计

DLBH 是一个分布式的解决算法。运行 DLBH 的路由器仅仅需要知道自

身的局部信息（如网络拓扑结构）即可，而不需要获取网络中的实时流量矩阵信息。每个路由器根据 DLBH 计算出到达所有目的的最优下一跳，从而减低网络拥塞，达到负载均衡的目的。

下面将详细描述算法 DLBH 的执行过程。该算法的输入为网络拓扑 $G(V,E)$，计算结点 c 和目的地址 d，输出为结点 c 到目的地址 d 的最优下一跳。在算法中，每个结点有一个访问标记属性 visited，当该属性的值为 true 时，表示该结点已经被访问，反之该结点未被访问。算法维护一个优先级队列 $Q(u,v,p,q)$，该队列中元素包括 4 个属性，其中 u 表示结点本身，v 表示结点 u 的父亲结点，p 表示结点 u 到目的地址 d 的代价，q 表示结点 u 到目的地址 d 的跳数。初始化参数，将所有结点（除去 d）到 d 的最小代价设置为无穷大，将 d 到 d 的最小代价设置为 0，将所有结点（除去 d）到 d 的最小跳数设置为无穷大，将 d 到 d 的最小跳数设置为 0，将所有结点的访问属性标记为未访问，将结点 d 加入到优先级队列算法（算法第 1 ～ 8 行）。当队列不为空时，执行下面的过程。从队列中取出第一个元素 u（算法第 10 行），当该元素为计算结点 c 时，返回结点 c 到目的地址 d 的最优下一跳，程序结束。当该元素不是计算结点 c 时，更新该结点的属性（算法第 14 ～ 17 行）。计算该结点到目的结点 d 的最优下一跳（算法第 18 ～ 22 行）。访问结点 u 的所有邻居结点，对于结点 u 的邻居结点 v，如果结点 v 未被访问，计算链路 (v,u) 的代价，更新结点 v 的属性（算法第 23 ～ 34 行）。

算法 2-6　DLBH

Input：

$G(V,E)$，计算结点 c 和目的地址 d

Output：

结点 c 到目的地址 d 的最优下一跳 $B(c,d)$

1：For $\forall v \in V$ do

2：　$C(v) \leftarrow \infty$

3：　v.visited $\leftarrow$ false

```
    H(v) ← ∞
EndFor
C(d) ← 0
H(v) ← 0
Enqueue(Q,(d,0,0,0))
WhileQ 不为空 do
    (u, p, tc, th) ← Extractmin(Q)
    If u = c then
        return B(c,d)
    else
        u.visited ← true
        P(u) ← p
        C(u) ← tc
        H(u) ← th
        If P(u) = d then
            B(u,d) = d
        else
            B(u,d) = B(P(u),d)
        EndIf
    For v ∈ N(u) do
        If u.visited = false Then
            t(v,u,d) = T(d)·(H(u)+1)^β
            μ(v,u,d) = t(v,u,d) / c(v,u)
        根据式（2-5）计算 w(v,u,d)
            If C(u) + w(v,u,d) < C(v) or
                C(u) + w(v,u,d) = C(v) and H(v) < H(u)+1  Then
            newdist = C(u) + w(v,u,d)
            h ← H(u)+1
```

```
31:             Enqueue(Q,(v,u,newdist,h))
32:          EndIf
33:       EndIf
34:    EndFor
35:  EndIf
36:  EndWhile
```

2. 算法复杂度分析

定理 2-10　算法 DLBH 的时间复杂度为 $O(V \cdot \lg V + E)$。

证明：DLBH 算法在标准的迪杰斯特拉算法的基础上仅仅增加了第 25 ～ 27 行。这几行语句的时间复杂度为 $O(1)$，不会影响算法的时间复杂度，因此，在最坏情况下 DLBH 算法的时间复杂度为 $O(V \cdot \lg V + E)$。DLBH 仅仅计算出了结点 c 到目的结点 d 的最优下一跳，为了计算结点 c 到所有目的的最优下一跳，需要运行 v 次 DLBH 算法。因为对于不同的目的，DLBH 算法可以独立运行，所以在实际中可以采用并行方法实现。因此，计算结点 c 到所有目的的最优下一跳的算法复杂度等于标准的迪杰斯特拉算法的算法复杂度。

2.4.3　实验结果及分析

本节将全面评价 DLBH 的性能。在实验中将 DLBH 和 OPW 两种算法进行比较。运行 DLBH 和 OPW 的网络拓扑包括 ABILENE 和 GEANT，它们的具体参数见表 2-12。我们之所以选择这两个拓扑作为实验结构，这是因为这两个拓扑公布了部分真实流量数据。已有的研究衡量负载均衡能力主要包括两个方面：①最大链路利用率，该指标用来衡量网络拥塞程度；②每条链路的链路利用率，该指标用来衡量网络中所有链路的整体链路利用率。因此，本章实验的评价指标为最大链路利用率和链路利用率累计概率分布。在实验中我们取 $\alpha = 0.2$，$\beta = 0.1$。

表 2-12　拓扑参数

网络拓扑	结点数量 / 个	链路数量 / 条
ABILENE	12	15
GEANT	23	37

1）最大链路利用率

在本节我们将利用最大链路利用率来衡量不同算法的负载均衡能力。最大链路利用率越低，负载均衡能力越强，反之最大链路利用率越高，负载均衡能力越弱。图 2-14（a）和图 2-14（b）分别描绘了 DLBH 和 OPW 在 ABILENE 和 GEANT 的运行结果。图 2-14（a）中流量数据的采集时间为 2004 年 3 月 8 日，图 2-14（b）中流量数据的采集时间为 2005 年 5 月 8 日。

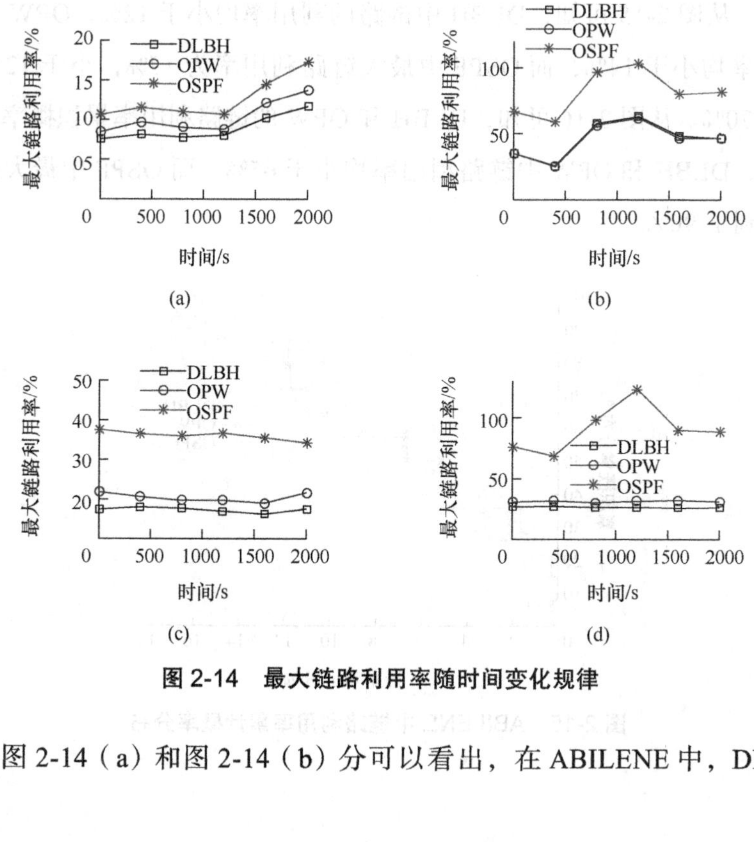

图 2-14　最大链路利用率随时间变化规律

从图 2-14（a）和图 2-14（b）分可以看出，在 ABILENE 中，DLBH 的

最大链路利用率小于 OPW 和 OSPF 的最大链路利用率。OSPF 的最大链路利用率是最大的。在 GEANT 中，DLBH 和 OPW 的最大链路利用率基本相同，它们的最大链路利用率远远小于 OSPF 的最大链路利用率。

图 2-14（c）和图 2-14（d）分别描绘了 DLBH 和 OPW 在 ABILENE 和 GEANT 的运行结果。图 2-14（c）中流量数据的采集时间为 2018 年 5 月 12 日，图 2-14（d）中流量数据的采集时间为 2018 年 3 月 4 日。从图 2-14（c）和图 2-14（d）中，我们可以得出同样的结束语。

2）链路利用率累积概率分布

为了进一步细化网络中所有链路的利用率，本节利用链路利用率累计概率分布来评价两种算法的性能。图 2-14 和图 2-15 分别描绘了 DLBH 和 OPW 在 ABILENE 和 GEANT 的运行结果。图 2-15 中流量数据的时间为 2004 年 3 月 8 日晚上 8 点。图 2-16 中流量数据的时间为 2005 年 5 月 8 日晚上 8 点。从图 2-15 可知，DLBH 中链路的利用率均小于 12%，OPW 中链路的利用率均小于 14%，而 OSPF 中最大链路利用率为 17%，小于 12% 的链路不到 70%。从图 2-16 可知，DLBH 和 OPW 的链路利用率累积概率分布基本相同，DLBH 和 OPW 中链路利用率均小于 65%，而 OSPF 中最大链路利用率达到了 96%。

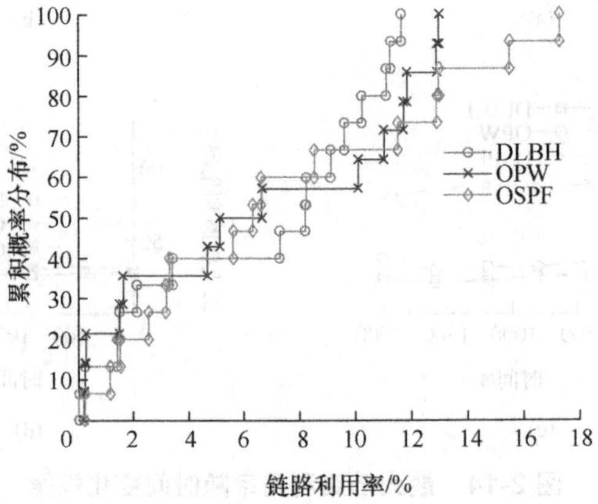

图 2-15　ABILENE 中链路利用率累计概率分布

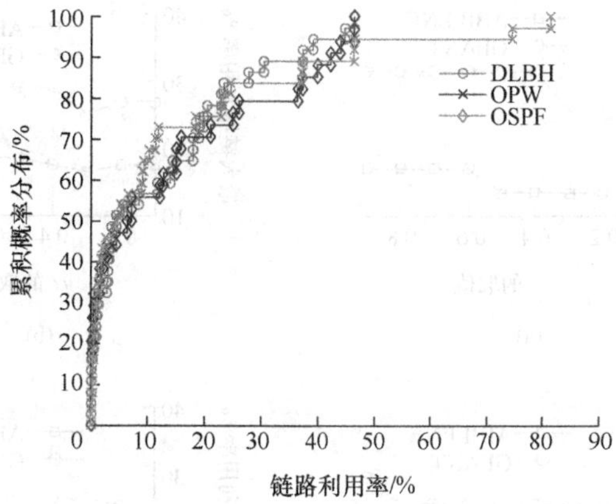

图 2-16　GEANT 中链路利用率累计概率分布

3）最大链路利用率和 α 的关系

图 2-17（a）和图 2-17（b）表示当 β=0.1 时，DLBH 在 ABILENE 和 GEANT 中最大链路利用率和 α 的关系。图 2-17（a）中流量数据的采集时间为 2004 年 3 月 8 日，图 2-17（b）中流量数据的采集时间为 2018 年 4 月 12 日。从这两个图可以看出，在 ABILENE 中随着 α 的增加，最大链路利用率略微增加，当 α 增加到某个值时，最大链路利用率基本不再随 α 的变化而变化。在 GEANT 中随着 α 的增加，最大链路利用率略微增加。

4）最大链路利用率和 β 的关系

图 2-17（c）和图 2-17（d）表示当 α=0.2 时，DLBH 在 ABILENE 和 GEANT 中最大链路利用率和 β 的关系。图 2-17（c）中流量数据的采集时间为 2004 年 3 月 8 日，图 2-17（d）中流量数据的采集时间为 2018 年 4 月 12 日。从这两个图可以看出，在 2004 年的 ABILENE 中最大链路利用率基本不随 β 的变化而变化。在 GEANT 中当 β 的数值为 0.2 ～ 0.8 时，最大链路利用率基本不随 β 的变化而变化，当 β 增加到 0.8 时，最大链路利用率随着 α 的增加而增加。在 2018 年的 ABILENE 和 GEANT 中当 β 的数值为 0.1 ～ 0.3 时，最大链路利用率随着 β 的增加而增加，当 β 大于 0.3 时，最大链路利用率基本不随 β 的变化而变化。

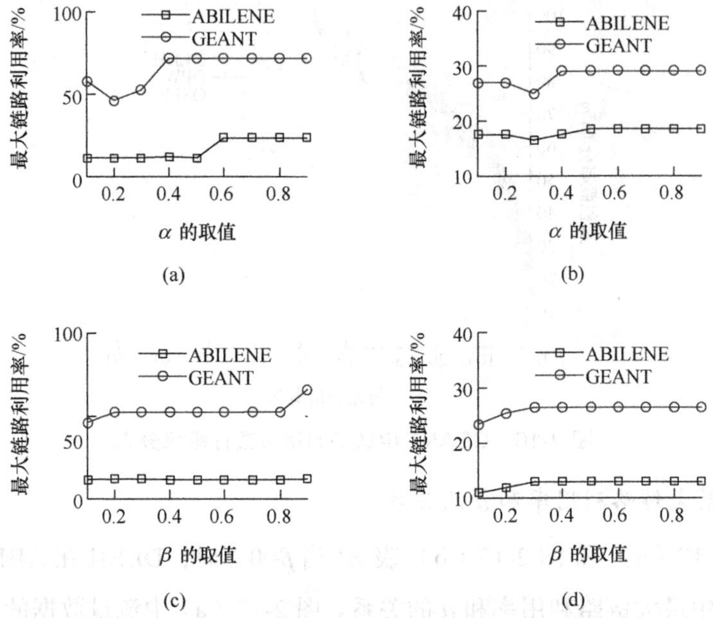

图 2-17 最大链路利用率和 α,β 的关系

5）实验结果总结分析

从上述的实验结果可知，DLBH 在实际网络中的负载均衡能力明显优于 OPW 的负载均衡能力，并且从实验中可知，当 $\alpha=0.2$，$\beta=0.1$ 时，DLBH 可以得到较优的计算结果。

2.4.4 结束语

本节提出了一种基于逐跳计算的分布式负载均衡算法（DLBH）来解决已有方法面临的问题。该算法不需要实际流量矩阵，并且采用分布式计算方法，算法复杂度和标准迪杰斯特拉算法的复杂度相同，没有引入过多的额外代价。实验结果表明，DLBH 和 OPW 的负载均衡性能基本相同。

第 3 章 基于 LFA 的路由保护算法

3.1 LFA 的一种高效实现算法

研究表明，网络中的故障不可避免并且频繁出现。当故障发生时，目前互联网部署的域内路由协议需要经历收敛过程。在此过程中，路由信息可能不一致，从而导致报文丢失，大大降低了路由可用性。因此，业界提出利用 LFA（Loop Free Alternates）应对网络中发生的单故障情形，从而提高路由可用性。然而，已有的 LFA 实现方式算法时间复杂度大，需要消耗大量的路由器 CPU 资源。针对该问题，本章严格证明，当网络中出现单故障时，只需要为特定的结点计算备份下一跳，其余受该故障影响的结点的备份下一跳和该特定结点的备份下一跳是相同的。基于上述性质，本章分别讨论了对称链路权值和非对称链路权值中对应的路由保护算法。实验结果表明，与 LFA 相比较，该算法的执行时间降低了 90% 以上，路径拉伸度降低了 15% 以上，并且与 LFA 具有同样的故障保护率。

LFA 的实现方式存在以下两个方面的问题。

（1）为了实现 LFA，计算结点需要构造多棵最短路径树。相关研究表明，构造最短路径树需要消耗大量的计算资源 [28-30]。因此，LFA 算法复杂度过高，并且算法复杂度随着网络结点度的增加而增加 [31]，大大降低了路由器的性能。

（2）没有明确规定如何从所有可选下一跳中选择哪个作为最终的备份下一跳，如果采用随机选择算法则可能导致重路由路径的拉伸度过大，从而浪费大量的网络带宽资源。

因此，如何降低 LFA 方案的算法时间复杂度 [31] 和重路由路径的拉伸度是一个重要的研究问题。在文献 [31] 中，相关作者提出利用 TBFH 算法来降低 LFA 中链路保护方案实现方式的复杂度。研究表明，该方案大大降低了 LFA 方案中链路保护方案实现方式的复杂度，然而该方案具有下面几个缺点：①没有考虑 LFA 中结点保护条件；②故障保护率较低；③没有考虑重路由路径的拉伸度；④没有考虑非对称权值网络中 TBFH 的实现方式。针对已有研究存在的问题，本章提出了一种轻量级的基于逐跳转发方式的路由保护方案，该算法不仅具有较小的时间复杂度，并且重路由路径具有较小的路径拉伸度，同时可以提供和 LFA 同样的故障保护率。本章通过严格推理得出如下结论：当网络中出现单故障时，只需要为特定结点计算备份下一跳，而其余受该故障影响的结点的备份下一跳和该特定结点的备份下一跳是相同的。基于该性质，分别讨论了对称链路权值网络和非对称链路权值网络对应的算法。当网络中的链路权值对称时，提出了一种线性时间复杂度的路由保护方案，该算法的时间复杂度为 $O(2E+V)$，超越了已有的所有算法的计算性能。相反，当网络中的链路权值不对称时，本章提出的算法的计算时间远远小于构造一棵最短路径树的时间。

3.1.1 网络模型和问题描述

1. 网络模型

本节将描述网络模型，并且在表 3-1 中列出了本章用到的所有符号。网络可以表示为带权有向图 $G=(V,E)$，其中 V 表示网络中路由器（结点）的集合，E 表示网络中链路的集合。对于网络中任意一条链路 $(i,j)\in E$，$w(i,j)$ 表示该链路的代价，对于网络中任意结点 $\forall x\in V$，neighbor(x) 表示结点 x 的邻居集合。对于网络中任意两个结点 $\forall x,y\in V$，cost(x,y) 表示结点 x 到结点 y 的最短路径的代价。对于任意结点 $\forall v\in V$，spt(v) 表示以结点 v 为根的最短路径树，包含了结点 v 到达其余结点的最短路径。在最短路径树 spt(v) 中，对于该树中的任意结点 $\forall u\in V$，subtree(v,u) 表示在 spt(v) 中以结点 u 为根的子树中结点的集合，child(v,u) 表示在 spt(v) 中结点 u 的孩子结点的集合。假

设源地址为 s，目的地址为 d，bestn(s,d) 表示结点 s 到结点 d 的最优下一跳，backn(s,d) 表示结点 s 到结点 d 的备份下一跳，sp(s,d) 表示结点 s 到结点 d 的最短路径。对于任意结点 $\forall v \in V$，rspt(v) 表示以结点 v 为根的反向最短路径树，即以结点 v 为根的汇聚树，包含了所有结点到达结点 v 的最短路径。对于该树中的任意结点 $\forall u \in V$，rsubtree(v,u) 表示在 rspt(v) 中以结点 u 为根的子树中结点的集合。

表 3-1　本章用到的符号

符号	含义
$G=(V,E)$	网络拓扑
$w(i,j)$	链路$(i,j)\in E$的代价
neighbor(x)	结点x的邻居结点
cost(x,y)	结点x到结点y的最短路径的代价
spt(v)	以结点v为根的最短路径树
bestn(s,d)	结点s到结点d的最优下一跳
backn(s,d)	结点s到结点d的备份下一跳
sp(s,d)	结点s到结点d的最短路径
subtree(v,u)	在spt(v)中以结点u为根的子树中结点
child(v,u)	在spt(v)中结点u的孩子结点
rspt(u)	以u为根的反向最短路径树
rsubtree(v,u)	在rspt(v)中以结点u为根的子树中结点

2. 问题描述

目前互联网部署的域内路由协议，如 OSPF，协议中每个结点根据链路状态数据库中的拓扑信息构造以自身为根的最短路径树，根据该树计算出到所有目的的最优下一跳。当结点到目的的最优下一跳出现故障时，发往该目的地址的报文将会被丢弃。为了灵活应对网络中的突发故障，IETF 在 RFC5286 中发布了 LFA 标准，其中包括无环路条件（Loop Free Condition，LFC）、结点保护条件（Node Protection Condition，NPC）。

LFC：假设目的地址为 d，如果 $(s,u)\in \mathrm{sp}(s,d)$，当链路 (s,u) 出现故障时，结点 s 可以将报文转发给其邻居 $m\in \mathrm{neighbor}(s)$，当且仅当满足 $\mathrm{cost}(m,d)<\mathrm{cost}(m,s)+\mathrm{cost}(s,d)$。

NPC：假设目的地址为 d，如果 $(s,u)\in \mathrm{sp}(s,d)$，当结点 u 出现故障时，s 可以将报文转发给其邻居 $m\in \mathrm{neighbor}(s)$，当且仅当满足 $\mathrm{cost}(m,d)<\mathrm{cost}(m,u)+\mathrm{cost}(u,d)$。

为了实现 LFC，结点 s 需要获得 $\mathrm{cost}(m,d)$、$\mathrm{cost}(m,s)$ 和 $\mathrm{cost}(s,d)$ 的具体数值，其中 $\mathrm{cost}(s,d)$ 可以从 $\mathrm{spt}(s)$ 中得出，而 $\mathrm{cost}(m,d)$ 需要从 $\mathrm{spt}(m)$ 中得出。因此，为了获得 $\mathrm{cost}(m,s)$ 和 $\mathrm{cost}(m,d)$ 的数值，结点 s 需要构造一棵以 m 为根的最短路径树。当结点 s 有 k 个邻居结点时，为了获得其所有邻居到目的的最小代价，结点 s 需要构造 k 棵最短路径树。从上面的分析可知，实现 LFC 的复杂度与运行算法的结点的度数密切相关，因此，该实现方式的扩展性较差。因为 NPC 的实现方式和 LFC 的实现方式是相同的，所以不再详细阐述。

下面通过一个例子来说明已有的 LFC 实现方式。图 3-1 表示以结点 s 为根的最短路径树，其中实线表示该树上的链路，虚线则表示不在该树上的链路。为了实现 LFC，结点 s 需要构造以其邻居结点（u 和 h）为根的最短路径树，为了实现 NPC，结点 s 需要构造以其邻居结点的孩子结点（b、c、i 和 j）为根的最短路径树。因此该实现方式的复杂度随着网络结点度的增加而增加，不利于 LFA 方案的实际部署。

因此，为了降低 LFA 算法的复杂度，本章首先提出下面的定理。定理 3-1 给出了如何为子树 $\mathrm{subtree}(s,u)$ 中的所有结点计算备份下一跳。根据该定理可知，该子树中所有结点的备份下一跳和结点 u 的备份下一跳是相同的。根据定理 3-1 可知，在 spt(s) 中，为了保护链路 (s,u) 和 (s,h)，只需要为结点 u 和 h 计算备份下一跳。同样，为了保护结点 u 和 h，只需要为结点 b、c、i 和 j 计算备份下一跳。因此，为了保护网络中的链路和结点，算法只需要为特定的结点计算备份下一跳即可，完全没有必要为网络中所有结点计算备份下一跳，这将大大降低算法的时间复杂度，减轻路由器的负担。下面将在两种类型的网络中分别讨论如何为上述这些特定结点计算备份下一跳。

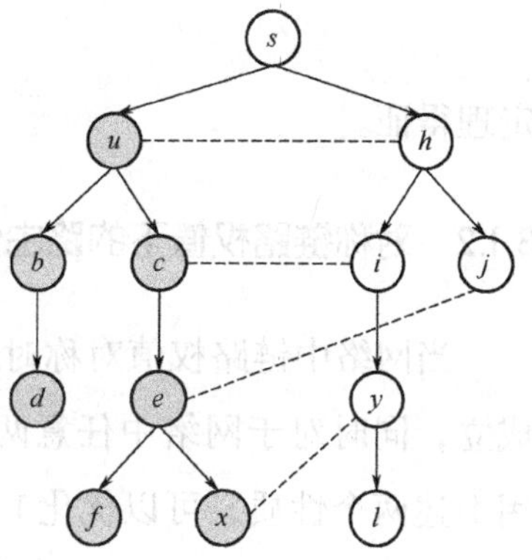

图 3-1　以结点 s 为根的最短路径树

定理 3-1：如果 $\text{backn}(s,u)=n$，对于任意结点，如果 $m\in \text{subtree}(s,u)$，则 $n\in \text{backn}(s,m)$。

证明：

因为 $\text{backn}(s,u)=n$，所以

$$\text{cost}(n,s)+\text{cost}(s,u)>\text{cost}(n,u) \tag{3-1}$$

由式（3-1）可得

$$\text{cost}(n,s)+\text{cost}(s,u)+\text{cost}(u,m)>\text{cost}(n,u)+\text{cost}(u,m) \tag{3-2}$$

由于 $m\in \text{subtree}(s,u)$，可知

$$\text{cost}(s,m)=\text{cost}(s,u)+\text{cost}(u,m) \tag{3-3}$$

根据式（3-2）和式（3-3）可得

$$\text{cost}(n,s)+\text{cost}(s,m)>\text{cost}(n,u)+\text{cost}(u,m) \tag{3-4}$$

因为

$$\text{cost}(n,u)+\text{cost}(u,m)\geqslant \text{cost}(n,m) \tag{3-5}$$

所以由式（3-4）和式（3-5）可得

$$\text{cost}(n,s)+\text{cost}(s,m)>\text{cost}(n,m) \tag{3-6}$$

即

$$n \in \mathrm{backn}(s,m) \tag{3-7}$$

定理得证。

3.1.2 对称链路权值下的路由保护方案

当网络中链路权值对称时，即对于任意链路 $(i,j) \in E$ 都有 $w(i,j) = w(j,i)$ 成立，同时对于网络中任意两个结点 $\forall x, y \in V$ 都有 $\mathrm{cost}(x,y) = \mathrm{cost}(y,x)$ 。利用上述两个性质，可以优化 LFC 和 NPC 的实现方式，从而设计出高效的算法。下面将分别介绍链路保护算法和结点保护算法。

1. 链路保护条件

根据定理 3-1 可知，在 $\mathrm{spt}(s)$ 中，当链路 $(s,u) \in \mathrm{spt}(s)$ 时，为了保护链路 (s,u)，结点 s 需要为结点 u 计算备份下一跳。下面的定理给出了计算备份下一跳的一个重要性质，利用该性质可以大大降低算法复杂度。

定理 3-2：当网络中链路的权值对称时，如果 $(s,u) \in \mathrm{sp}(s,u)$ 并且 $\mathrm{backn}(s,u) \neq \varnothing$，则必定存在一条链路 (x,y)，使得 $x \in \mathrm{subtree}(s,u)$, $y \notin \mathrm{subtree}(s,u)$, $\mathrm{bestn}(s,y) \in \mathrm{backn}(s,u)$ 同时成立。

定理 3-2 提供了如何为结点 u 计算备份下一跳的方法：遍历 $\mathrm{subtree}(s,u)$ 中的结点并且检测其邻居结点，这些邻居结点必须满足不在 $\mathrm{subtree}(s,u)$ 中并且满足链路保护的条件。该条件将在定理 3-3 中给出。在图 3-1 中，如果 $\mathrm{backn}(s,u) \neq \varnothing$，为了计算结点 u 的备份下一跳，遍历 $\mathrm{subtree}(s,u)$ 中的所有结点，必定能找到一条链路 (x,y)，使得 $x \in \mathrm{subtree}(s,u)$, $y \notin \mathrm{subtree}(s,u)$ 和 $h \in \mathrm{backn}(s,u)$ 同时成立，即结点 u 的备份下一跳为 h。当链路 (s,u) 正常工作时，结点 s 到 $\mathrm{subtree}(s,u)$ 中所有结点的最优下一跳为 u，当链路 (s,u) 出现故障时，结点 s 到 $\mathrm{subtree}(s,u)$ 中所有结点的备份下一跳为 h。为了证明定理 3-2 的正确性，首先证明几个引理。

引理 3-1：当网络中链路的权值对称时，如果 $(s,u) \in \mathrm{sp}(s,u)$，则 $\mathrm{subtree}(s,u) \cap \mathrm{subtree}(u,s) = \varnothing$。

证明：

下面将使用反证法来证明该定理。假设 $\text{subtree}(s,u)\cap\text{subtree}(u,s)=v$。因此，一方面，在 $\text{spt}(u)$ 中，$s\in\text{sp}(v,u)$；另一方面，在 $\text{spt}(s)$ 中，因为 u 是 s 的孩子结点，则 $s\notin\text{sp}(v,u)$，因此得出矛盾，即假设不成立，定理得证。

引理 3-2：当网络中链路的权值对称时，$V-\text{subtree}(s,u)=\text{subtree}(u,s)+V'$，其中 V' 为网络中剩余结点。

证明：

根据引理 3-1 可知 $\text{subtree}(s,u)\cap\text{subtree}(u,s)=\varnothing$，网络中所有结点可以分为 3 种类型，一部分结点包含在 $\text{subtree}(s,u)$ 中，另外一部分包含在 $\text{subtree}(u,s)$ 中，其余为网络中剩余结点，因此，网络中结点可以表示为 $V-\text{subtree}(s,u)=\text{subtree}(u,s)+V'$。

引理 3-3：当网络中链路的权值对称时，对于结点 $p\in V$，如果 $s\in\text{sp}(p,u)$，则 $s\in\text{sp}(\text{bestn}(s,p),u)$。

证明：

令 $\text{bestn}(s,p)=m$。

根据 $s\in\text{sp}(p,u)$ 可以得到

$$\text{cost}(p,u)=\text{cost}(p,s)+\text{cost}(s,u) \tag{3-8}$$

由于 m 是 s 到 p 的最优下一跳，因此

$$\text{cost}(p,s)=\text{cost}(p,m)+\text{cost}(m,s) \tag{3-9}$$

根据式（3-8）和式（3-9）可知

$$\text{cost}(p,u)=\text{cost}(p,m)+\text{cost}(m,s)+\text{cost}(s,u) \tag{3-10}$$

因此

$$\text{cost}(m,u)=\text{cost}(m,s)+\text{cost}(s,u) \tag{3-11}$$

即

$$s\in\text{sp}(\text{bestn}(s,p),u) \tag{3-12}$$

下面给出定理 3-2 的详细证明过程。

证明定理 3-2：

首先证明结点 $y \in V'$。用反证法来证明。假设 $y \notin V'$，根据引理 3-2 可知，$y \in \mathrm{subtree}(u,s)$，因此 $s \in \mathrm{sp}(y,u)$，根据引理 3-3，$s \in \mathrm{sp}(\mathrm{bestn}(s,y),u)$，与 $\mathrm{bestn}(s,y) \in \mathrm{backn}(s,u)$ 矛盾，因此 $y \in V'$。下面使用反证法来证明该定理。假设不存在任何链路 (x,y) 使 $x \in \mathrm{subtree}(s,u)$, $y \notin \mathrm{subtree}(s,u)$ 和 $\mathrm{bestn}(s,y) \in \mathrm{backn}(s,u)$ 同时成立，即对于任意结点 y，与该结点相连的另外一端只能在集合 $V-\mathrm{subtree}(s,u)$ 中，根据引理 3-2 可知，$V-\mathrm{subtree}(s,u)=\mathrm{subtree}(u,s)+V'$，并且 $y \in V'$，因此 $\mathrm{sp}(y,u)$ 必然经过 $\mathrm{subtree}(u,s)$ 中的结点，根据链路对称可知 $s \in \mathrm{sp}(y,u)$，根据引理 3-3 可知 $s \in \mathrm{sp}(\mathrm{bestn}(s,y),u)$，与 $\mathrm{bestn}(s,y) \in \mathrm{backn}(s,u)$ 矛盾，因此定理得证。

定理 3-3：当网络中链路的权值对称时，结点 $\mathrm{bestn}(s,y) \in \mathrm{backup}(s,u)$ 成立的充分条件是以下的 3 个条件同时成立：

（1）$(s,u) \in \mathrm{sp}(s,u)$。

（2）存在一条链路 (x,y)，从而使得 $x \in \mathrm{subtree}(s,u)$，$y \notin \mathrm{subtree}(s,u)$ 且 $y \neq s$。

（3）$2\mathrm{cost}(s,u) > \mathrm{cost}(s,x)+\mathrm{cost}(x,y)+\mathrm{cost}(s,y)-2\mathrm{cost}(s,\mathrm{bestn}(s,y))$。

证明：

该定理中的前两个条件已经在定理 3-2 中给出了证明。下面分析条件（3）。令 $\mathrm{bestn}(s,y)=m$，因此得到

$$\mathrm{cost}(s,y)=\mathrm{cost}(s,m)+\mathrm{cost}(m,y) \tag{3-13}$$

由于 $x \in \mathrm{subtree}(s,u)$，得出

$$\mathrm{cost}(s,x)=\mathrm{cost}(s,u)+\mathrm{cost}(u,x) \tag{3-14}$$

将式（3-13）和式（3-14）代入条件（3）中，可以得到

$$\mathrm{cost}(m,s)+\mathrm{cost}(s,u) > \mathrm{cost}(m,y)+\mathrm{cost}(y,x)+\mathrm{cost}(x,u) \tag{3-15}$$

由于

$$\mathrm{cost}(m,y)+\mathrm{cost}(y,x)+\mathrm{cost}(x,u)\geqslant \mathrm{cost}(m,u)$$

所以

$$\mathrm{cost}(m,s)+\mathrm{cost}(s,u)>\mathrm{cost}(m,u) \tag{3-16}$$

因此 $s\notin \mathrm{sp}(m,u)$，即 $m\in \mathrm{backup}(s,u)$。因此，该定理成立。

定理 3-3 给出了为结点 u 计算备份下一跳的充分条件，前两个条件已经在定理 3-2 中给出了证明。第三个条件是结点间必须满足的定量关系，该条件中的所有变量值都可以从链路状态数据库和 $\mathrm{spt}(s)$ 中得到，因此根据该公式很容易判断结点 $\mathrm{bestn}(s,y)$ 是否满足备份下一跳。

2. 结点保护条件

在 $\mathrm{spt}(s)$ 中，如果链路 $(s,u)\in \mathrm{spt}(s)$，当结点 u 出现故障时，结点 s 需要为 $\mathrm{child}(s,u)$ 中的结点计算备份下一跳。由此可知，为了保护某条链路，结点 s 只需要为一个结点计算备份下一跳，然而，为了保护某个结点，结点 s 需要为该结点的所有孩子结点计算备份下一跳。

定理 3-4 提供了如何为结点 u 的孩子结点 v 计算备份下一跳的方法。定理 3-5 给出了结点保护条件。这两个定理和链路保护条件中的定理相似，因此不再具体说明。

定理 3-4：当网络中链路的权值对称时，如果 $(s,u)\in \mathrm{sp}(s,v)$，$(u,v)\in \mathrm{sp}(s,v)$，$\mathrm{backn}(s,v)\neq\varnothing$，则必定存在一条链路 (x,y)，使得 $x\in \mathrm{subtree}(s,v)$，$y\notin \mathrm{subtree}(s,u)$ 和 $\mathrm{bestn}(s,y)\in \mathrm{backn}(s,v)$ 同时成立。

定理 3-5：当网络中链路的权值对称时，结点 $\mathrm{bestn}(s,y)\in \mathrm{backup}(s,v)$ 成立的充分条件是以下的 3 个条件同时成立：

（1）$(s,u)\in \mathrm{sp}(s,v)$ 并且 $(u,v)\in \mathrm{sp}(s,v)$。

（2）存在一条链路 (x,y)，从而使得 $x\in \mathrm{subtree}(s,v)$ 且 $y\notin \mathrm{subtree}(s,u)$ 且 $y\neq s$。

（3）$2\mathrm{cost}(s,v)>\mathrm{cost}(s,x)+\mathrm{cost}(x,y)+\mathrm{cost}(s,y)-2\mathrm{cost}(s,\mathrm{bestn}(s,y))$。

3. 链路保护算法

算法 3-1 描述了如何为结点 u 计算备份下一跳。首先将结点 s 和

subtree(s,u) 中的所有结点标记为红色（算法第 1 ～ 2 行），遍历子树 subtree(s,u) 中的所有结点（算法第 4 行），对于该子树中的任意结点 x，访问其每一个邻居结点 y，判断其是否满足定理 3-3 中的条件（算法第 6 ～ 9 行）。在找到的所有满足条件的结点 y 中，选择保护路径最短的一个作为最终结点（算法第 10 行）。最后，算法返回结点 u 的备份下一跳。

算法 3-1

SynLinkProtection

Input：

　SPT(s), u, $G=(V,E)$

Output：

　backn(s,u)

1：将 subtree(s,u) 中所有结点标记为红色

2：将结点 s 标记为红色

3：$\min \leftarrow \infty$

4：For $x \in \text{subtree}(s,u)$ do

5：　For $y \in \text{neighbor}(x)$ do

6：　　If 结点 y 是红色的 or 式（3-1）不成立 or

　　　$\text{cost}(s,y)+w(x,y)-\text{cost}(s,u)+\text{cost}(s,x) \geqslant \min$

7：　　continue

8：　　EndIf

9：　backn(s,u) $\leftarrow$ bestn(s,y)

10：$\min \leftarrow \text{cost}(s,y)+w(x,y)+\text{cost}(s,x)-\text{cost}(s,u)$

11：　EndFor

12：EndFor

13：return backn(s,u)

算法 3-1 描述了结点 s 如何为与其直连的结点 u 计算备份下一跳的过程。

然而，为了保护所有与结点 s 直接相连的链路，结点 s 需要为其直连的所有结点计算备份下一跳，这将需要运行多次算法 3-1 来实现。下面来分析算法复杂度。

定理 3-6：当网络中链路的权值对称时，结点 s 为所有与其直连的结点计算备份下一跳的时间复杂度为 $O(2E+V)$。

证明：

假设结点 s 有 m 个邻居结点，则为了保护与其直接相连的所有链路，需要运行 m 次算法 3-1。在运行 m 次算法 3-1 的过程中，除去结点 s 外，网络中每个结点最多被访问一次，而每条链路则最多被访问两次，因此算法的时间复杂度为 $O(2E+V)$。

4. 结点保护算法

根据定理 3-4 可知，为了实现结点保护算法，只需要将链路保护算法中所有的变量 u 改为 v 即可。结点保护算法用 SynNodeProtection 表示，该变化将不会影响算法的时间复杂度，因此结点保护算法的复杂度仍然是 $O(2E+V)$。

3.1.3　非对称链路权值下的路由保护方案

上面讨论了对称链路权值网络中的链路保护算法和结点保护算法。当网络中链路的权值不对称时，将不能采用上述的算法来解决该问题。这是因为定理 3-2 ～定理 3-5 都是在对称链路权值的条件下才成立的，在非对称链路权值条件下，上述定理不再成立，因此，当网络中链路的权值不对称时，需要设计一种新的方法来解决该问题。

1. 链路保护条件

根据定理 3-1 可知，在 $\mathrm{spt}(s)$ 中，当链路 $(s,u)\in \mathrm{spt}(s)$ 时，为了保护链路 (s,u)，结点 s 需要为结点 u 计算备份下一跳。定理 3-7 给出了计算链路保护的方法。根据定理 3-7 可知，如果某个结点是 s 的邻居结点，并且该结点到结点 u 的最短路径不经过 s，则该结点可以作为结点 u 的备份下一跳。

定理 3-7：如果 $(s,u)\in \mathrm{sp}(s,u)$, $\mathrm{backn}(s,u)\neq\varnothing$ 成立，则集合 $\mathrm{neighbor}(s)\cap$

$(V-\text{rsubtree}(u,s))$ 中的所有结点都可以作为结点 u 的备份下一跳，即 $\text{neighbor}(s)\cap(V-\text{rsubtree}(u,s))\subset\text{backn}(s,u)$。

证明：利用反证法来证明该定理。假设 $m\in\text{neighbor}(s)\cap(V-\text{rsubtree}(u,s))$，但是该结点 $m\notin\text{backn}(s,u)$，则结点 m 到 u 的最短路径必定经过结点 s。因为 $m\in V-\text{rsubtree}(u,s)$，则结点 m 到 u 的最短路径必定不经过结点 s，得出矛盾。因此定理得证。

为了实现定理3-7，结点 s 需要寻找属于集合 $\text{neighbor}(s)\cap(V-\text{rsubtree}(u,s))$ 的结点，其中 $\text{neighbor}(s)$ 很容易判断，然而，为了判断结点是否属于集合 $V-\text{rsubtree}(u,s)$，需要构造以 u 为根的反向最短路径树 $\text{rspt}(u)$。但是，在实际的计算过程中并没有必要构造完整的 $\text{rspt}(u)$。只要计算出结点 u 的备份下一跳算法就可以终止，因此，可以大大降低算法的执行时间。当该结点存在多个备份下一跳时，算法尽量选择重路由路径代价最小的结点作为备份下一跳。只有当该结点无可用备份下一跳或者只有一个备份下一跳时，才有可能计算完整的 $\text{rspt}(u)$，其他情况只需要构造部分 $\text{rspt}(u)$ 即可。定理3-7给出了计算链路保护的方法：构造以结点 u 为根的反向最短路径树 $\text{rspt}(u)$，当某个结点 m 加入到 $\text{rspt}(u)$ 时，判断该结点是否属于集合 $\text{neighbor}(s)\cap(V-\text{rsubtree}(u,s))$，如果 m 属于上述集合，则 $m\in\text{backn}(s,u)$，否则继续加入其他结点，直到找到结点 u 的备份下一跳。下面通过一个定理来说明，利用定理3-7计算出的重路由路径具有最小代价，从而降低重路由路径拉伸度。

定理3-8：如果 $m\in\text{backn}(s,u)$，则不存在结点 $n\in\text{backn}(s,u)$ 使得 $\text{cost}(n,u)<\text{cost}(m,u)$。

证明：下面利用反证法来证明该定理。假设存在结点 $n\in\text{backn}(s,u)$ 使得 $\text{cost}(n,u)<\text{cost}(m,u)$，则可以得到结点 n 比结点 m 先加入到以 u 为根的最短路径树中，然而，这是不可能的，因为只要出现符合备份条件的结点加入到该树中，算法立即终止，因此假设不成立。定理得证。

2. 结点保护条件

在 spt(s) 中，如果链路 $(s,u) \in \text{spt}(s)$，当结点 u 出现故障时，结点 s 需要为 child(s,u) 中的结点计算备份下一跳。因此，为了保护某个结点，结点 s 需要为该结点的所有孩子结点计算备份下一跳。

定理 3-9 提供了如何为结点 u 的孩子结点 v 计算备份下一跳的方法：构造以结点 v 为根的反向最短路径树 rspt(v)，当某个结点 m 加入到 rspt(v) 时，判断该结点是否属于集合 $\text{neighbor}(s) \cap (V - \text{rsubtree}(v,s) - \text{rsubtree}(v,u))$，如果 m 属于上述集合，则 $m \in \text{backn}(s,v)$，否则继续加入其他结点，直到找到结点 v 的备份下一跳。

定理 3-9：如果 $(s,u) \in \text{sp}(s,v), (u,v) \in \text{sp}(s,v)$，则 $\text{neighbor}(s) \cap (V - \text{rsubtree}(v,s) - \text{rsubtree}(v,u))$ 中的所有结点都可以作为结点 v 的备份下一跳，即 $\text{neighbor}(s) \cap (V - \text{rsubtree}(v,s) - \text{rsubtree}(v,u)) \subset \text{backn}(s,v)$。

定理 3-9 的证明过程和定理 3-7 的证明过程类似，因此不再对其证明。

3. 链路保护算法

算法 3-2 描述了如何为结点 u 计算备份下一跳，算法需要构造以结点 u 为根的反向最短路径树 rspt(u)。首先，将结点 s 和 subtree(s,u) 中所有结点标记为红色（算法第 1 ～ 2 行）。通过初始化操作，将结点 u 加入到优先级队列 Q 中（算法第 3 ～ 9 行）。构造树要经历一系列的迭代过程，在每一次迭代中，从优先级队列中选取代价最小的结点 y（算法第 11 行）。如果其父亲结点的颜色是红色，则将该结点标记为红色（算法第 13 ～ 15 行）。如果该结点不是红色并且该结点是 s 的邻居结点，则该结点即是结点 u 的备份下一跳，否则，更新该结点的信息，并且将该结点加入到树中（算法第 20 ～ 22 行）。访问结点 y 的所有邻居结点，更新这些邻居结点的信息（算法第 24 ～ 31 行）。如果针对结点保护问题，则只需要将链路保护算法中所有的变量 u 改为 v 即可。

算法 3-2 AsyLinkProtection

Input：

$\text{SPT}(s), u, G = (V, E)$

```
Output:
  backn(s,u)
将 subtree(s,u) 中所有结点标记为红色
将结点 s 标记为红色
For x ∈ V do
   cost(u,x) ← ∞
   u.visited ← false
EndFor;
u.visited ← true
cost(u,u) ← 0
Enqueue(Q,(u,u,0))
While Q is not empty do
    < y, p, tc > ← ExtractMin(Q)
   If y ≠ u Then
      If parent(u, y) 是红色 then
         将结点 y 标记为红色
      EndIf
      If y 不是红色并且 y ∈ neighbor(s) then
         backn(s,u) ← y
         return
      EndIf
      y.visited ← true
    parent(u, y) ← p
      cost(u, y) ← tc
   EndIf
   For q ∈ neighbor(y) do
      If q.visited ← false Then
         newdist ← cost(y,u) + w(q, y)
```

```
            If newdist≤cost(q,u) Then
          Enqueue(Q,(u,q,newdist))
        EndIf
      EndIf
    EndFor
EndWhile
```

4. 结点保护算法

根据定理 3-9 可知，为了实现结点保护算法，只需要将链路保护算法中所有的变量 u 改为 v 即可。结点保护算法用 AsyNodeProtection 表示。

3.1.4 算法讨论

从第 3.1.2 小节和第 3.1.3 小节的描述可知，本章提出了两种高效的 LFA 实现方法。AsyLinkProtection 和 AsyNodeProtection 算法不需要考虑网络中链路权值是否对称，因此适用范围更加广泛。SynLinkProtection 和 SynNodeProtection 只适用于链路权值对称的网络。当网络出现单故障时，本章提出的算法只需要为特定的结点计算备份下一跳，根据定理 3-1 可知，其子树中所有结点的备份下一跳和该特定结点的备份下一跳是相同的。在某些情况下，当某个特定结点不存在备份下一跳时，利用本章提出的算法将导致该结点对应的子树中所有结点无法找到备份下一跳。因此，利用本章提出的算法可能会漏掉某些结点的备份下一跳。因此，为了提高故障保护率，在执行上述算法的过程中，如果某个结点没有备份下一跳，则将特定结点的计算范围扩大到该结点的下一跳。例如，在图 3-1 中，为了保护链路 (s,u)，结点 s 只需为结点 u 计算备份下一跳，因为 u 对应的子树中所有结点的备份下一跳是相同的，如果结点 u 不存在备份下一跳时，则为结点 b 和 c 计算备份下一跳。从下面的实验可以看出，该过程不会明显增加算法的计算开销，因此，将特定结点的范围扩大到下一跳是提高故障保护率的一种有效解决方案。

3.1.5 实验及结果分析

1. 实验方法

1）实验拓扑

为了全面、准确评价算法的性能，采用3种类型的拓扑进行模拟实验。实验拓扑结构包括真实拓扑 Abilene、利用 Rocketfuel 测量的拓扑结构、利用 Brite 模拟软件生成的拓扑结构。

（1）Abilene 是美国的教育和科研网络，其包含11个路由器和14条链路。

（2）Rocketfuel 项目公布了大量的测量拓扑结构，我们选择其中的6个作为实验拓扑，具体参数见表3-2。

（3）利用开源软件 Brite 生成拓扑结构，Brite 的具体参数见表3-3。

表3-2 Rocketfuel 拓扑结构

AS 号码	AS 名称	结点数量 / 个	链路数量 / 条
1221	Telstra	108	153
1239	Sprint	315	972
1755	Ebone	87	162
3257	Tiscali	161	328
3967	Exodus	79	147
6461	Abovenet	128	372

表3-3 Brite 拓扑参数

参数	Model	N	HS	LS
参数值	Waxman	20 ～ 1000	1000	100
参数	m	NodePlacement	GrowthType	alpha
参数值	2 ～ 40	Random	Incremental	0.15
参数	beta	BWDist	BwMin-BwMax	model
参数值	0.2	Constant	10 ～ 1024	Router-only

2）评价指标

由于本章提出的算法主要针对 IPFRR 中的 LFA 方法进行改进，因此，为了评价本章算法性能，在实验中将与 LFA 方法、TBFH 进行比较，评价指标包括计算开销、路径拉伸度和故障保护率。下面介绍详细的实验方法。本章利用 C++ 语言实现了 LFA、TBFH 和本章提出的方案。在实验中，仅仅列出了对称网络中的实验数据，而非对称网络中的结果与之基本类似，因此没有详细列出。

2. 计算开销

为了避免运行环境对算法性能的影响，本章采用相对计算时间来衡量不同算法的计算效率。相对计算时间可以定义为：相对计算时间 = 算法实际运行时间 / 构造最短路径树时间。从定义中可以看出，相对计算时间表示构造最短路径树的次数。下面通过模拟实验评价不同算法的相对计算时间。

首先，我们说明真实拓扑和 Rocketfuel 测量拓扑的计算结果。图 3-2 和图 3-3 分别描绘了不同算法在上述拓扑上链路保护和结点保护的相对计算时间。从图 3-2 和图 3-3 可以看出，本章提出的算法的执行效率明显优于 LFA 算法和 TBFH 算法。在链路保护中，SynLinkProtection 和 AsyLinkProtection 的计算开销基本接近。在结点保护中，虽然 AsyNodeProtection 的计算开销略大于 SynNodeProtection 的计算开销，但是明显优于 LFA 的性能，这是因为，SynNodeProtection 算法并不需要构造一棵完整的最短路径树，而 AsyNodeProtection 在某些情况下可能需要构造多棵完整的最短路径树。

接着，介绍不同算法在 Brite 生成拓扑上的运行结果。图 3-4 和图 3-5 分别描述了当网络结点的平均度为 6，链路保护算法和结点保护算法的计算效率随着网络规模的变化规律。图 3-6 和图 3-7 分别描述了当网络拓扑大小为 1000，链路保护算法和结点保护算法的计算效率随着网络结点的平均度变化规律。从图 3-2 ～图 3-7 可以得出，当网络结点的平均度确定后，所有算法的相对计算时间基本不受网络规模的影响。当网络规模确定后，LFA 算法随着网络结点平均度的增加而增加，本章提出的算法和 TBFH 算法基本不受该因素的影响，然而 TBFH 的执行效率明显低于本章提出的算法。

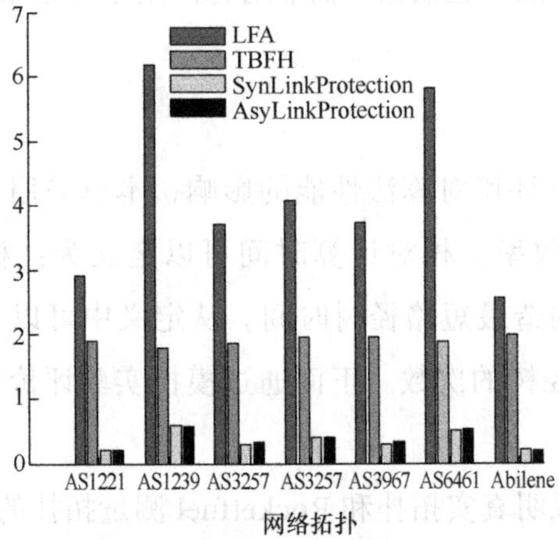

图 3-2　真实和测量拓扑中链路保护计算开销

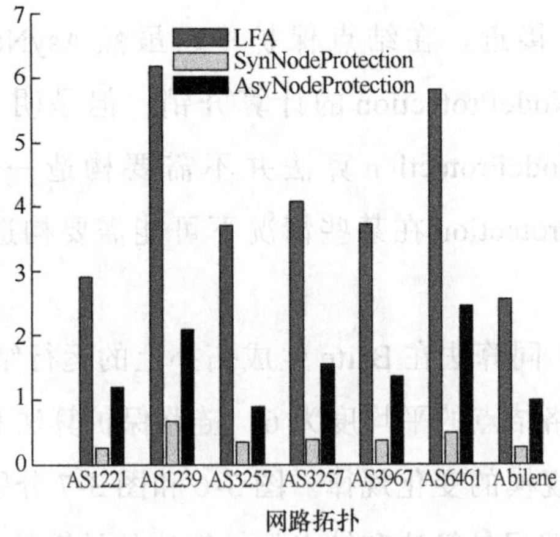

图 3-3　真实和测量拓扑中结点保护计算开销

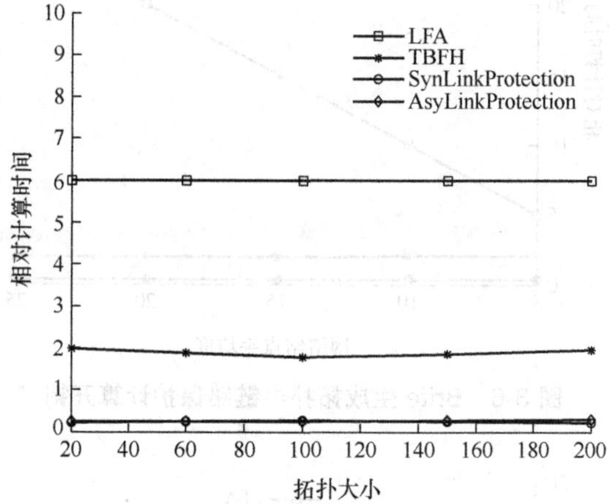

图 3-4　Brite 生成拓扑中链路保护计算开销

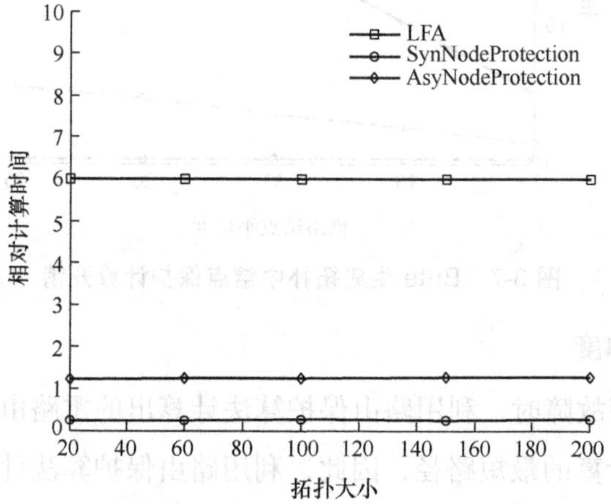

图 3-5　Brite 生成拓扑中结点保护计算开销

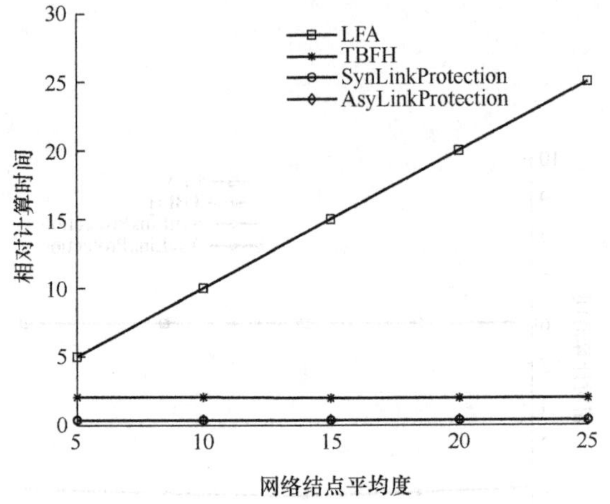

图 3-6　Brite 生成拓扑中链路保护计算开销

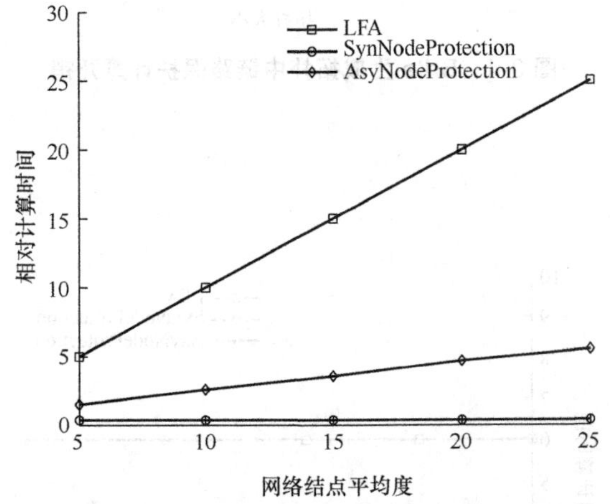

图 3-7　Brite 生成拓扑中结点保护计算开销

3. 路径拉伸度

当网络出现故障时，利用路由保护算法计算出的重路由路径并不是针对新的拓扑结构计算的最短路径，因此，利用路由保护算法计算出的重路由路径的代价一定大于新拓扑对应的最短路径代价，必然引起路径的拉伸。因此，本部分利用路径拉伸度来衡量重路由路径的优劣。路径拉伸度可以定义为：路径拉伸度 = 重路由路径的代价 / 最短路径代价。因此，当网络出现故障时，路由拉伸度越小，对应的重路由路径越接近最短路径，端到端延迟越小。本部分将评价当网络中发生单故障时（单链路或者单结点）不同算法对应的路径拉伸度。下面介绍实验方法。对于任意拓扑结构，随机选择一条链路断开，然后执行上述算法，计算不同算法对应的路径拉伸度。在实验中，选择 50% 的链路执行上述操作，最后取平均值。重复上述实验 100 次，得到实验结果。上面描述了链路保护的实验方法，结点保护的方法和上述方法类似，因此不再介绍。在实验比较中，对于 LFA 和 TBFH 方案，如果存在多个备份下一跳，则从中随机选择一个作为其备份下一跳。

首先介绍不同算法在真实拓扑和 Rocketfuel 测量拓扑的实验结果。图 3-8 和图 3-9 分别描述了不同算法对应的链路保护和结点保护的路径拉伸度。从图中可以看出，LFA 和 TBFH 的路径拉伸度明显高于本章提出的算法。不论在链路保护还是在结点保护，本章提出的两种方案的路由拉伸度基本一致。这是因为我们提出方案选择代价最小的路径作为重路由路径，而 LFA 和 TBFH 随机选择其中一个作为重路由路径，从而导致其重路由路径拉伸度较大。

然后介绍不同算法在 Brite 生成拓扑上的运行结果。图 3-10 和图 3-11 分别描述了对应的链路保护和结点保护的路径拉伸度。从图中可以得出，算法在生成拓扑的运行的结果和在测量拓扑的运行结果基本一致。

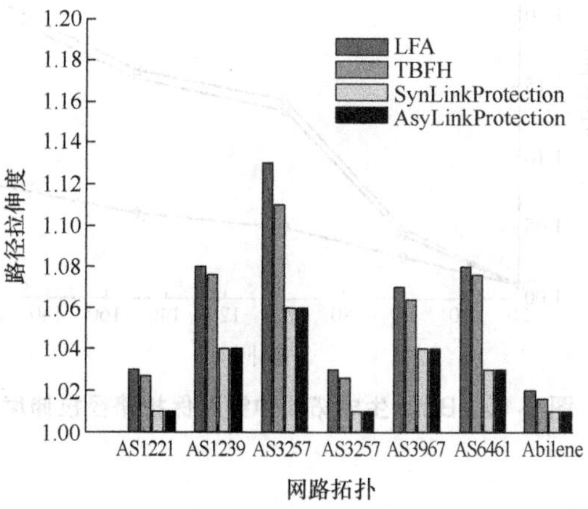

图 3-8　真实和测量拓扑中链路保护路径拉伸度

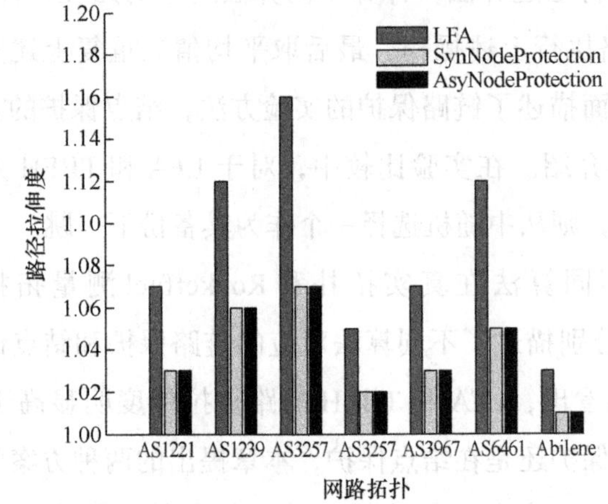

图 3-9　真实和测量拓扑中结点保护路径拉伸度

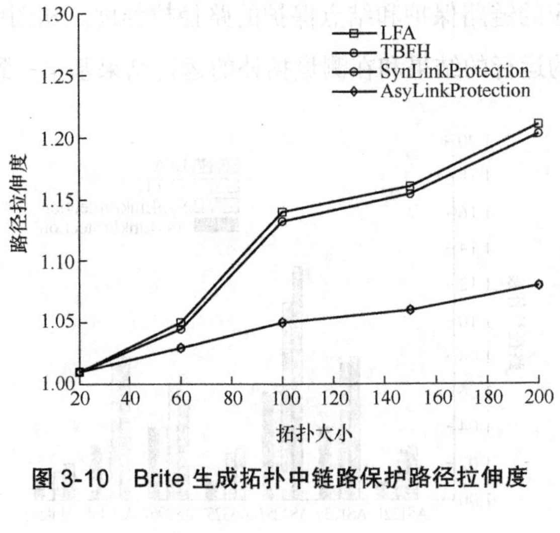

图 3-10　Brite 生成拓扑中链路保护路径拉伸度

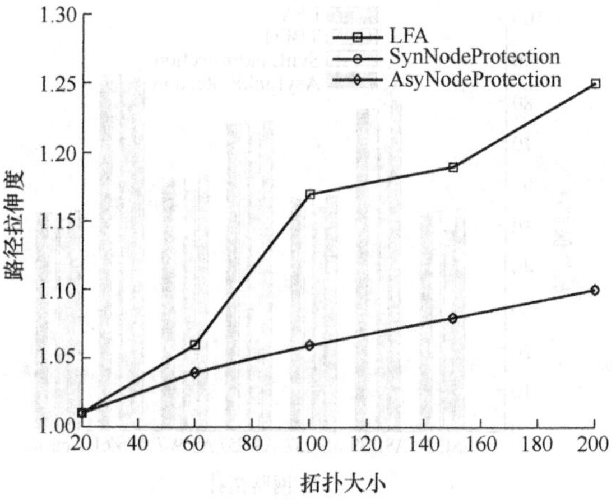

图 3-11　Brite 生成拓扑中结点保护路径拉伸度

4. 故障保护率

本部分将用故障保护率来衡量不同算法应对故障的能力。故障保护率可以定义为

$$p=\frac{\sum_{\forall s,d\in V}B(s,d)}{V(V-1)} \tag{3-17}$$

其中

$$B(s,d)=\begin{cases}1 & \text{backs}(s,d)\neq\varnothing\\ 0 & \text{backs}(s,d)=\varnothing\end{cases} \tag{3-18}$$

对于网络中任意结点 $\forall s,d\in V$，如果 s 到 d 具有备份下一跳，则 $B(s,d)$ =1，否则 $B(s,d)$ =0。

图 3-12 和图 3-13 分别描述了不同算法在真实拓扑、Rocketfuel 测量拓扑对应的链路保护和结点保护的故障保护率。从图中可以看出，本节提出的算法和 LFA 算法的故障保护率基本一致。因此，与 LFA 比较，本章提出的算法不会降低路由可用性，TBFH 算法降低了路由可用性。

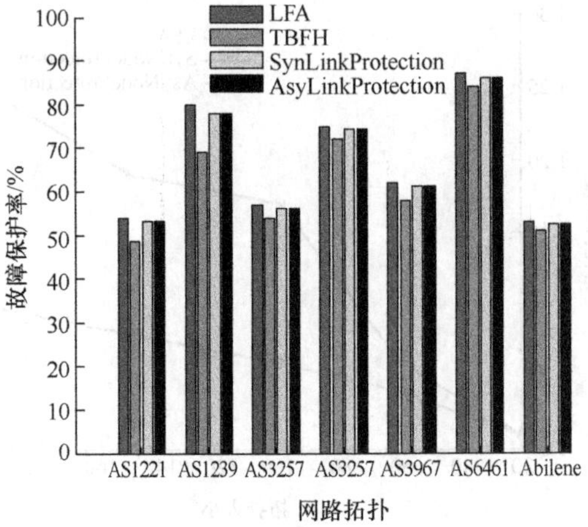

图 3-12　真实和测量拓扑中链路保护故障保护率

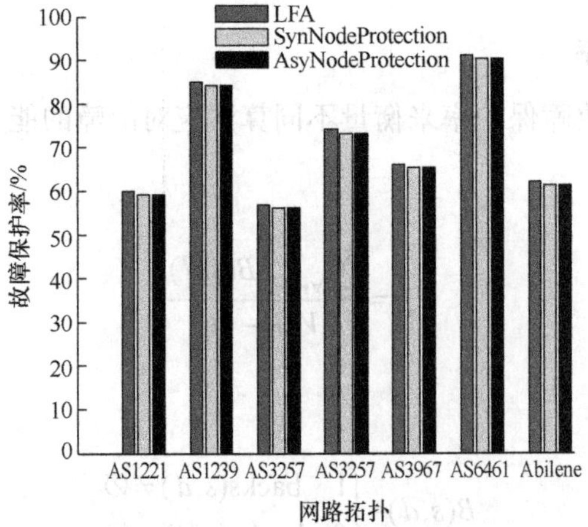

图 3-13　真实和测量拓扑中结点保护故障保护率

5. 增量部署

本节提出的方案和互联网部署的域内路由协议是兼容的，因此，可以在网络中增量部署该方案。增量部署方案可以描述为：给定具体的网络拓扑结构部署结点数量，选择合适的结点部署上述算法，从而使得故障保护率最高。因为，网络中不同结点的重要程度是不相同的，因此，实验中采用结点的介数来衡量结点的重要程度。下面使用贪心算法来解决该问题。首先，按照结点的介数对网络中所有结点进行降序排列；其次，每次从队列首部选择一个结点部署上述算法，直到不满足部署条件要求。

图 3-14 和图 3-15 分别描述了链路保护算法和结点保护算法在 Sprint 拓扑上部署结点数量和故障保护率之间的规律。可以看出，随着部署结点数量的增加，故障保护率随之提高。当部署大约 40% 左右的关键结点时，故障保护率已经得到明显提升。因此，在实际中部署时，应该将不同的结点区分对待，优先部署重要结点。

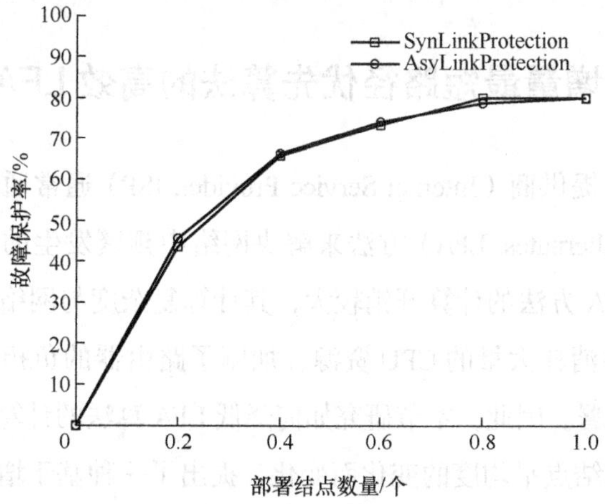

图 3-14　Sprint 拓扑中链路保护部署情况

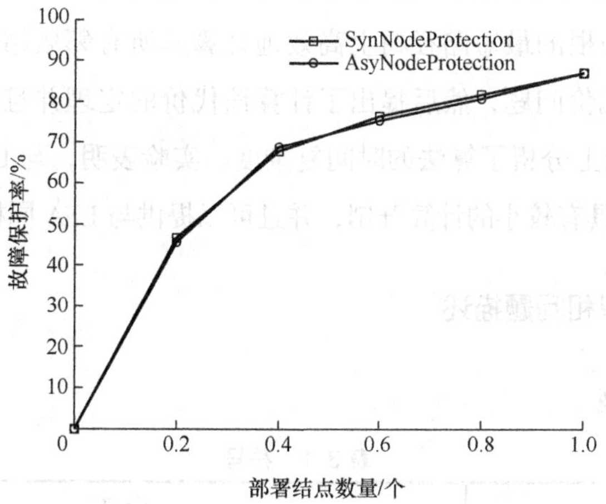

图 3-15　Sprint 拓扑中结点保护部署情况

3.1.6 结束语

针对目前互联网部署的 LFA 算法开销大的问题，本节设计了一种轻量级的基于逐跳方式的 IP 路由保护方案。理论和实验结果表明，与 LFA 算法相比较，本章提出的方案不仅计算复杂度低，路径拉伸度小，并且可以提供同样的故障保护率。然而，本章研究的对象是网络中单故障情形，因此，下一步主要研究如何将本章的算法应用于并发故障的情形。

3.2 基于增量最短路径优先算法的高效 LFA 实现算法

互联网服务提供商（Internet Service Provider, ISP）通常通过部署无环路选择（Loop Free Alternates, LFA）方法来解决网络中频繁发生的单故障情形。然而，ISP 实现 LFA 方法的计算开销较大，其计算复杂度与网络结点平均度呈现线性关系，需要消耗大量的 CPU 资源，加剧了路由器的负担，不适合在大规模网络中实际部署。因此，本节研究如何降低 LFA 算法的计算开销，使其计算复杂度不随网络结点平均度的变化而变化，提出了一种基于增量最短路径优先算法的 LFA 实现方法（LFA Implementation Method Based on Incremental Shortest Path First Algorithm, LFABISPF）。本节首先将快速实现 LFA 的问题转化为如何在以计算结点为根的最短路径树上高效地计算其所有邻居结点到网络其余所有结点的最小代价问题，然后提出了计算该代价的定理并且证明了它的正确性，最后从理论上分析了算法的时间复杂度。实验表明，与 LFA 算法相比较，LFABISPF 不仅具有较小的计算开销，并且可以提供与 LFA 同样的故障保护率。

3.2.1 网络模型和问题描述

1. 网络模型

表 3-4 符号

符号	含义
$G=(V,E)$	网络拓扑结构

（续表）

符号	含义
$N(v)$	结点v的邻居集合
$\text{spt}(v)$	以结点v为根的最短路径树
$D(v,x)$	在$\text{spt}(v)$中结点x的所有子孙结点
$w(i,j)$	链路(i,j)的代价
$\text{cost}(x,y)$	两个结点之间的最小代价
$\text{dn}(x,y)$	结点x到结点y的默认下一跳
$\text{bn}(s,d)$	结点x到结点y的备份下一跳集合

图 $G=(V,E)$ 用来表示一个网络拓扑结构，其中 V 为该拓扑中结点的集合，E 为该拓扑中边的集合。对于 $\forall v\in V$，$N(v)$ 表示该结点的所有邻居结点，$\text{spt}(v)$ 为以结点 v 为根的最短路径树，$D(v,x)$ 表示在 $\text{spt}(v)$ 中结点 x 的所有子孙结点（包含结点 x）。对于 $\forall(i,j)\in E$，$w(i,j)$ 为该边对应的代价；对于 $\forall x,y\in V\,(x\neq y)$，$\text{cost}(x,y)$ 表示这两个结点之间的最短路径对应的代价。从定义可知，如果 $\forall(i,j)\in E$，则 $w(i,j)=\text{cost}(i,j)$。$\text{dn}(x,y)$ 表示结点 x 到结点 y 的默认下一跳，$\text{bn}(x,y)$ 表示结点 x 到结点 y 的备份下一跳的集合。

为便于理解，下面通过一个例子来解释上面的部分定义。图 3-16 表示以结点 c 为根的最短路径树 $\text{spt}(c)$。结点 c 的邻居结点可以表示为 $N(c)=\{a,b\}$。在 $\text{spt}(c)$ 中，结点 b 的所有子孙结点可以表示为 $D(c,b)=\{e,f\}$，结点 a 的所有子孙结点可以表示为 $D(c,a)=\{h,d,g\}$。结点 c 到结点 g 的最短路径的代价为 $\text{cost}(c,g)=3+2+1=6$。结点 c 到结点 g 的默认下一跳为 $\text{dn}(c,g)=a$，结点 c 到结点 f 的默认下一跳为 $\text{dn}(c,f)=b$。

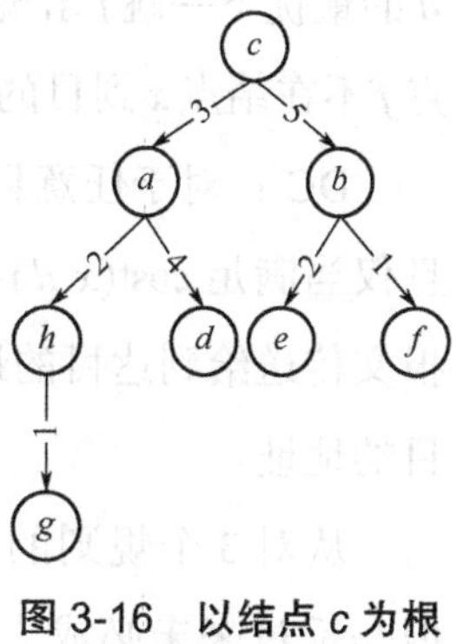

图 3-16　以结点 c 为根的最短路径树$\text{spt}(c)$

2. 问题描述

在现在互联网部署的域内路由协议中，如 IS-IS 和 OSPF 两种路由协议中，网络中所有的路由器都拥有本自治域内的完整拓扑结构。当网络处于稳定状态时，所有路由器中存储的拓扑结构是一致的。网络中的每个路由器根据该网络拓扑结构利用最短路径优先算法（Shortest Path First, SPF）计算一棵以自己为根的最短路径树（Shortest Path Tree, SPT），然后利用该树构造出路由表。根据上述描述可知，目前域内路由协议采用最短路径转发报文，但是当源结点到目的结点的默认下一跳出现故障时，传输到该结点的报文将会丢失，将会造成网络中断，大大降低了用户体验。为了提升路由可用性，提高用户体验，IETF 提出利用 LFA 规则应对网络中的故障。下面将分别介绍 LFA 中的 3 个规则。

LFC：对于任意目的地址 d，结点 c 可以将报文发送给其邻居结点 x，当且仅当满足 $\mathrm{cost}(x,d)<\mathrm{cost}(x,c)+\mathrm{cost}(c,d)$。该规则可以理解为当结点 c 到目的地址 d 的最优下一跳之间的链路出现故障时，结点 c 可以将报文送给其邻居结点 x，因为结点 c 不在结点 x 到目的地址 d 的最短路径上。

NPC：对于任意目的地址 d，结点 c 可以将报文发送给其邻居结点 x，当且仅当满足 $\mathrm{cost}(x,d)<\mathrm{cost}(x,f)+\mathrm{cost}(f,d)$，其中 $f=\mathrm{dn}(c,d)$，即 f 代表结点 c 到目的地址 d 的最优下一跳。该规则可以理解为当结点 c 到目的地址 d 的最优下一跳 f 出现故障时，结点 c 可以将报文送给其邻居结点 x，因为结点 f 不在结点 x 到目的地址 d 的最短路径上。

DC：对于任意目的地址 d，结点 c 可以将报文发送给其邻居结点 x，当且仅当满足 $\mathrm{cost}(x,d)<\mathrm{cost}(c,d)$。该规则符合递减条件，即每个结点总是将报文传送给到达目的地址更近的邻居结点，因此报文最终总会被正确转发到目的地址。

从对 3 个规则的描述可知，符合 NPC 规则的邻居一定符合 LFC 规则，但是反过来未必成立。符合 LFC 规则的邻居一定符合 DC 规则，但是反过来却不一定成立。DC 和 NPC 之间没有特定的关系。下面通过一个例子来解释 LFA 中的 3 个规则。图 3-17 表示一个包含 5 个结点和 6 条链路的网络拓扑结构。由图 3-17 可知，结点 c 到结点 d 的默认下一跳为 $dn(c,d)=a$，结点 c 到结点 e 的默认下一跳为 $dn(c,e)=b$。根据该图可知，结点 c 到结点 d 的最小代价 $cost(c,d)=4$，结点 b 到结点 d 的最小代价 $cost(b,d)=5$。当源结点为 c，目的结点为 d 时，因为 $cost(b,d)<cost(b,c)+cost(c,d)$，即结点 b 可以作为结点 c 到目的结点为 d 的 LFC 下一跳，但是，$cost(b,d)=cost(b,a)+cost(a,d)$，即结点 b 不可以作为结点 c 到目的结点为 d 的 NPC 下一跳。因为 $cost(b,d)>cost(c,d)$，即结点 b 不可以作为结点 c 到目的结点为 d 的 DC 下一跳。结点 c 到结点 e 的最小代价 $cost(c,e)=5$，结点 a 到结点 e 的最小代价 $cost(a,e)=4.5$。当源结点为 c，目的结点为 e 时，因为 $cost(a,e)<cost(c,e)$，所以结点 a 可以作为结点 c 到目的结点为 e 的 DC 下一跳。因为 $cost(a,e)<cost(a,c)+cost(c,e)$，所以结点 a 可以作为结点 c 到目的结点为 e 的 LFC 下一跳。因为 $cost(a,e)=4.5<cost(a,b)+cost(b,e)=2+3=5$，所以结点 a 可以作为结点 c 到目的结点为 e 的 NPC 下一跳。由此可知，结点 a 可以作为结点 c 到目的结点为 e 的 LFC、DC 和 NPC 下一跳。

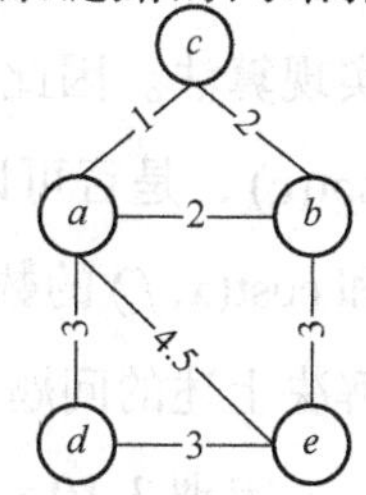

图 3-17　LFA 例子

为了在结点 c 上实现 LFC 规则，结点 c 需要知道 $cost(c,d)$、$cost(x,c)$ 和 $cost(x,d)$ 的数值。为了在结点 c 上实现 NPC 规则，结点 c 需要知道 $cost(x,d)$、$cost(x,f)$ 和 $cost(f,d)$ 的数值。为了在结点 c 上实现 DC 规则，结点 c 需要知道 $cost(c,d)$ 和 $cost(x,d)$ 的数值。结点 c 可以通过 $spt(c)$ 获得 $cost(x,c)$、$cost(c,d)$ 和 $cost(f,d)$ 的值，但是无法直接计算出 $cost(x,d)$ 和 $cost(x,f)$ 的数值。因此，为了得到 $cost(x,d)$ 和 $cost(x,f)$ 的数值，结点 c 需要计算一棵以结点 x 为根的最短路径树。但是当结点 c 有 k 个邻居结点时，则需要构造 k 棵最短路径树来获得其所有邻居结点到目的结点的最小代价。因此，上述实现方法的时间复杂度随着计算结点度的增加而增加，扩展性较差，不容易实际部署。

根据上述的计算过程可知，对于目的地址 d，如果结点 c 可以快速计算出其所有邻居结点到网络中所有结点的最小代价，则可以实现高效的 LFA 实现算法。因此，本章需要解决的问题可以描述为：对于结点 c，如果给定 $\mathrm{spt}(c)$，是否可以找到一个算法快速计算出其所有邻居结点对应的 $\mathrm{cost}(x,d)$ 和 $\mathrm{cost}(x,f)$ 的数值，其中 $x\in N(c),\ d\in V, d\neq x, d\neq f$。定理 3-10 回答了如何解决上述的问题，并且给出了证明。

定理 3-10：已知计算结点 c 和以其为根的最短路径树 $\mathrm{spt}(c)$，对于网络中的任意结点 $d(d\neq c, d\neq x)$，其中 $x\in N(c)$，$\mathrm{spt}'(c)$ 表示将链路 (c,x) 的代价调整为 $-\mathrm{cost}(c,x)$ 时对应的新的以结点 c 为根的最短路径树。

（1）如果 $d\in D(\mathrm{spt}(c),x)$ 成立，则 $\mathrm{cost}(x,d)=\mathrm{cost}(c,d)-\mathrm{cost}(c,x)$。

（2）如果 $d\notin D(\mathrm{spt}(c),x)$ 和 $d\in D(\mathrm{spt}'(c),x)$ 同时成立，则 $\mathrm{cost}(x,d)=\mathrm{cost}'(c,d)+\mathrm{cost}(c,x)$，$\mathrm{cost}'(c,d)$ 表示在 $\mathrm{spt}'(c)$ 中结点 c 和结点 d 之间的代价。

（3）如果 $d\notin D(\mathrm{spt}(c),x)$ 和 $d\notin D(\mathrm{spt}'(c),x)$ 同时成立，则 $\mathrm{cost}(x,d)=\mathrm{cost}(x,c)+\mathrm{cost}(c,d)$。

证明：

（1）因为 $d\in D(\mathrm{spt}(c),x)$，所以 $\mathrm{cost}(c,d)=\mathrm{cost}(c,x)+\mathrm{cost}(x,d)$，即 $\mathrm{cost}(x,d)=\mathrm{cost}(c,d)-\mathrm{cost}(c,x)$。

（2）因为 $d\notin D(\mathrm{spt}(c),x)$ 和 $d\in D(\mathrm{spt}'(c),x)$ 同时成立，所以 $\mathrm{cost}'(c,d)=\mathrm{cost}'(c,x)+\mathrm{cost}'(x,d)$，即 $\mathrm{cost}'(x,d)=\mathrm{cost}'(c,d)-\mathrm{cost}'(c,x)=\mathrm{cost}'(c,d)+\mathrm{cost}(c,x)$。由于 $d\in D(\mathrm{spt}'(c),x)$，所以结点 x 到结点 d 的最短路径不经过结点 c，因此 $\mathrm{cost}'(x,d)=\mathrm{cost}(x,d)$，即 $\mathrm{cost}(x,d)=\mathrm{cost}'(c,d)+\mathrm{cost}(c,x)$。

（3）因为 $d\notin D(\mathrm{spt}(c),x)$ 和 $d\notin D(\mathrm{spt}'(c),x)$ 同时成立，所以 $\mathrm{cost}(x,d)\geqslant \mathrm{cost}(x,c)+\mathrm{cost}(c,d)$。这是因为，如果 $\mathrm{cost}(x,d)<\mathrm{cost}(x,c)+\mathrm{cost}(c,d)$ 成立，则 $\mathrm{cost}(x,d)-\mathrm{cost}(x,c)<\mathrm{cost}(c,d)$。在 $\mathrm{spt}'(c)$ 中，如果 $\mathrm{cost}(x,d)-\mathrm{cost}(x,c)<\mathrm{cost}(c,d)$，则 $d\in D(\mathrm{spt}'(c),x)$，与 $d\notin D(\mathrm{spt}'(c),x)$ 矛盾。因此，$\mathrm{cost}(x,d)=\mathrm{cost}(x,c)+\mathrm{cost}(c,d)$。

下面通过一个例子来解释定理 3-10。图 3-18 表示一个包括 5 个结点和 6 条边的网络拓扑结构。图 3-19 表示以结点 c 为根的最短路径树，图 3-20 表示将链路 (c,a)

的代价修改为 $-\mathrm{cost}(c,a)$ 时利用 i-SPF 构造的最短路径树。图 3-18 和图 3-19 中，结点旁边的数值表示结点 c 到该结点的最小代价。从图 3-18 可知 $d \in D(\mathrm{spt}(c),a)$，根据定理 3-10 的第（1）种情况可知 $\mathrm{cost}(a,d)=\mathrm{cost}(c,d)-\mathrm{cost}(c,a)=6-3=3$。从图 3-19 和图 3-20 可知 $e \notin D(\mathrm{spt}(c),a)$ 和 $e \in D(\mathrm{spt}'(c),a)$，因此，根据定理 3-10 的第（2）种情况可知 $\mathrm{cost}(a,e)=\mathrm{cost}'(c,e)+\mathrm{cost}(c,a)=3+3=6$，$b \notin D(\mathrm{spt}(c),a)$ 和 $b \notin D(\mathrm{spt}'(c),a)$，因此，根据定理 3-10 的第（3）种情况可知 $\mathrm{cost}(a,b)=\mathrm{cost}(a,c)+\mathrm{cost}(c,b)=8$。

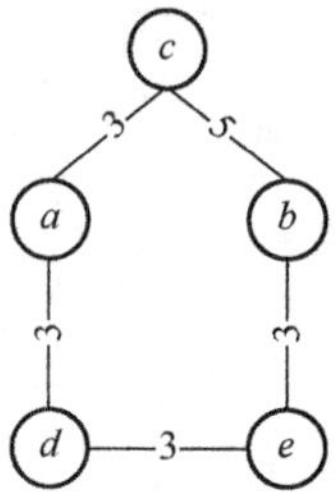

图 3-18　网络拓扑结构

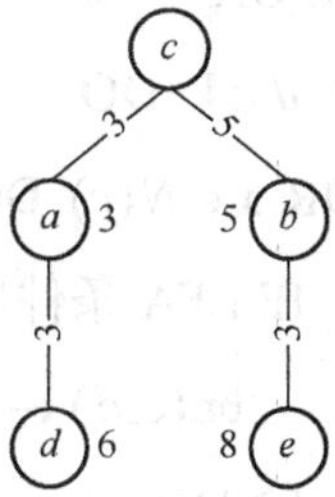

图 3-19　以结点 c 为根的最短路径树

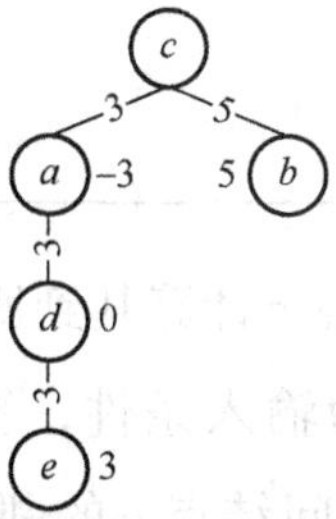

图 3-20　将链路(c,a)的代价修改为$-\mathrm{cost}(c,a)$时，以结点 c 为根的最短路径树

3.2.2　算法

1. 算法描述

算法 3-3　LFABISPF

INPUT：

$G=(V,E)$ 和 $\mathrm{spt}(c)$

OUTPUT：

$\forall v \in V \quad bn(c,v)$

1：FOR $x \in N(c)$ DO

2： weight $\leftarrow cost(c,x)$

3： $cost(c,x) \leftarrow -cost(c,x)$

4： 利用 i-SPF 算法构造 $spt'(c)$

5： 根据定理 3-10 计算 $cost(x,d), d \in V, d \neq c, d \neq x$

6： $cost(c,x) \leftarrow$ weight

7：ENDFOR

8：FOR $d \in V$ DO

9： FOR $x \in N(c)$ DO

10：   IF LFA 条件成立 THEN

11： $bn(c,d) \leftarrow bn(c,d) \cup \{x\}$

12：   ENDIF

13： ENDFOR

14：ENDFOR

15：Return $bn(c,v), \forall v \in V$

算法 LFABISPF 说明了结点 c 计算其到所有结点备份下一跳的过程。算法需要以 $G=(V,E)$ 和 $spt(c)$ 为输入条件，算法执行完毕的时候返回结点 c 到所有结点备份下一跳。访问结点 c 的邻居结点 x，调整二者之间链路的代价为 $-cost(c,x)$（算法第 2 ～ 3 行），利用增量最短路径优先算法计算结点 c 为根的最短路径树 $spt'(c)$（算法第 4 行），接着根据定理 3-10 计算 $cost(x,d), d \in V, d \neq c, d \neq x$（算法第 5 行），最后调整链路 (c,x) 的代价为原来的数值（算法第 6 行）。利用 LFA 条件计算结点 c 到网络中其余所有结点的备份下一跳集合（算法第 8 ～ 14 行）。算法第 10 行中的 LFA 条件表示 LFC、NPC 或 DC，修改这里的条件就可以计算出满足不同规则的备份下一跳。

2. 算法性能分析

定理 3-11：算法 LFABISPF 的时间复杂度为 $O(|E|\bullet\lg|V|)$。

证明：为了计算结点 c 到网络中其他所有结点的满足 LFA 规则的备份下一跳，算法 LFABISPF 需要调用 k 次 i-SPF 算法，其中 k 为结点 c 的邻居数量。当链路 (c,l) 的代价调整为 $-\text{cost}(c,l)$ 时，我们用 $M(l)$ 表示当链路代价发生变化时受影响的结点的数量，$P(l)$ 表示受影响的边的数量。因此，算法对应的时间复杂度为 $\sum_{l=1}^{k}M(l)\bullet\lg M(l)\leqslant\lg|V|\bullet\sum_{l=1}^{k}M(l)=O(|E|\bullet\lg|V|)$，即 LFABISPF 的时间复杂度小于构造一棵最短路径树的时间复杂度。

定理 3-12：算法 LFABISPF 可以计算出所有满足 LFA 规则的下一跳集合。

证明：假设结点 c 运行该算法，从算法的第 1 行到第 7 行可知，当该部分程序执行完毕后，算法可以计算出结点 c 的所有邻居结点到其他结点的最小代价。只要知道了结点 c 的所有邻居结点到其他结点的最小代价，就可以利用 LFA 规则计算结点 c 到其他结点的备份下一跳。因此，该定理成立。

3.2.3　算法实验及结果

由于实现 LFA 中 3 个规则的算法是类似的，因此本节仅说明实现 LFC 规则的算法，并且在实验中用 ERPISPF 表示。为了验证算法 ERPISPF 的有效性，分别在真实数据集和模拟数据集中进行了实验，并且与算法 LFC、TBFH 和 DMPA 进行了比较。

1. 数据

因为本节的算法需要部署在真实的互联网中，所以选择真实的网络拓扑结构作为实验数据是比较可信和合理的。为了进一步验证算法的性能，本节也选择了部分模拟拓扑作为实验数据。下面分别介绍真实拓扑和模拟拓扑。

1）真实拓扑

（1）Abilene 是一个简单的拓扑结构，由 11 个结点和 14 条边构成。

（2）表 3-5 列出了 Rocketfuel 项目发布的真实拓扑。

表 3-5　Rocketfuel 拓扑结构

AS 号码	AS 名称	结点数量 / 个	链路数量 / 条
1221	Telstra	108	153
1239	Sprint	315	972
1755	Ebone	87	162
3257	Tiscali	161	328
3967	Exodus	79	147
6461	Abovenet	128	372

2）模拟拓扑

本章的模拟拓扑是根据 Brite 软件生成的，具体的参数见表 3-6。

表 3-6　Brite 拓扑参数

参数	Model	N	HS	LS
参数值	Waxman	20 ～ 1000	1000	100
参数	m	NodePlacement	GrowthType	alpha
参数值	2 ～ 25	Random	Incremental	0.15
参数	beta	BWDist	BwMin-BwMax	model
参数值	0.2	Constant	10 ～ 1024	Router-only

2. 评价指标

本部分将从计算开销和故障保护率两个方面来衡量不同算法的性能。

1）计算开销

因为硬件配置对算法的计算开销影响较大，所以本部分采用相对计算时间来评价算法的计算开销。计算开销 = 算法的执行时间 / 迪杰斯特拉算法的执行时间。

2）故障保护率

本节采用文献 [46] 中定义的故障保护率，即故障保护率可表示为

$$P_r = \frac{\sum_{s,d \in V} k(s,d)}{|V|(|V|-1)} \tag{3-19}$$

$$k(s,d) = \begin{cases} 1 & 如果\ \mathrm{bn}(s,d) \neq \varnothing \\ 0 & 其他 \end{cases} \tag{3-20}$$

3. 计算开销

图 3-21 给出了本节提出的算法 ERPISPF、LFC、TBFH 和 DMPA 在真实数据中的计算开销的运行结果。由图可知，算法 ERPISPF 的计算开销是最小的，该算法的计算时间小于迪杰斯特拉算法的计算时间。LFC 的计算开销随着网络结点平均度的增加而增加，TBFH、DMPA 和 ERPISPF 不随网络结点度的变化而变化。TBFH 的计算开销相当于两次迪杰斯特拉算法的计算时间，DMPA 的计算开销相当于一次迪杰斯特拉算法的计算时间。

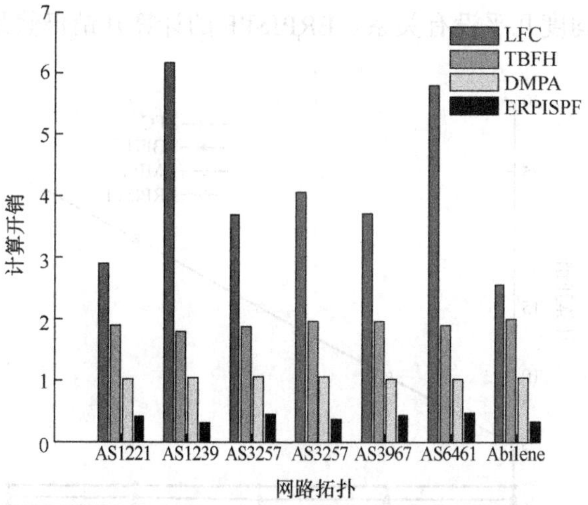

图 3-21　真实拓扑中不同算法的计算开销

图 3-22 表示在模拟网络中网络拓扑大小和计算开销之间的关系。从图 3-22 可知，4 种算法的计算开销与网络拓扑都没有关系，ERPISPF 依然拥有最小的计算开销。

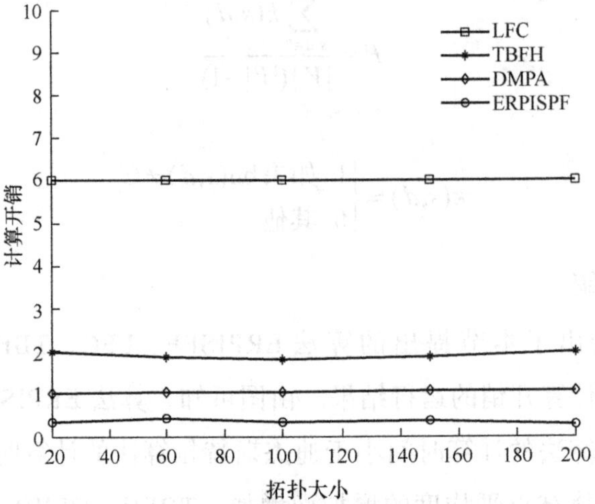

图 3-22　计算开销和网络拓扑大小的关系

图 3-23 表示在模拟网络中网络结点平均度和计算开销之间的关系。从图 3-23 可以看出，LFC 的计算开销和结点平均度呈现线性关系，其余 3 种算法与结点平均度几乎没有关系。ERPISPF 的计算开销仍然是最小的。

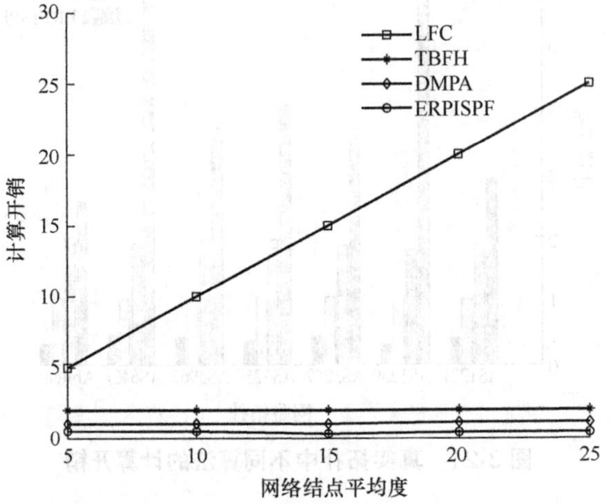

图 3-23　计算开销和结点平均度的关系

4. 故障保护率

图 3-24 反映了不同算法在真实拓扑中的故障保护率。由图可以得出如下结论：ERPISPF 和 LFC 拥有相同的故障保护率，而 DMPA 和 TBFH 的故

障保护率始终小于 LFC 和的故障保护率。

图 3-25 描绘了不同算法的故障保护率和网络拓扑大小之间的关系。图 3-26 是故障保护率和结点平均度之间的关系。从两图可以看出，LFC 和 ERPISPF 的故障保护率始终是相同的。从图 3-26 可以看出，随着结点平均度的增大，所有算法的故障保护率都随之增大。

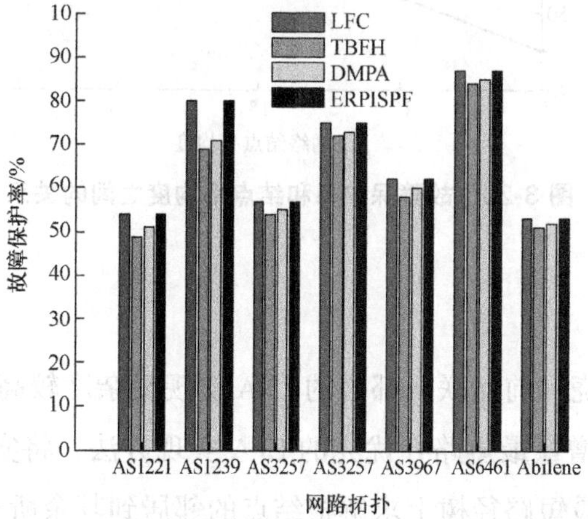

图 3-24　真实拓扑中不同算法的故障保护率

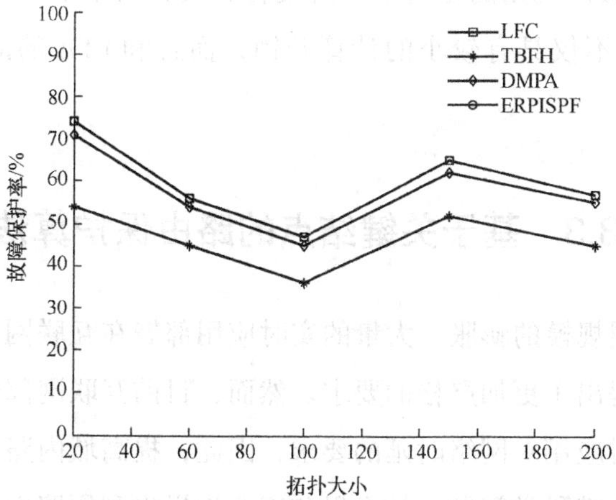

图 3-25　故障保护率和网络拓扑大小的关系

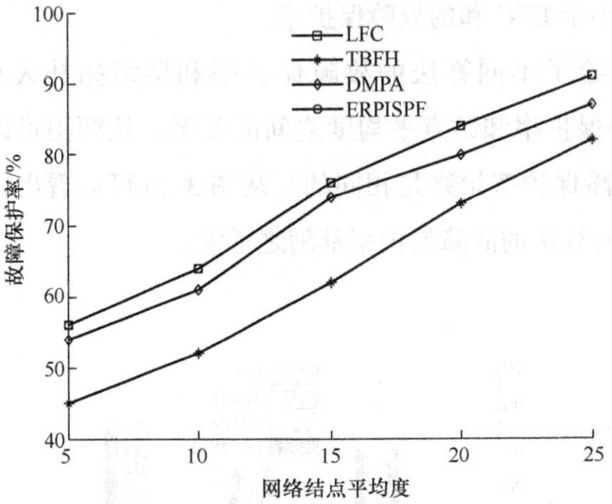

图 3-26　故障保护率和结点平均度之间的关系

3.2.4　结束语

本节主要围绕目前互联网部署的 LFA 实现复杂度较高的问题展开研究，提出了一种基于增量最短路径优先的 LFA 实现方法，将实现 LFA 的问题转化为如何在一棵最短路径树上求解根结点的邻居到其余所有结点的最小代价的问题。本节利用 i-SPF 算法巧妙地解决了上述的难题，从而可以快速地计算出所有符合 LFA 规则的备份下一跳集合。实验的结果证明，与 LFA 相比较，LFABISPF 不仅具有较小的计算开销，而且和 LFA 的故障保护率是相同的。

3.3　基于关键结点的路由保护算法

随着互联网规模的膨胀，大量的实时应用部署在互联网上，这些实时应用对网络时延提出了更加严格的要求。然而，目前互联网部署的域内路由协议无法满足实时应用对网络时延的要求，因此，提高域内路由可用性成为一项亟待解决的关键科学问题。学术界和工业界提出利用路由保护方案来提高路由可用性以减少由于网络故障造成的网络中断和报文丢失。已有的路由保护方案将网络中的结点同等对待，没有考虑结点在网络中的重要程度，然而实际情况并非如此。因此，本章提出了一种基于关键结点的域内路由保护算法（Intra-domain Routing Protection Algorithm Based on Critical Nodes, RPBCN）。首先，建立路由可用性模型，从而可以定量衡量路由可用性；然后，建立结点关键度模型，从而定量衡量网络中结点的重要程度；最后，基于路由可用性模型和结点关键度模型，提出基于关键结点的域内路由保护方案。实验表明，RPBCN 在保证路由可用性的前提下，极大地降低了算法的计算开销，从而为 ISP 解决路由可用性问题提供一种全新的高效解决方案。

3.3.1　网络模型和问题描述

1. 网络模型

网络可以表示为一个有向图 $G=(V,E)$，其中 V 表示结点（路由器）的集合，E 表示边（链路）的集合。对任意一条链路 (i,j)，用 $w(i,j)$ 表示该链路的代价，$r(i,j)$ 表示该链路的失效概率。对任意结点 v，$N(v)$ 表示该结点的邻居结点的集合。假设源结点为 s，目的结点为 d，$\mathrm{sp}(s,d)$ 表示结点 s 到结点 d 的最短路径经过的链路，$\mathrm{sv}(s,d)$ 表示结点 s 到结点 d 的最短路径经过的结点。

2. 路由可用性模型

本章利用路由可用性来衡量网络性能，路由可用性表示网络转发报文的能力。当采用路由保护方案后，路由可用性可以得到大幅度的提升，因此，为了定量衡量路由可用性的提升程度，下面将对路由可用性进行定量描述。

首先，定义端到端的可用性为源结点将报文转发到目的结点的能力。因为本章假设网络中的故障为单结点故障，所以当某个结点被保护时，与其相连的链路的失效概率可以等价为 0，即与其相连的所有链路都计算出了备用路径。

结点 s 到结点 d 的端到端的可用性可以表示为

$$B(s,d)=\prod_{\substack{(m,n)\in sp(s,d)\\ u\in sv(s,d)}} 1-k(m,n)r(m,n) \tag{3-21}$$

其中结点u表示结点s到结点d的最短路径上被保护的结点

$$k(m,n)=\begin{cases}0 & u=m\text{或者}u=n\text{并且}u\neq s\\ 1 & \text{其他}\end{cases} \tag{3-22}$$

即当某个结点被保护时，如果该结点在结点s到结点d的最短路径上并且该结点不是源结点时，则与其相连的所有链路的失效概率为0，否则，链路的失效概率不变。因此，路由可用性可表示为

$$A(P)=\frac{\sum_{s,d\in V} B(s,d)}{|V||V-1|} \tag{3-23}$$

其中，P表示被保护的结点的集合。

下面通过一个例子来说明如何计算端到端的可用性。图3-27表示结点s到结点d的最短路径，$sp(s,d)=\{(s,a),(a,b),(b,c),(c,d)\}$，$sv(s,d)=\{s,a,b,c,d\}$。当采用最短路径转发报文时，结点$s$到结点$d$的端到端的可用性$B(s,d)=0.9\times0.8\times0.99\times0.7=0.499$，当结点$a$被保护时，$B(s,d)=1\times1\times0.99\times0.7=0.693$，当结点$b$被保护时，$B(s,d)=0.9\times1\times1\times0.7=0.63$，当结点$c$被保护时，$B(s,d)=0.9\times0.8\times1\times1=0.72$，当结点$a$和$b$被保护时，$B(s,d)=1\times1\times1\times0.7=0.7$，而当结点$a$和$c$被保护时，$B(s,d)=1\times1\times1\times1=1$。

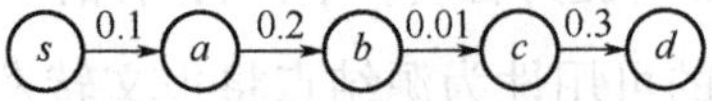

图3-27 路由可用性实例

3. 问题描述

从上面的例子可以看出，通过采用路由保护方案可以提高端到端的可用性，进而提高路由可用性。然而，不同结点对端到端的可用性的贡献是不相同的，并且保护结点的数量和路由可用性大小不成正比例关系。因此，在设

计路由保护方案时应该对结点区分对待，优先保护对路由可用性贡献较大的结点，从而保证路由可用性最大化的同时降低网络开销。该问题可以描述为，给定一个网络拓扑结构 $G=(V,E)$ 和路由可用性目标 Ω，选择一组结点 P 进行保护，从而使 $A(P)\geqslant\Omega$，该问题可以形式化表示为如下方式。

输入：网络拓扑结构 $G(V,E)$ 和路由可用性目标 Ω；

输出：保护结点的集合 P；

目标：Minimize $|P|$；

条件：$V\supseteq P$ 并且 $A(P)\geqslant\Omega$。

3.3.2　RPBCN 算法

1. 算法总体框架

从 3.3.1 小节的描述可知，网络中不同结点对路由可用性的贡献是不相同的，基于该结论我们研究基于关键结点的域内路由保护算法，该算法的基本框架如下。

（1）选择需要保护的结点集合 P。

（2）每个结点为集合 P 中的结点计算保护路径。

（3）当网络中没有出现故障时，所有结点按照默认路由转发报文；当网络中出现故障时，受该故障影响的结点按照备用路径转发报文。

2. 算法描述

为了实现上述算法，需要解决下面 3 个问题。

1）选择哪些结点进行保护

为了解决该问题，我们利用结点关键度来衡量结点的重要程度，下面详细描述结点关键度的具体内容。

结点关键度：对于任意的结点 $v\in V$，结点 v 的关键度表示该结点在网络中的重要程度，用 $C(v)$ 来表示，即

$$C(v)=\mathrm{Bw}(v)\sum_{u\in N(v)} r(v,u) \tag{3-24}$$

其中，$Bw(v)$ 表示结点的介数，u 为 v 的邻居结点。

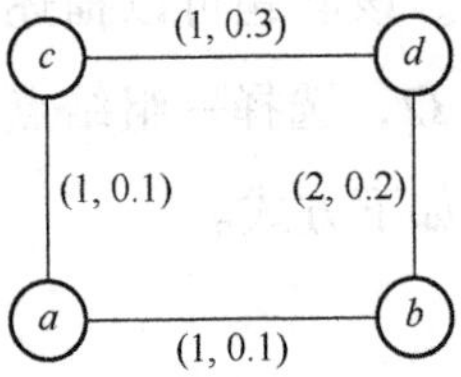

图 3-28　结点关键度实例

从上述定义可以看出，如果该结点的介数越高，并且与其相连的链路的失效概率越高，则该结点的关键度越高。下面通过一个例子来解释结点的关键度。图 3-28 是一个包含 4 个结点的网络拓扑结构，每条边对应两个数值，第一个数值表示该链路对应的代价，第二个数值表示该链路的失效概率。通过计算可知

$$\mathrm{Bw}(a)=\mathrm{Bw}(c)=8 \tag{3-25}$$

$$\mathrm{Bw}(b)=\mathrm{Bw}(d)=6 \tag{3-26}$$

则

$$C(a)=8\times 0.2=1.6 \tag{3-27}$$

$$C(b)=6\times 0.3=1.8 \tag{3-28}$$

$$C(c)=8\times 0.4=3.2 \tag{3-29}$$

$$C(d)=6\times 0.5=3 \tag{3-30}$$

因此，在该拓扑结构中结点 c 的关键度是最高的。

算法 3-4 描述了选择网络中的哪些结点进行保护。

按照结点关键度大小对网络中所有的结点进行降序排列并将其存入链表 L 中（算法第 1 ～ 3 行），初始化被保护结点的集合（算法第 4 行）。下面是一个循环，在循环中每次从链表 L 的头部选择一个结点加入到保护结点集合中，直到满足路由可用性目标（算法第 5 ～ 10 行），最后返回保护结点集合 P（算法第 11 行）。

算法 3-4

Input：

$G(V,E)$，路由可用性目标 Ω

```
Output：
  保护结点的集合P
计算网络中所有结点的关键度
按照结点关键度对结点进行降序排列
将排序后的结点存储在链表L中
P←∅
While  A(P)<Ω
  从链表L中选择第一个结点k
  P {k}∪P
  计算A(P)
  从链表L中删除结点k
EndWhile
Return P
```

2）最后一跳问题

假设结点v到结点u的最优下一跳为u，当结点v为其下一跳u计算保护路径时，结点v首先假设结点u出现故障，然后在新的拓扑结构中为其计算保护路径。然而，当结点u为目的地址时，如果结点u确实出现了故障，那么前面的假设是成立的，如果结点u没有出现故障，只是链路(v,u)出现了故障，那么前面的假设是不合理的，这就是最后一跳问题。为了解决该问题，当结点v为其最优下一跳结点u计算保护路径时，假设链路(v,u)和结点u的所有出边出现故障，然后在该新拓扑中计算保护路径，这样就可以完美解决最后一跳问题。

3）如何为结点计算保护路径

假设结点v为结点u计算保护路径时，有两种情况。

（1）$u \in N(v)$。

首先，假设链路(v,u)和结点u的所有出边出现故障，然后，在新拓扑上计算结点v到结点u和结点v到u的所有邻居结点$N(u)$的最短路径。

（2）$u \notin N(v)$。

首先，假设结点 u 出现故障，然后在新拓扑上计算结点 $x \in N(u)$ 和结点 $y \in N(u)$ 之间的最短路径，即结点 u 的所有邻居之间的最短路径。

3.3.3 实验

本小节将进行实验模拟，通过实验来说明算法的性能。下面我们首先描述实验方法，然后说明实验的比较结果。

1. 实验方法

1）实验拓扑

为了全面评测算法的性能，我们在实验中采用了多种形式的拓扑结构，其中包括真实拓扑结构 Abilene、利用 Rocketfuel 测量的拓扑结构、利用 Brite 软件生成的拓扑。

（1）Abilene 是美国教育科研网络，该拓扑包括 11 个结点和 14 条边。

（2）在 Rocketfuel 项目公开的拓扑结构中选择几个常用的拓扑作为实验对象，详细参数见表 3-7。

（3）Brite 是一个生成拓扑结构的开源软件，参数见表 3-8。

表 3-7 Rocketfuel 拓扑结构

AS 号码	AS 名称	结点数量 / 个	链路数量 / 条
1221	Telstra	108	153
1239	Sprint	315	972
1755	Ebone	87	162
3257	Tiscali	161	328
3967	Exodus	79	147
6461	Abovenet	128	372

表 3-8　Brite 拓扑参数

参数	Model	N	HS	LS
参数值	Waxman	1000	1000	100
参数	m	NodePlacement	GrowthType	alpha
参数值	2 ～ 20	Random	Incremental	0.15
参数	beta	BWDist	BwMin-BwMax	model
参数值	0.2	Constant	10 ～ 1024	Router-only

2）评价指标

本章将 RPBCN 和 Not-Via 进行比较，评价指标包括相对计算时间和需要保护结点比率。相对计算时间 =RPBCN 的计算时间 /Not-Via 的计算时间，需要保护结点比率 =RPBCN 需要保护的结点数量 /Not-Via 需要保护的结点数量。本实验利用 PC 进行实验模拟，其中 CPU 为 Intel i7，CPU 主频 1.7GHz，内存 2GB，采用 C++ 编写 RPBCN 和 Not-Via，实验结果取 100 次实验的平均值。

3）网络中链路故障模型

为了简化实验过程，本章采用一种简单的网络链路故障模型，即假设网络中链路的失效概率为 0 ～ 0.01 的随机数。

2. 相对计算时间

图 3-29 描述了算法 RPBCN 在真实拓扑和测量拓扑中的相对计算时间和路由可用性之间的关系，由图可以看出，当路由可用性为 94% 时，除 Abilene 外，在其余拓扑结构中，RPBCN 的计算时间仅不到 Not-Via 计算时间的 10%，在 Abilene 拓扑中，RPBCN 的计算时间大约是 Not-Via 计算时间的 25% 左右，这是因为 Abilene 的拓扑较小，连通性较差，而其余拓扑的拓扑密度相对较大，连通性较好。当路由可用性是 100% 时，除 Abilene 外，在其余拓扑结构中，RPBCN 的计算时间仅不到 Not-Via 计算时间的 30%，在 Abilene 拓扑中，RPBCN 的计算时间大约是 Not-Via 计算

时间的 80% 左右。

图 3-30 描述了网络拓扑大小为 1000 时，相对计算时间和网络结点平均度之间的关系。由图可以看出，随着网络结点平均度的增加，相对计算时间逐渐减小。在所有的模拟拓扑结构中，RPBCN 的性能明显优于 Not-Via 的性能。

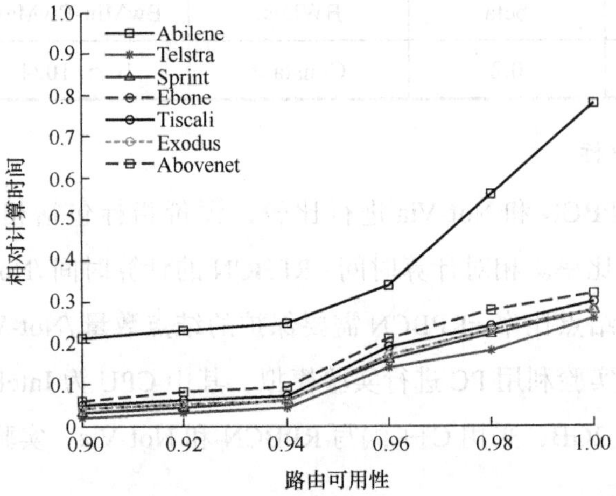

图 3-29　真实拓扑和测量拓扑中的相对计算时间

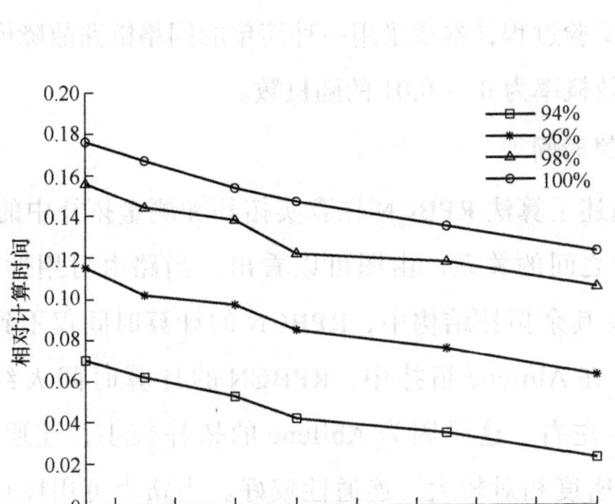

图 3-30　测量拓扑中的相对计算时间

3. 需要保护结点比率

图 3-31 描述了在真实拓扑和测量拓扑中，算法 RPBCN 需要保护的结点的数量随着路由可用性的变化规律。由图可以看出，在 Abilene 拓扑中，RPBCN 需要保护大约 80% 的结点，路由可用性才能达到 100%，而在其余拓扑中，RPBCN 仅仅需要保护 20% 以下的结点，路由可用性即可达到 100%，因此大大降低了算法的开销。

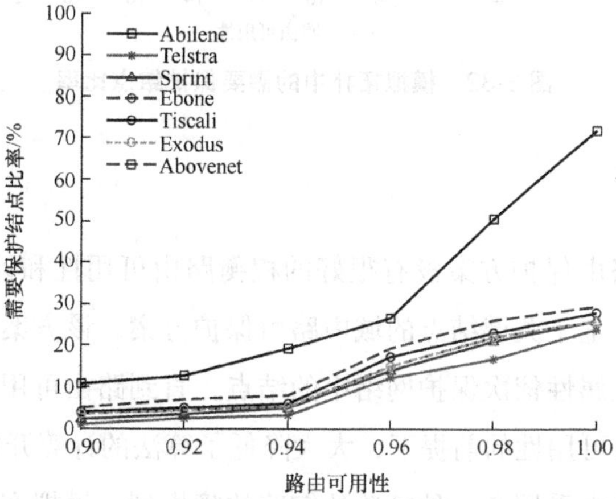

图 3-31　真实拓扑和测量拓扑中需要保护结点的比率

图 3-32 描述了网络拓扑大小为 1000 时网络结点平均度和需要保护结点比率之间的变化规律，由图可知，随着网络结点平均度的增加，RPBCN 需要保护的结点的数量逐渐降低，这是因为随着网络结点平均度的增加，网络的连通性逐渐增加，算法的性能得到明显的提升。

从图 3-29 到图 3-32 可以看出，需要保护结点的比率的数值比相对计算时间的数值小一些，这是因为算法 RPBCN 需要一些额外的计算时间，如初始化操作、计算结点关键度、结点排序等，然而这些操作所需要的时间远远小于计算保护路径的时间。

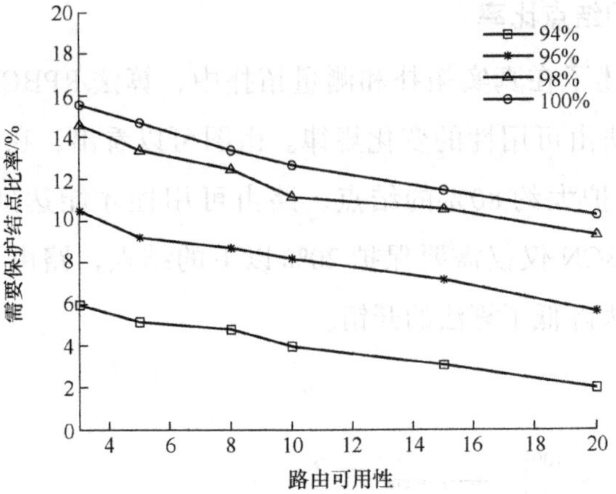

图 3-32　模拟拓扑中的需要保护结点比率

3.3.4　结束语

针对已有路由保护方案没有很好的权衡路由可用性和计算开销的问题，本章提出了一种基于关键结点的域内路由保护方案，该方案考虑了结点关键度属性，根据该属性依次保护网络中的结点，直到路由可用性达到目标。该方案在保证路由可用性的前提下，大大降低了算法的计算开销。

本章在实验中采用了一种简单的链路故障模型来模拟实验，因此为了更加准确地说明算法的有效性，下一步将研究网络中链路故障模型，从而进一步改进算法。本章主要讨论了网络中单结点故障情形，下一步将研究如何将本章的算法应用在多故障和并发故障情形中。

第 4 章　基于路径交叉度的路由保护算法

4.1　基于最小路径交叉度的域内路由保护算法

已有路由保护方案面临两个问题：①默认路径和备份路径包含的公共边数量较高，如 ECMP 和 LFA 等；②为了计算两条包含公共边数量较少的路径，限制默认路径不能使用最短路径，如红绿树方案等。针对上述两个问题，本章首先将计算默认路径和备份路径描述为一个整数规划问题，然后提出采用启发式方法求解该问题，接着介绍了转发算法，最后通过仿真实验和真实实验对算法进行了测试。实验表明，本章的算法不仅具有较低的计算复杂度，并且可以降低默认路径和最短路径包含的公共边的数量，提升路由可用性。

4.1.1　网络模型和问题描述

本小节首先定义一个网络模型，然后在该模型的基础上描述需要解决的问题。文中使用的部分符号见表 4-1。

1. 网络模型

表 4-1　符号

符号	含义
$G=(V,E)$	无向连通图
$w(i,j)$	边$(i,j)\in E$对应的代价
$P(o,d,G)$	(o,d)的最短路径
$D(o,d,G)$	路径$P(o,d,G)$的代价

（续表）

符号	含义
$P(o,\ d,G')$	(o,d)的备份路径
$D(o,\ d,G')$	路径$P(o,\ d,G')$的代价
$K(o,d,e)$	e是否同时属于路径$P(o,\ d,G)$和$P(o,\ d,G')$
$L(o,d)$	(o,d)的路径交叉度
$R(G,G')$	路径交叉度

可把网络描述成无向连通图 $G=(V,E)$，其中 V 在网络中表示路由器（结点）集合，E 在网络中表示边（链路）的集合。将网络中任意一条边表示为 $\forall e=(i,j)\in E$，而对应边的代价用 $w(e)$ 或者 $w(i,j)$ 来表示，其中网络中所有的边的代价是对称的，用 $w(i,j)=w(j,i)$ 来表示。在给定的网络拓扑 $G=(V,E)$ 中，$P(o,\ d,G)$ 代表结点对 (o,d) 的最短路径，$D(o,\ d,G)$ 代表 $P(o,\ d,G)$ 对应的代价，$P(o,\ d,G')$ 代表结点对 (o,d) 的备份路径，用 $D(o,\ d,G')$ 代表 $P(o,\ d,G')$ 的代价，其中 G' 是在 G 的基础上计算出的扩展拓扑结构。如何从 G 得到 G'，以及为什么在 G' 中计算出来的结点对之间的最短路径就是结点对 (o,d) 之间的备份路径问题，会在后续章节中阐述。下面将说明如何表示结点对 (o,d) 之间的最短路径和备份路径的交叉度。如果 $e\in P(o,\ d,G)$ 和 $e\in P(o,\ d,G')$ 同时成立，则 $K(o,d,e)$=1，否则 $K(o,d,e)$=0，即

$$K(o,d,e)=\begin{cases}=1 & e\in P(o,d,G)\ \text{并且}\ e\in P(o,d,G') \\ =0 & \text{否则}\end{cases} \tag{4-1}$$

定义 4-1：结点对交叉度。

将结点 o 和结点 d 之间的交叉度定义为二者之间的最短路径和备份路径中同时含有的相同边的数量，即

$$L(o,d)=\sum_{e\in E}K(o,d,e) \tag{4-2}$$

定义 4-2：路径交叉度。

路径交叉度可以定义为网络中所有的结点对之间的最短路径和备份路径同时含有的相同边的数量，即

$$R(G,G') = \sum_{o,d \in V} L(o,d) \tag{4-3}$$

下面通过一个简单的例子来说明上述的定义。图 4-1 中左边的图形表示网络拓扑 G，由 5 个结点和 6 条边组成，右边的图形表示其对应的扩展网络拓扑 G'。二者的区别是删除了链路 (c,d)。在 $G=(V,E)$ 中，结点的集合可以表示为 $V=\{o,a,b,c,d\}$，对于结点对 (o,d)，它们之间的最短路径可以表示为 $P(o,d,G)=\{o,a,c,d\}$，备份路径可以表示为 $P(o,d,G')=\{o,b,d\}$，因此 $L(o,d)=0$，即结点对 (o,d) 之间的最短路径和备份路径包含的公共边的数量为 0，即二者的交叉度为 0。从该例子可以看出，如果结点对的交叉度为 0，二者之间的最短路径和备份路径没有公共边。假设该结点对之间的某条链路出现了故障，备份路径中一定不包含该条链路，则该结点对之间转发的报文不会受该故障的影响，大大提高了网络的可靠性。

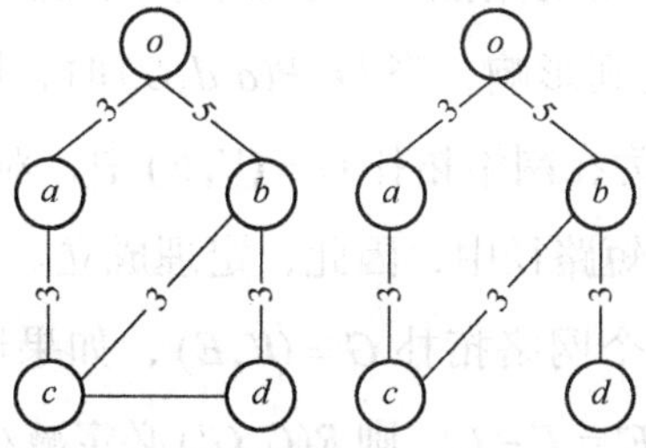

图 4-1　网络拓扑 G 和其对应的扩展网络拓扑 G'

2. 问题描述

本部分需要解决的问题可以描述为：给定一个网络拓扑 $G=(V,E)$，如何计算其对应的扩展网络拓扑 $G'=(V,E')$，从而使得 $R(G,G')$ 最小。

下面首先描述如何计算 $R(G,G')$，其具体过程包括下面几个步骤。

（1）根据 G 构造最短路径树，从而计算出所有结点对之间的最短路径。

（2）根据 G' 构造最短路径树，从而计算出所有结点对之间的备份路径。

（3）根据上述两个步骤中计算出的最短路径和备份路径计算 $R(G,G')$。

从上述步骤可知，本部分需要解决的关键问题为如何在初始网络拓扑 G 的基础上计算出其对应的扩展网络拓扑 G'，从而使得 $R(G,G')$ 最小。为了降低 $R(G,G')$ 的数值，一种较为直观的方法是在原来拓扑 G 的基础上，通过删除某些链路得到其对应的扩展网络拓扑 $G'=(V,E')$，即初始网络拓扑和扩展网络拓扑的结点的集合相同，但是边的集合不同。然后，利用该扩展网络拓扑计算出备份路径。因为计算备份路径的时候将不再使用删除掉的这些链路，因此网络的交叉度会降低。本部分通过删除网络中的链路获得初始网络拓扑 $G=(V,E)$ 对应的扩展网络拓扑 $G'=(V,E')$，在实际中并不真正删除这些链路，而仅在计算备份路径的时候不再使用这些链路，初始网络拓扑并不会发生变化。下面通过定理 4-1 和定理 4-2 来说明上述方法的可行性。

定理 4-1：给定一个网络拓扑 $G=(V,E)$，如果删除网络中的任意一条链路 $l\in E$，$G'=(V,E')$，$E'=E-\{l\}$，则 $R(G,G')$ 必定减小。

证明：当删除网络中的任意一条链路 $l\in E$ 时，新的拓扑中将不再包含该链路，因此根据该拓扑 $G'=(V,E')$ 计算出的备份路径将不再包含该链路。对于网络中的任意源－目的结点对 o 和 d，如果链路 $l\notin P(o,d,G)$，则该结点对的交叉度将不会受到影响，当 $l\in P(o,d,G)$ 时，则该结点对之间的交叉度将会至少减少 1。因为在网络拓扑 $G=(V,E)$ 中，对于任意一条链路 $l\in E$，该链路一定会出现在最短路径中，因此，定理成立。

定理 4-2：给定一个网络拓扑 $G=(V,E)$，如果删除网络中的一组链路 $L\subset E$，$G'=(V,E')$，$E'=E-L$，则 $R(G,G')$ 必定减小。

证明：由定理 4-1 可知，当删除网络中的任意一条链路时，$R(G,G')$ 必定减少。因此，当删除多条链路时，$R(G,G')$ 必定减少。定理成立。

可以将该问题具体表达为：给定一个网络拓扑 $G=(V,E)$，如何删除一组链路 L，从而使得 $R(G,G')$ 最小，其中 $G'=(V,E'), E'=E-L, d(i,j)=\infty$，$(i,j)\in L, d(i,j)$ 表示该链路的权值。该问题可以表示为一个整数线性规划（Integer Linear Programming, ILP）问题，可以形式化表示为

$$\min \quad R(G,G') \tag{4-4}$$

s.t.

$$D(u,u,G)=0 \qquad u \in V \tag{4-5}$$

$$D(u,u,G')=0 \qquad u \in V \tag{4-6}$$

$$w(i,j)+D(i,d,G)-D(j,d,G) \geqslant 0 \qquad i,j,d \in V \tag{4-7}$$

$$w(i,j)+D(i,d,G')-D(j,d,G') \geqslant 0 \qquad i,j,d \in V \tag{4-8}$$

$$x(i,j,d) \in \{0,1\} \quad i,j,d \in V \tag{4-9}$$

$$x(i,j,d)=1,\ (i,j) \in P(i,d,G) \tag{4-10}$$

$$x(i,j,d)=0,\ (i,j) \notin P(i,d,G) \tag{4-11}$$

$$y(i,j,d) \in \{0,1\} \quad i,j,d \in V \tag{4-12}$$

$$y(i,j,d)=1,\ (i,j) \in P(i,d,G') \tag{4-13}$$

$$y(i,j,d)=0,\ (i,j) \notin P(i,d,G') \tag{4-14}$$

$$x(i,j,d)+w(i,j)+D(i,d,G)-D(j,d,G) \geqslant 1 \quad i,j,d \in V \tag{4-15}$$

$$x(i,j,d)+\frac{(w(i,j)+D(i,d,G)-D(j,d,G))}{M} \leqslant 1 \quad i,j,d \in V \tag{4-16}$$

$$y(i,j,d)+w'(i,j)+D(i,d,G')-D(j,d,G') \geqslant 1 \quad i,j,d \in V \tag{4-17}$$

$$y(i,j,d)+\frac{(w'(i,j)+D(i,d,G')-D(j,d,G'))}{M} \leqslant 1 \quad i,j,d \in V \tag{4-18}$$

$$w(i,j)=w(j,i), \quad w(i,j) \in \{1,2,\cdots,\max\} \qquad i,j \in V \tag{4-19}$$

$$z(i,j) \in \{0,1\} \quad i,j \in V \tag{4-20}$$

$$z(i,j)=1,\ \ (i,j)\in E\quad i,j\in V \tag{4-21}$$

$$z(i,j)=0,\ \ (i,j)\notin E\quad i,j\in V \tag{4-22}$$

$$f(i,j)\in\{0,1\}\quad i,j\in V \tag{4-23}$$

$$f(i,j)=1,\ \ (i,j)\in L\quad i,j\in V \tag{4-24}$$

$$f(i,j)=0,\ \ (i,j)\notin L\quad i,j\in V \tag{4-25}$$

$$f(i,j)+z(i,j)=1,\ \ (i,j)\in E\quad i,j\in V \tag{4-26}$$

下面将解释该ILP模型。在上述模型中，式（4-4）为本章的目标函数，即求解包含公共边数量最小的默认路径和备份路径；式（4-5）和式（4-6）说明在网络中结点到自己的最小代价是0；式（4-7）和式（4-8）说明网络中所有结点遵循最短路径原则；式（4-9）、式（4-10）和式（4-11）中的变量 $x(i,j,d)$ 表明在 G 中链路 (i,j) 是否包含在 i 到 d 的最短路径中，如果包含在最短路径中，该值为1，否则为0；式（4-12）、式（4-13）和式（4-14）中变量 $y(i,j,d)$ 表明在 G' 中，链路 (i,j) 是否包含在 i 到 d 的最短路径中，如果包含在最短路径中，该值为1，否则为0。式（4-15）和式（4-16）是在 G 中的松弛条件，在式（4-15）中，假如 $x(i,j,d)$=1，则式（4-15）和式（4-7）是一样的，假如 $x(i,j,d)$=0，式（4-15）将会变形为 $w(i,j)+D(i,d,G)-D(j,d,G)\geqslant 1$；在式（4-16）中，假如 $x(i,j,d)$=1，式（4-16）将会变形为 $w(i,j)+D(i,d,G)-D(j,d,G)\leqslant 0$，因此合并式（4-14）和式（4-16），当 $x(i,j,d)$=1 时，$w(i,j)+D(i,d,G)-D(j,d,G)$=0，如果 $x(i,j,d)$=0，式（4-16）将会变形为 $w(i,j)+D(i,d,G)-D(j,d,G)\leqslant M$，其中 $M=2\max(w(i,j)),(i,j\in E)$。式（4-17）和式（4-18）是在 G' 中的松弛条件，在（4-17）中，假如 $y(i,j,d)$=1，则式（4-17）和式（4-18）是一样的，假如 $y(i,j,d)$=0，则式（4-17）将会变形为 $w(i,j)+D(i,d,G')-D(j,d,G')\geqslant 1$；在式（4-18）中，假如 $y(i,j,d)$=1，式（4-18）将变为 $w(i,j)+D(i,d,G')-D(j,d,G')\leqslant 0$，因此合并式（4-17）和式（4-18），当 $y(i,j,d)$=1时，$w(i,j)+$

$D(i,d,G')-D(j,d,G')=0$。假如 $y(i,j,d)=0$，式（4-18）将变为 $w(i,j)+D(i,d,G')-D(j,d,G')\leqslant M$，其中 $M=2\max(w(i,j)),(i,j\in E)$。式（4-19）说明链路的代价是对称的。式（4-20）、式（4-21）和式（4-22）中变量 $z(i,j)\in\{0,1\},i,j\in V$ 表示链路 (i,j) 是否属于集合 E，如果属于集合 E 则该值为 1，反之该值为 0。式（4-23）、式（4-24）和式（4-25）中变量 $f(i,j)\in\{0,1\},i,j\in V$ 表示链路 (i,j) 是否属于集合 L，如果属于集合 L 则该值为 1，反之该值为 0。式（4-26）表示网络中的任意链路 (i,j) 不能同时属于集合 E 和集合 L。

4.1.2　算法

上述描述的 ILP 问题是一个 NP 难题，因此计算复杂度较高。如果在小型网络（如 Abilene）中，可以利用 CPLEX 计算最优解，但是如果在大型网络（如 Sprint）中，利用 CPLEX 无法在有限时间内计算出正确的结果。因此，在大型网络中通常利用启发式方法计算近似解。下面详细描述如何利用启发式算法解决该 ILP 问题。

1. DeleteLink 算法

本部分将介绍如何采用模拟退火算法解决上述问题。算法的基本思路为：每次选择一条性能最优的链路从网络中删除，直到满足目标条件。算法 4-1 详细描述了模拟退火算法的具体实施过程。将 G' 的值初始化为 G，固定初始温度 T_0，设置删除链路集合的初始值 $L=\varnothing$，用变量 M 记录网络拓扑中边的集合，计算路径交叉度（算法第 1 ～ 5 行）。为了获得删除链路的集合 L，需要执行一系列的循环过程，直到 $R(G,G')$=0、T=0 或者 $M=\varnothing$ 之一成立。nei(E) 的作用为随机删除一条链路 $(p,q)\in E$，将链路的代价调整为 $w(m,n)=\infty$，判断网络连通性，如果网络连通则返回该链路，将 E' 修改为 $E'=E'-\{p,q\}$；如果网络不连通，则撤销删除链路的操作。函数 $\underset{(p,q)\in \text{nei}(E)}{\arg\min}(R(G,G'))$ 的作用为，返回 $R(G,G')$ 的值最小时对应的链路 (m,n)（算法第 7 行）。当执行完上述函数后，更新网络拓扑 G'、变量 M 和路径交叉度

（算法第 8 ～ 11 行）。当 $R(G,G') < \text{currentDisjoint}$ 或者此时系统中的温度大于利用随机函数产生的温度时，将链路 (m,n) 加入到集合 L 中（算法第 12 ～ 14 行）；否则将撤销删除链路 (m,n) 的操作（算法第 15 行），最后返回删除链路集合 L（算法第 20 行）。

算法 4-1　DeleteLink

Input：

$G=(V,E)$ ，T_0

Output：

L

1：$G'=G$

2：$T=T_0$

3：$L=\varnothing$

4：$M=E$

5：$\text{currentDisjoint}=\text{originalDisjoint}\leftarrow R(G,G')$

6：While $\text{currentDisjoint}>0$ and $T>0$ and $M>0$

7：　$(m,n)\leftarrow \underset{(p,q)\in \text{nei}(E)}{\arg\min}(R(G,G'))$

8：　　$E'=E'-\{m,n\}$

9：　　$G'=(V,E')$

10：　　$M=M-\{(m,n)\}$

11：　　$\text{currentDisjoint}=R(G,G')$

12：　If $\text{originalDisjoint}<\text{currentDisjoint}$ or $T>\text{random}(T_0)$ then

13：　　$\text{currentDisjoint}\leftarrow R(G,G')$

14：　　$L=L\bigcup(m,n)$

15：　else

16：　　$E'=E'\bigcup\{m,n\}$

17：EndIf

18：　$T\leftarrow T-1$

19：EndWhile

20：Return L

2. B-DeleteLink 算法

算法 4-1 是一种典型的贪心算法，为了删除一条链路，该算法需要经过数次的迭代过程，该算法的时间复杂度较高。因此，为了降低上述算法的时间复杂度，我们提出了一种高效的删除链路的方案，该方案的核心思想为：首先对网络中的链路按照关键度进行排序，然后按照链路的关键度从大到小依次删除链路。为了实现该算法，本部分需要解决如何衡量链路的关键度问题。

从上述的讨论可知，在计算备份路径的时候，删除的链路将不会被使用，为了使得路径交叉度最小，删除最短路径中边的介数最大的链路将会使路径交叉度减小得最多，因此我们用介数来衡量链路的关键度。链路 l 的介数为网络中所有最短路径经过该链路的次数，可以形式化表示为

$$B(l) = \sum_{\forall o,d} k(l) \tag{4-27}$$

$$k(l) = \begin{cases} 1 & l \in P(o,d,G) \\ 0 & \text{其他} \end{cases} \tag{4-28}$$

在解决了链路关键度问题的基础上，算法 4-2 详细描述了基于关键链路的算法的具体执行过程：计算网络中所有链路的介数，并且按照介数的大小对链路进行降序排序，将排序后的结果存储在集合 M 中（算法第 1 ～ 3 行）。设 $G' = G$，计算初始路径交叉度（算法第 4 ～ 5 行），设置集合 L 的初值为空集（第 6 行）。算法每次从集合 M 中选择一条链路 l 删除，更新 G'，计算删除该链路后网络的交叉度（算法第 8 ～ 11 行）。如果删除该链路后网络依然连通，则将该链路从集合 M 中删除，加入到集合 L 中（算法第 11 ～ 13 行），否则，该链路无法从网络中删除，将该链路重新插入到 G' 中（算法第 15 行）。最后返回删除链路集合 L。

算法 4-2　B-DeleteLink

Input：

　$G=(V,E)$

Output：

　L

1：计算网络中所有链路的介数

2：按照链路介数对链路进行降序排列

3：将排序后的结点存储在链表 M 中

4：$G'=G$

5：currentDisjoint = originalDisjoint $\leftarrow R(G,G')$

6：$L=\varnothing$

7：While M is not empty

8：　$M=M-\{l\}$

9：　$E'=E'-\{l\}$

10：　$G'=(V,E')$

11：　currentDisjoint $\leftarrow R(G,G')$

12：If connect(G') then

13：　$L=\{l\}\cup L$

14：else

15：　$E'=E'\cup\{l\}$

16：EndWhile

17：Return L

4.1.3　算法讨论

定理 4-3：算法 DeleteLink 的时间复杂度为 $\min(T_0,|E|)\cdot|E|\cdot O(|V|\cdot \lg|V|+|E|+\lg|E|)$。

证明：为了计算出最终需要删除的边的集合，算法需要执行 $\min(T_0,|E|)$

次函数 $\arg\min_{(p,q)\in \mathrm{nei}(E)}(R(G,G'))$，该函数的时间复杂度为 $|E|(O(|V|\bullet \lg|V|+|E|)+O(\lg|E|))$，因此，算法 DeleteLink 的时间复杂度可以表示为

$$\min(T_0,|E|)\bullet|E|\bullet O(|V|\bullet \lg|V|+|E|+\lg|E|) \tag{4-29}$$

定理 4-4：B-DeleteLink 算法的时间复杂度为 $|V|\bullet O(|V|\bullet \lg|V|+|E|)+|E|\bullet O(|V|+|E|)$。

证明：B-DeleteLink 需要计算网络中边的介数，该算法的时间复杂度为 $|V|\bullet O(|V|\bullet \lg|V|+|E|)$。在删除链路的时候，需要判断图的连通性，该执行过程的时间复杂度为 $|E|\bullet O(|V|+|E|)$，因此，该算法的时间复杂度为 $|V|\bullet O(|V|\bullet \lg|V|+|E|)+|E|\bullet O(|V|+|E|)$。

上面介绍的两种算法都没有考虑备份路径的拉伸度。如果在实际中需要考虑备份路径的拉伸度，只需要对上述算法做微小的调整就可以计算出符合条件的备份路径。算法 4-1 中只需要在第 6 行加入路径拉伸度限制条件即可，算法 4-2 中只需要在第 12 行加入路径拉伸度限制条件即可。

4.1.4　转发机制

本小节将详细介绍转发机制。对于网络中的结点 $\forall v\in V$，该结点在其 FIB 表中存储两个到达所有目的的下一跳，其中一个为默认下一跳，另外一个为备份下一跳。为了降低网络的额外开销，本小节利用纯 IP 协议实现报文的转发，利用 IP 报头当中的 TOS（Type of Service）字段记录报文转发过程中是否遇到过故障，如果遇到过，则该字段的值为 1，否则为 0。下面将描述当网络中的某个结点收到一个报文时，该结点如何转发该报文。图 4-2 介绍了报文的具体转发过程。

（1）如果接受到的报文的头部 TOS 值为 0，将有两种情况出现：

（1.1）如果该结点到达目的结点的默认下一跳没有出现故障，则将该报文直接转发到该结点的默认下一跳；

（1.2）如果该结点到达目的结点的默认下一跳出现故障，则将报文头部的 TOS 字段的数值修改为 1，然后将该报文直接转发到该结点的备份

下一跳；

（2）如果接收到的报文的头部 TOS 值为 1，则将该报文直接转发到该结点的备份下一跳。

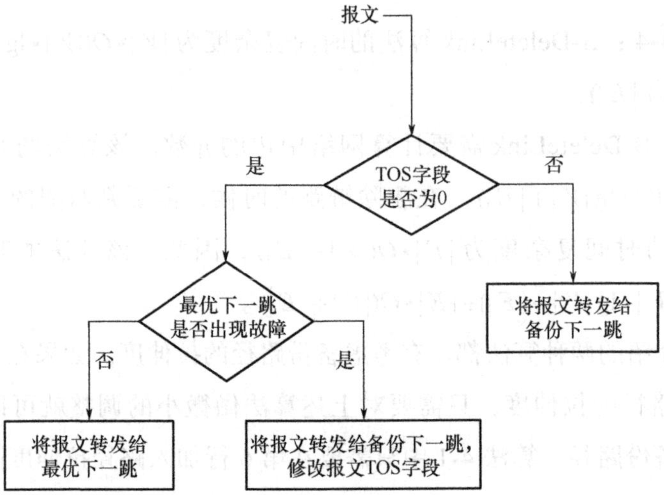

图 4-2　报文转发过程

4.1.5　实验及结果分析

本小节将通过路径交叉度比率、路由可用性和计算效率来比较算法 DeleteLink、B-DeleteLink、S-DeleteLink（按照顺序删除链路）、R-DeleteLink（按照随机方法删除链路）和 LFA 的性能。在比较的过程中，为了体现公平性，设置了下面的两个比较规则：①利用 LFA 算法时，随机选择一条路径来作为备份路径。因为 LFA 算法可以计算出多个备份下一跳，而本小节提到的算法只为每一个源 - 目对计算一个备份下一跳。这就类似于面对同一个问题时，LFA 拿出多个解决方案来解决一个问题，而本小节的算法只有一个方案解决问题，这会使得解决掉问题的概率在解决问题之前就有所不同，从而导致比较不公平。②本小节提出的算法不和红绿树之类的算法进行比较。因为红绿树之类的方法无法直接部署在互联网中，所以两者之间没有进行比较的必要。

1. 网络拓扑

为了使比较结果更加准确和具有一般性，本部分在不同拓扑中分别运行了算法 DeleteLink、B-DeleteLink、S-DeleteLink、R-DeleteLink 和 LFA，由此来证明 B-DeleteLink 算法的高效性。算法运行的 3 种拓扑类型分别为 Abilene、Rocketfuel 测量的拓扑（见表 4-2）和使用 Brite 生成的拓扑（参数见表 4-3）。在使用 Brite 生成拓扑时，假设链路权值具有对称性 [36]，Brite 的模型设置为 Waxman，结点数量为 50 ～ 1000 个，alpha 和 beta 的数值分别为 0.15 和 0.2，结点平均度设置为 2 ～ 10，模式设置为路由器，结点位置服从重尾分布，链路带宽的大小为 10 ～ 1024，链路的代价为带宽的倒数。

表 4-2 Rocketfuel 拓扑结构

AS 号码	AS 名称	结点数量 / 个	链路数量 / 条
1221	Telstra	108	153
1239	Sprint	315	972
3257	Tiscali	161	328
3967	Exodus	79	147

表 4-3 Brite 拓扑参数

参数	参数值
Model	Waxman
N	50 ～ 1000
alpha	0.15
beta	0.2
m	2 ～ 10
Model	Router-only
NodePlacement	Heavy-tailed
BwMin-BwMax	10 ～ 1024

2. 路径交叉度比率

我们将执行算法后的路径交叉度除以执行算法前的路径交叉度定义为路径交叉度比率。图 4-3 是不同算法在真实拓扑和 Rocketfuel 测量拓扑中运行的结果。由图可以看出，我们提出的所有算法对应的路径交叉度比率明显低于 LFA，DeleteLink 和 B-DeleteLink 具有相同的性能，明显优于 S-DeleteLink、R-DeleteLink 的性能。这是因为 S-DeleteLink 和 R-DeleteLink 在删除链路的时候没有任何依据，而 DeleteLink 和 B-DeleteLink 根据链路的关键度来删除链路，因此可以达到较好的结果。例如，在 Sprint 拓扑中，LFA 的路径交叉度比率接近 70%，而 DeleteLink 和 B-DeleteLink 的值为 11%，S-DeleteLink 和 R-DeleteLink 的值分别为 21% 和 23%。在 Abilene 中，我们提出的算法的数值基本接近，这是因为该拓扑仅仅由 14 条链路组成，最多可以删除 4 条链路，所以每种方法删除的链路基本一致。

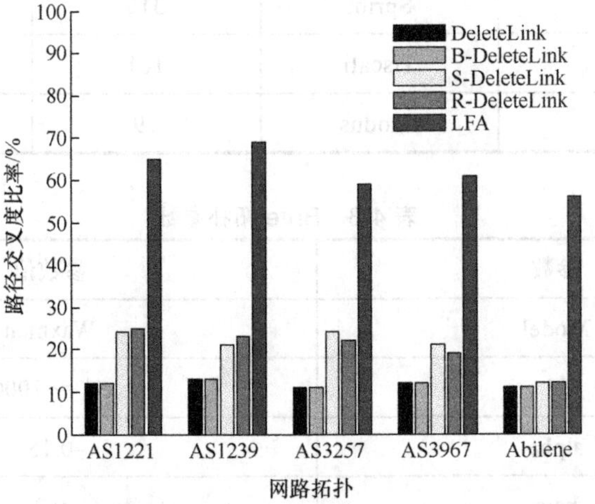

图 4-3　不同算法在真实拓扑和测量拓扑中的路径交叉度比率

图 4-4 描绘了不同算法对应的路径交叉度比率随着网络拓扑大小的变化情况，图 4-5 说明了不同算法对应的路径交叉度比率随着网络结点平均度的变化情况。根据图 4-4 和图 4-5 可知，DeleteLink 和 B-DeleteLink 的性能是最优的，LFA 的性能是最差的，随着网络结点平均度的增加，各种算法的

性能都有明显的提升。当网络结点平均度增加时，网络中的链路数量将会增加，因此结点间存在不相交路径的概率将会随之增加。利用启发式算法虽然可以加快求解问题的速度，但也会损失计算的精度。为了验证 B-DeleteLink 和最优解之间的差距，我们利用 CPLEX 计算出了 ILP 问题在 Abilene 拓扑的最优解。计算结果表明，在 Abilene 中，B-DeleteLink 和最优解是相同的。由于在大型网络中 CPLEX 的计算速度是特别慢的，几乎无法求解出最优解，所以只能在小规模网络中对 B-DeleteLink 和最优解的差距进行验证。

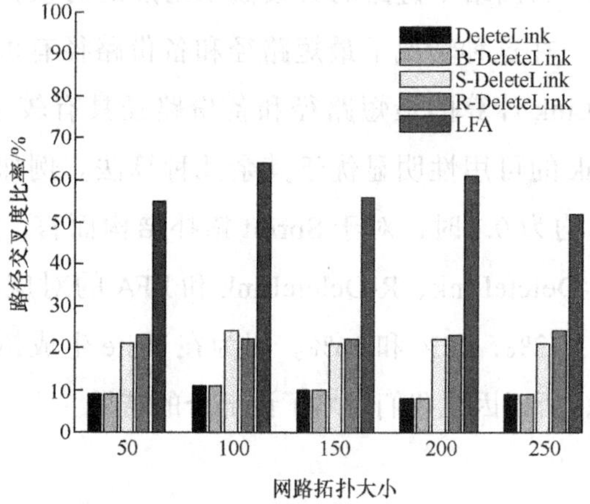

图 4-4　结点平均为 4 时不同算法对应的路径交叉度比率网络拓扑大小的变化

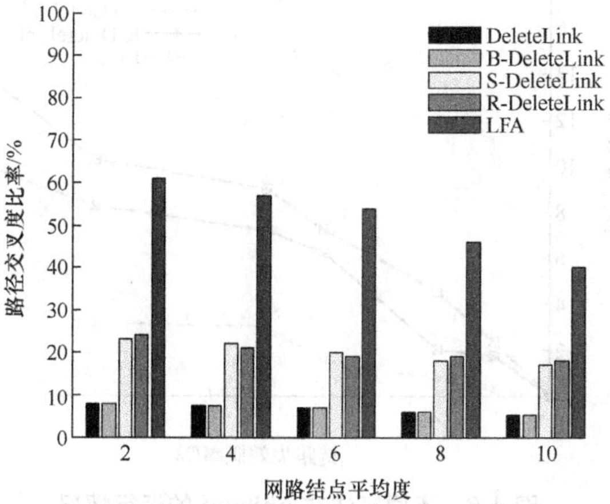

图 4-5　拓扑大小为 1000 时不同算法对应的路径交叉度比率随网络结点平均度的变化

3. 路由可用性

本节用网络断开概率来衡量网络中报文的丢失率。网络断开概率（Disconnect Fraction）可以表示为：网络中每条链路的失效概率相同的时候，受故障影响的结点对的数量和网络中所有结点对之间的比值。图 4-6～图 4-8 分别表示在 Abilene、Ebone 和 Sprint 拓扑中不同算法对应的网络断开概率。从这几个图可以看出，随着链路的失效概率增加，网络断开概率随之增加。DeleteLink 和 B-DeleteLink 具有相似的性能，它们的性能远远优于其余 3 种算法。当网络中链路的失效概率增加的时候，每条链路断开的可能性将会增加，在这种情况下最短路径和备份路径有可能都会失效。但是因为 B-DeleteLink 计算的最短路径和备份路径具有较小的路径交叉度，所以 B-DeleteLink 的可用性明显优于其余几种算法。例如，当网络中所有的链路失效概率均为 0.1 时，对于 Sprint 拓扑结构而言，算法 DeleteLink、B-DeleteLink、S-DeleteLink、R-DeleteLink 和 LFA 的对应的网络断开概率分别为 4%、4%、12%，12% 和 16%。因为在 Brite 生成拓扑中的实验结果和上述结果类似，所以因此我们省略了该部分的结果。

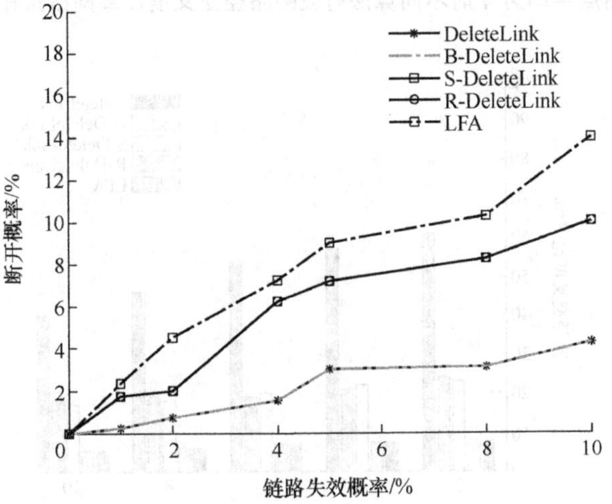

图 4-6　不同算法在 Abilene 的运行情况

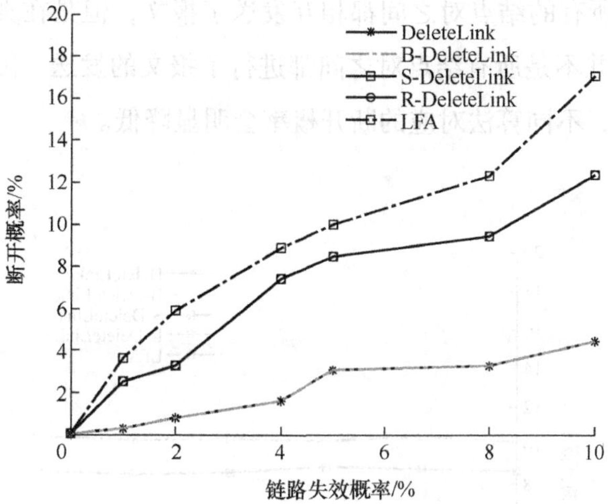

图 4-7　不同算法在 Exodus 的运行情况

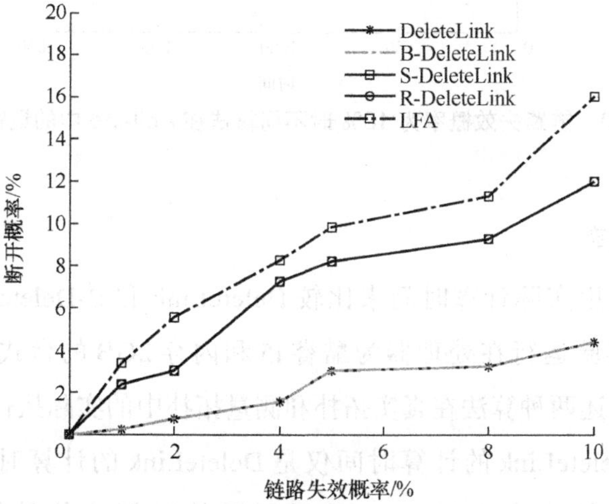

图 4-8　不同算法在 Sprint 的运行情况

为了进一步验证不同算法在真实流量矩阵下报文的丢失情况，我们在 Abilene 上进行了实验，流量数据的采集时间为 2004 年 3 月 8 日。图 4-9 描述了当链路的断开概率为 10% 时不同算法在 Abilene 中真实流量情况下报文丢失情况。图 4-9 的横坐标为时间间隔，纵坐标为断开概率。从图 4-9 可以看出，图中对应的断开概率明显小于图 4-6 中的断开概率，这是因为在

图 4-6 中假设所有的结点对之间都相互发送了报文，但是在真实情况下，在某些时间段内并不是所有结点对之间都进行了报文的发送，因此在真实的流量矩阵条件下，不同算法对应的断开概率会明显降低。

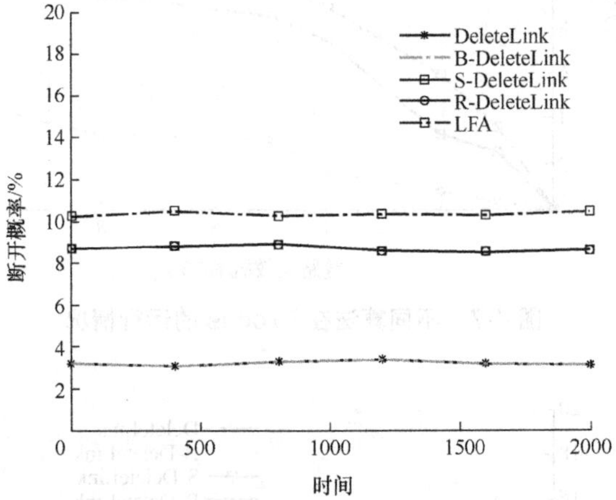

图 4-9　链路失效概率为 10% 时不同算法在 Abilene 中的运行结果

4. 计算效率

本部分利用实际计算时间来比较 DeleteLink 和 B-DeleteLink 对应的计算效率。该实验运行在处理器为酷睿 i5 和内存 2GB 的台式计算机上。图 4-10 描述了上述两种算法在真实拓扑和测量拓扑中的实际执行时间。由图可以得出，B-DeleteLink 的计算时间仅是 DeleteLink 的计算时间的 1/10000。在 Sprint 拓扑结构中 DeleteLink 需要两天的时间才能计算出结果，而 B-DeleteLink 仅仅需要 18s 就可以得到最后解决方案。目前骨干网中部署的路由器的配置和该台式机的配置基本接近，因此在该配置环境中进行计算效率的实验是合理的。B-DeleteLink 大大提高了算法的计算效率，降低了算法开销，更容易实际部署。为了进一步验证算法的性能，我们对算法进行了实际部署。在实验中我们首先在 11 台计算机上安装了路由器软件 Quagga 和 Click 模拟路由器，然后部署了 DeleteLink 和 B-DeleteLink 算法，最后按照 Abilene 的拓扑结构对电脑进行了连接。实验结果表明，在模拟实验中，DeleteLink 和 B-DeleteLink 算法的实际计算时间分别为 12s 和 0.01s。在实际部署实验中，DeleteLink 和 B-DeleteLink 算法的实际计算时间分别为 15s 和 0.012s。从该实验可以看出，对于一个小型网络 Abilene，B-DeleteLink 的计算速度比 DeleteLink 的计算速度快 100 倍。

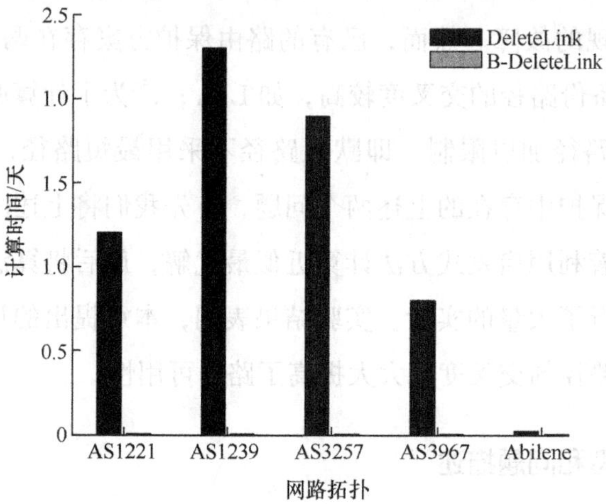

图 4-10　算法在真实拓扑和测量拓扑中的执行时间

4.1.6　结束语

为了解决已有路由保护方案面临的问题，本节为所有结点对计算两条路径——默认路径和备份路径，来提升路由可用性，降低报文丢失率。本节首先将计算默认路径和备份路径描述为一个整数规划问题，然后分别提出利用模拟退火算法（DeleteLink）和关键链路算法（B-DeleteLink）解决该问题。然而 DeleteLink 的计算复杂度较高，不适合在实际网络中部署。B-DeleteLink 不仅具有较小的计算开销，并且和互联网是兼容的，因此是一种具有较强竞争力的域内路由保护方案。

4.2 基于优化链路权值的域内路由保护算法

目前互联网部署的域内链路状态路由协议，如开放最短路径优先（Open Shortest Path First, OSPF）和中间系统到中间系统（Intermediate System-to-Intermediate System, IS-IS)，采用被动恢复方案应对网络故障。随着网络的发展，大量的实时应用部署在互联网上，OSPF 的收敛时间无法满足这些实时应用对收敛时间的需求。因此，学术界和工业界提出采用路由保护方案来应对网络中出现的故障。然而，已有的路由保护方案存在两个方面的问题：①默认路径和备份路径的交叉度较高，如 LFA；②为了计算两条交叉度低的路径，对默认路径加以限制，即默认路径不采用最短路径，如 Color Tree。为了解决路由保护中存在的上述两个问题，首先我们将上述问题归结为整数规划模型，接着利用启发式方法计算近似最优解，最后将算法在实际网络和模拟网络中进行了大量的实验。实验结果表明，本章提出的算法可以降低默认路径和备份路径的交叉度，大大提高了路由可用性。

4.2.1 网络模型和问题描述

本小节首先介绍网络模型，然后在该模型的基础上对问题进行详细描述。网络可以用无向连通图 $G=(V,E,C)$ 来表示，其中变量 V 表示网络中的结点或者路由器的集合，变量 E 表示网络中的边或者链路的集合，C 表示网络中所有的边对应的代价的集合。对于网络中的边 $\forall e=(i,j)\in E$，用 $w(e)$ 或者 $w(i,j)$ 来表示该边对应的代价，根据网络中的实际情况，我们假设网络中边的代价是对称的，即 $w(i,j) = w(j,i)$。

给定一个网络拓扑 $G=(V,E,C)$，对于任意的源 - 目的结点对 (o,d)，我们用 $P(o, d,G)$ 来表示该结点对之间的最短路径，$D(o, d,G)$ 表示该最短路径对应的代价，$P(o, d,G')$ 表示该结点对之间的备份路径，$D(o, d,G')$ 表示该备份路径对应的代价，其中 G' 为 G 的扩展拓扑结构，在 G' 中计算出的结点对之间的最短路径就是该结点对之间的备份路径。我们将在后续章节中详细介绍如何在 G 的基础上计算 G'。$K(o,d,e)$ 表示结点 o 和结点 d 之间的最短路

径和备份路径是否同时经过链路 e，可以形式化表示为

$$K(o,d,e)=\begin{cases}1 & e\in P(o,d,G)\ \text{并且}\ e\in P(o,d,G')\\ 0 & \text{其他}\end{cases} \tag{4-30}$$

从式（4-30）可以看出，如果结点对 (o,d) 的最短路径和备份路径都包含链路，则该值为 1；否则，该值为 0。$L(o,d)$ 表示结点 o 和结点 d 之间的最短路径和备份路径同时包含的公共边的数量，可以形式化表示为

$$L(o,d)=\sum_{e\in E}K(o,d,e) \tag{4-31}$$

网络的交叉度可以表示为：网络中所有源 - 目的结点对之间的最短路径和备份路径同时包含的边的数量，即

$$R(G,G')=\sum_{o,d\in V}L(o,d) \tag{4-32}$$

本节需要解决的问题可以描述为：给定一个网络拓扑 $G=(V,E,C)$，如何计算其对应的扩展网络拓扑结构 $G'=(V,E',C')$，从而使得 $R(G,G')$ 最小。

4.2.2　算法

下面首先介绍算法的基本思想，然后详细描述算法的细节。算法的整体框架可以表示如下。

（1）在一个自治域内，相邻的路由器相互交互链路状态信息，从而获得该自治域内的拓扑结构。当网络收敛时，该自治域内部的所有路由器都拥有该网络的拓扑结构 $G=(V,E,C)$。

（2）每个结点根据 G 构造一棵以自身为根的最短路径树，从而计算出该结点到网络中其他所有结点的默认下一跳。

（3）每个结点根据 G' 构造一棵以自身为根的最短路径树，从而计算出该结点到网络中其他所有结点的备份下一跳。

从上述的算法总体框架可以看出，算法主要解决如何在初始网络拓扑 G 的基础上计算出扩展网络拓扑结构 G'，从而使得 $R(G,G')$ 最小。为了使得

$R(G,G')$降低，可以通过优化网络中链路权值来达到该目的，扩展网络拓扑结构可以表示为$G'=(V,E,C')$，即初始网络拓扑结构和扩展网络拓扑结构的结点的集合和边的集合相同，但是链路代价函数不相同。

可以将该问题描述为：给定一个网络拓扑$G=(V,E,C)$，其中$C=\{w(e),e\in E\}$，如何计算出一组新的代价函数$C'=\{w'(e),e\in E\}$，从而使得$R(G,G')$最小，其中$G'=(V,E,C')$。该问题可以表示为一个整数线性规划（Integer Linear Programming, ILP）问题，可以形式化表示为

$$\min \quad R(G,G') \tag{4-33}$$

s.t.

$$D(u,u,G)=0 \qquad u\in V \tag{4-34}$$

$$D(u,u,G')=0 \qquad u\in V \tag{4-35}$$

$$w(i,j)+D(i,d,G)-D(j,d,G)\geqslant 0 \qquad i,j,d\in V \tag{4-36}$$

$$w'(i,j)+D(i,d,G')-D(j,d,G')\geqslant 0 \qquad i,j,d\in V \tag{4-37}$$

$$x(i,j,d)\in\{0,1\} \quad i,j,d\in V \tag{4-38}$$

$$y(i,j,d)\in\{0,1\} \quad i,j,d\in V \tag{4-39}$$

$$x(i,j,d)+w(i,j)+D(i,d,G)-D(j,d,G)\geqslant 1 \quad i,j,d\in V \tag{4-40}$$

$$x(i,j,d)+\frac{(w(i,j)+D(i,d,G)-D(j,d,G))}{M}\leqslant 1 \quad i,j,d\in V \tag{4-41}$$

$$y(i,j,d)+w'(i,j)+D(i,d,G')-D(j,d,G')\geqslant 1 \, i,j,d\in V \tag{4-42}$$

$$y(i,j,d)+\frac{w'(i,j)+D(i,d,G')-D(j,d,G')}{M}\leqslant 1 \, i,j,d\in V \tag{4-43}$$

$$w(i,j)=w(j,i), \quad w(i,j)\in\{1,2,\cdots,\max\} \qquad i,j\in V \tag{4-44}$$

$$w'(i,j)=w'(j,i),\quad w'(i,j)\in\{1,2,\cdots,\max\}\qquad i,j\in V \tag{4-45}$$

式（4-33）为目标函数，即最小化 $R(G)$ 的数值。式（4-34）和式（4-35）表示对于网络中结点 $u\in V$，该结点到自身的最短路径对应的代价为 0。式（4-36）和式（4-37）表示最短路径准则。式（4-38）中变量 $x(i,j,d)$ 表示当网络拓扑为 G 时，结点 i 到结点 d 的最短路径是否经过链路 (i,j)，如果经过，该值为 1，反之，该值为 0。式（4-39）中变量 $y(i,j,d)$ 表示当网络拓扑为 G' 时，结点 i 到结点 d 的最短路径是否经过链路 (i,j)，如果经过，该值为 1，反之，该值为 0。式（4-40）和式（4-41）表示当网络拓扑为 G 时的松弛条件，在式（4-40）中，如果 $x(i,j,d)$=1，式（4-40）和式（4-36）是相同的，如果 $x(i,j,d)$=0，式（4-40）将变为 $w(i,j)+D(i,d,G)-D(j,d,G)\geqslant 1$。在式（4-41）中，如果 $x(i,j,d)$=1，式（4-41）将变为 $w(i,j)+D(i,d,G)-D(j,d,G)\leqslant 0$，因此根据式（4-40）和式（4-41）可以得到，当 $x(i,j,d)$=0 时 $w(i,j)+D(i,d,G)-D(j,d,G)$=0，如果 $x(i,j,d)$=0，式（4-41）将变为 $w(i,j)+D(i,d,G)-D(j,d,G)\leqslant M$，其中 M=2max。式（4-42）和式（4-43）表示当网络拓扑为 G' 时的松弛条件，在式（4-42）中，如果 $y(i,j,d)$=1，式（4-42）和式（4-37）是相同的，如果 $y(i,j,d)$=0，式（4-42）将变为 $w'(i,j)+D(i,d,G')-D(j,d,G')\geqslant 1$。在式（4-43）中，如果 $y(i,j,d)$=1，式（4-43）将变为 $w(i,j)+D(i,d,G')-D(j,d,G')\leqslant 0$，因此根据式（4-42）和式（4-43）可以得到，当 $y(i,j,d)$=0 时，$w'(i,j)+D(i,d,G')-D(j,d,G')$=0，如果 $y(i,j,d)$=0，式（4-43）将变为 $w'(i,j)+D(i,d,G')-D(j,d,G')\leqslant M$，其中 M=2max。式（4-44）和式（4-45）表示网络中链路的代价具有对称性。

上述描述的 ILP 问题算法复杂度较高。对于一些较小规模的网络，可以利用 ILP 的求解方法快速得到最优结果，然而对于较大规模的网络，可以采用启发式算法来加快求解速度，从而获得近似最优解。

我们提出利用模拟退火算法计算近似最优解，算法 4-3（AdjustlLinkWeight）详细描述了模拟退火算法的具体实施过程。首先初始化算法中的一些参数，将 C' 的值设置为 C，设置算法的初始温度 T_0，记录网络初始交叉度

（算法第 1 ～ 3 行）。为了计算 C'，算法需要经历一系列的迭代过程，直到 $R(G,G')=0$ 或者 $T=0$ 成立。函数 nei(C) 的功能为，随机选择网络中的一条链路 (m,n)，将该链路对应的代价修改为 $w'(m,n)=w(m,n)+a(\deg(m)+\deg(n))$，其返回值为修改该链路代价后新的代价函数 Q，其中 a 为变量，用来控制链路代价的该变量。函数 $\arg\min(R(G,C,Q))$ 的功能为，分别计算不同代价函数对应的 $R(G,C,Q)$ 的数值，返回该值最小时对应的代价函数（算法第 5 行）。当 $R(G,G')<\text{currentDisjoint}$ 或者系统温度大于随机产生的温度时，算法无条件接受新的代价函数，即 $C'\leftarrow P$（算法第 6 ～ 10 行），这样可以很好地避免算法陷入局部最优解。随着算法的进行，逐渐降低系统温度（算法第 11 行）。

算法 4-3　AdjustlLinkWeight

Input：

$G=(V,E,C)$，$C=\{w(e),e\in E\}$，T_0

Output：

$G'=(V,E,C')$，$C'=\{w'(e),e\in E\}$

```
1： C = C' = {w(e),(e) ∈ E}
2： T = T0
3： currentDisjoint = originalDisjoint ← R(G,G')
4： While currentDisjoint > 0 and T > 0
5：     P ← argmin_{Q∈nei(C)} (R(G,C,Q))
6：     G' = (V,E,P)
7：     If R(G,G') < currentDisjoint or T > random(T0) then
8：             currentDisjoint ← R(G,G')
9：             C' = P
10：    EndIf
11：     T ← T − 1
12： EndWhile
```

4.2.3　实验及结果分析

本小节将通过实验来评价算法 AdjustlLinkWeight 和 LFA 的性能，评价的指标主要包括网络交叉度比率和路由可用性。因为本节提出的算法为每对源 – 目的结点对仅存储一个备份下一跳，而 LFA 算法可以计算出多个下一跳，为了公平比较，在实验中，当利用 LFA 算法时，可随机选择一条路径作为其备份路径。由于类似 Color Tree 的方法和互联网中部署的路由协议不兼容，所以本小节将不和这些算法进行比较。4.1 节详细描述了实验中用到的拓扑结构，4.2 和 4.3 节对实验结果进行了分析。实验中 a 的数值的范围为 1 ～ 2000，所有数据为运行 2000 次算法的平均值。

1. 网络拓扑结构

为了充分说明算法的性能，本实验将算法分别运行在 3 种不同类型的拓扑结构中。实验中利用的拓扑结构包括美国教育网 Abilene，该拓扑由 11 个路由器和 14 条链路构成，可以通过访问美国教育网的网页获得该拓扑的具体参数。我们从 Rocketfuel 中选取了 4 个经典的拓扑，其具体参数见表 4-4。实验利用模拟软件 Brite 生成拓扑结构，Brite 是由波士顿大学开发的生成拓扑的一款开源软件，在生成拓扑的时候，假设网络中链路的权值是对称的，其具体参数见表 4-5。

表 4-4　Rocketfuel 拓扑结构

AS 号码	AS 名称	结点数量 / 个	链路数量 / 条
1221	Telstra	108	153
1239	Sprint	315	972
3257	Tiscali	161	328
3967	Exodus	79	147

表 4-5　Brite 拓扑参数

参数	Model	N	HS	LS
参数值	Waxman	1000	1000	100
参数	m	NodePlacement	GrowthType	alpha
参数值	2 ~ 20	Random	Incremental	0.15
参数	beta	BWDist	BwMin-BwMax	model
参数值	0.2	Constant	10.0 ~ 1024.0	Router-only

2. 网络交叉度比率

网络交叉度比率可以定义为，执行算法后的网络交叉度和执行算法前的网络交叉度的比值。图 4-11 描述了不同算法在真实拓扑和 Rocketfuel 测量拓扑中运行的结果，图 4-12 描述了不同算法随着网络拓扑大小的变化的情况，图 4-13 说明了当网络拓扑大小为 300 个结点时不同算法随着网络结点平均度的变化情况。根据这 3 个图可以得出结论：AdjustlLinkWeight 的性能明显优于 LFA，随着网络结点平均度的增加，各种算法的性能都有明显的提升。

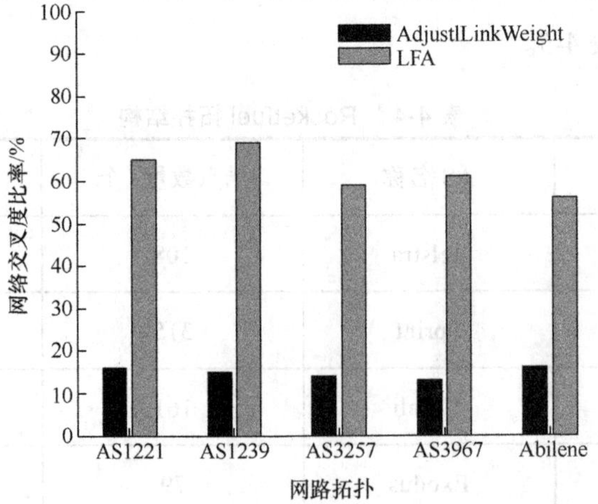

图 4-11　算法在真实拓扑和测量拓扑中的运行结果

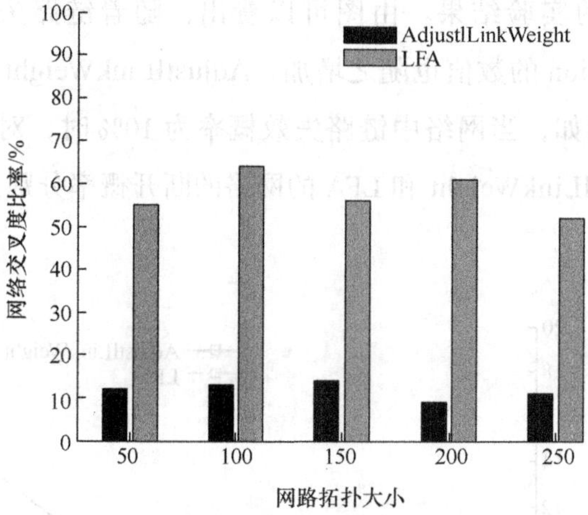

图 4-12　不同算法随网络拓扑大小的变化

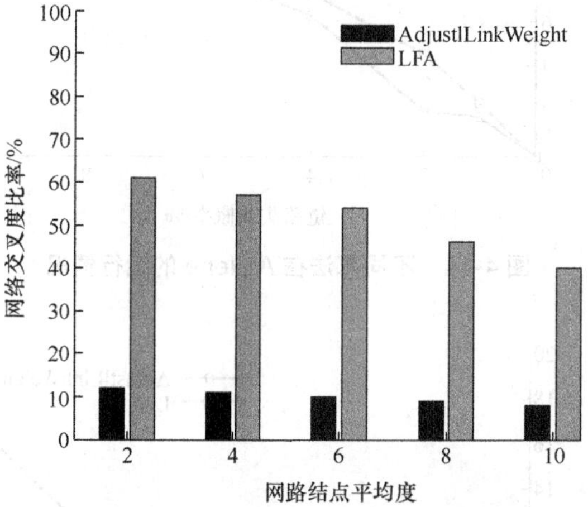

图 4-13　不同算法随网络平均度的变化

3. 路由可用性

在本部分我们将利用 Disconnect Fraction 来衡量路由可用性。Disconnect Fraction 可以表示为，当网络中的链路按照一定的概率出现故障时，网络中所有受这些故障影响的源 - 目的对的数量和网络中所有源 - 目的对的数量的比值。从该定义可以看出，Disconnect Fraction 的数值越小，网络的可用性越高，反之网路可用性越低。

图 4-14 ～图 4-16 分别表示在 Abilene、Ebone 和 Sprint 拓扑结构中，

不同算法对应的实验结果。由图可以看出，随着链路失效概率的增加，Disconnect Fraction 的数值也随之增加，AdjustlLinkWeight 的性能明显优于 LFA 的性能。例如，当网络中链路失效概率为 10% 时，对于 Sprint 拓扑结构，算法 AdjustlLinkWeight 和 LFA 的网络的断开概率分别为 12% 和 16%。

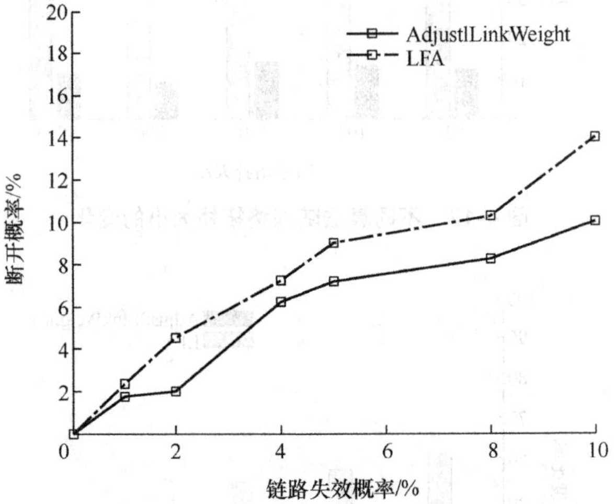

图 4-14　不同算法在 Abilene 的运行情况

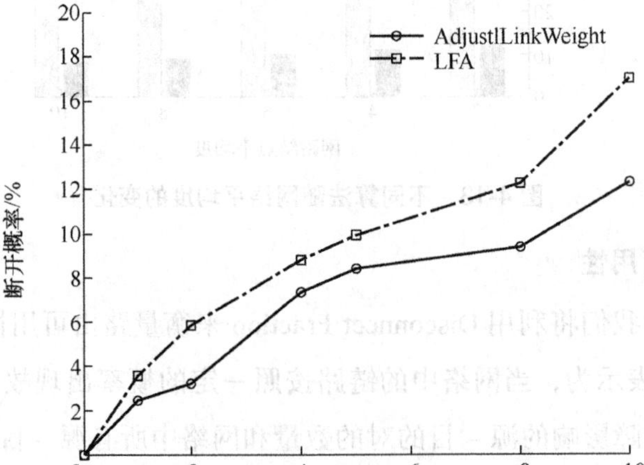

图 4-15　不同算法在 Ebone 的运行情况

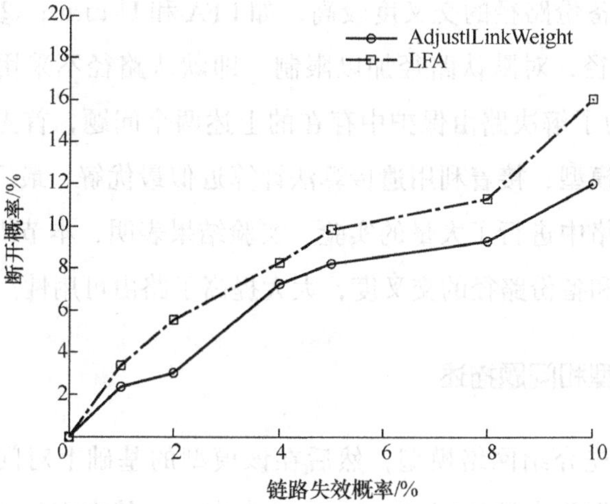

图 4-16　不同算法在 Sprint 的运行情况

4.2.4 结束语

本节提出利用构造不相交路径来提高域内路由可用性，增加网络的可靠性，降低由于网络故障造成的报文丢失问题，首先将构造不相交路径形式化描述为 ILP 问题，然后利用启发式算法求近似最优解，最后在大量拓扑结构中进行了模拟实验。实验结果表明，本节提出的算法可以大大提高网络的可用性。因为本节提出的算法和目前互联网部署的域内路由协议是兼容的，所以容易实际部署。

4.3　基于不相交路径的域内路由保护算法

目前互联网部署的域内链路状态路由协议，如开放最短路径优先（Open Shortest Path First, OSPF）和中间系统到中间系统（Intermediate System to Intermediate System, IS-IS)，采用被动恢复方案应对网络故障。随着网络的发展，大量的实时应用部署在互联网上，OSPF 的收敛时间无法满足这些实时应用对收敛时间的需求。因此，学术界和工业界提出采用路由保护方案来应对网路中出现的故障。然而，已有的路由保护方案存在两个方面的问题：

①默认路径和备份路径的交叉度较高，如 LFA 和 U-turn；②为了计算两条交叉度低的路径，对默认路径加以限制，即默认路径不采用最短路径，如 Color Tree。为了解决路由保护中存在的上述两个问题，首先将上述问题归结为整数规划模型，接着利用遗传算法计算近似最优解，最后将算法在实际网络和模拟网络中进行了大量的实验。实验结果表明，本节提出的算法可以降低默认路径和备份路径的交叉度，大大提高了路由可用性。

4.3.1 网络模型和问题描述

本小节首先介绍网络模型，然后在该模型的基础上对问题进行详细描述。网络可以用无向连通图 $G=(V,E,C)$ 来表示，其中变量 V 表示网络中的结点或者路由器的集合，变量 E 表示网络中的边或者链路的集合，C 表示网络中所有的边对应的代价的集合。对于网络中的边 $\forall e=(i,j)\in E$，用 $w(e)$ 或者 $w(i,j)$ 来表示该边对应的代价，根据网络中的实际情况，我们假设网络中边的代价是对称的，即 $w(i,j)=w(j,i)$。

给定一个网络拓扑 $G=(V,E,C)$，对于任意的源－目的结点对 (o,d)，用 $P(o,d,G)$ 来表示该结点对之间的最短路径，$D(o,d,G)$ 表示该最短路径对应的代价，$P(o,d,G')$ 表示该结点对之间的备份路径，$D(o,d,G')$ 表示该备份路径对应的代价，其中 G' 为 G 的扩展拓扑结构，在 G' 中计算出的结点对之间的最短路径就是该结点对之间的备份路径。后续章节将详细介绍如何在 G 的基础上计算 G'。$K(o,d,e)$ 表示结点 o 和结点 d 之间的最短路径和备份路径是否同时经过链路 e，可以形式化表示为

$$K(o,d,e)=\begin{cases}1 & e\in P(o,d,G) \text{ 并且 } e\in P(o,d,G') \\ 0 & \text{其他}\end{cases} \tag{4-46}$$

从式（4-46）可以看出，如果结点对 (o,d) 的最短路径和备份路径都包含链路，则该值为 1；否则，该值为 0。$L(o,d)$ 表示结点 o 和结点 d 之间的最短路径和备份路径同时包含的公共边的数量，可以形式化表示为

$$L(o,d)=\sum_{e\in E}K(o,d,e) \tag{4-47}$$

网络交叉度可以表示为：网络中所有源 – 目的结点对之间的最短路径和备份路径同时包含的边的数量，即

$$R(G,G')=\sum_{o,d\in V}L(o,d) \tag{4-48}$$

本小节需要解决的问题可以描述为：给定一个网络拓扑 $G=(V,E,C)$，如何计算其对应的扩展网络拓扑结构 $G'=(V,E',C')$，从而使得 $R(G,G')$ 最小。

4.3.2　算法

下面首先介绍算法的基本思想，然后详细描述算法的细节。算法的整体框架可以表示如下。

（1）在一个自治域内，相邻的路由器相互交换链路状态信息，从而获得该自治域内的拓扑结构。当网络收敛时，该自治域内部的所有路由器都拥有该网络的拓扑结构 $G=(V,E,C)$。

（2）每个结点根据 G 构造一棵以自身为根的最短路径树，从而计算出该结点到网络中其他所有结点的默认下一跳。

（3）每个结点根据 G' 构造一棵以自身为根的最短路径树，从而计算出该结点到网络中其他所有结点的备份下一跳。

从上述的算法总体框架可以看出，算法主要解决如何在初始网络拓扑 G 的基础上计算出扩展网络拓扑结构 G'，从而使得 $R(G,G')$ 最小。为了使得 $R(G,G')$ 降低，可以通过优化网络中链路权值来达到该目的。扩展网络拓扑结构可以表示为 $G'=(V,E,C')$，即初始网络拓扑结构和扩展网络拓扑结构的结点的集合和边的集合相同，但是链路代价函数不相同。

可以将该问题描述为：给定一个网络拓扑 $G=(V,E,C)$，其中 $C=\{w(e),e\in E\}$，如何计算出一组新的代价函数 $C'=\{w'(e),e\in E\}$，从而使得 $R(G,G')$ 最小，其中 $G'=(V,E,C')$。该问题可以表示为一个整数线性规划

（Integer Linear Programming, ILP）问题，可以形式化表示为

$$\min \quad R(G,G') \tag{4-49}$$

s.t.

$$D(u,u,G)=0 \qquad u\in V \tag{4-50}$$

$$D(u,u,G')=0 \qquad u\in V \tag{4-51}$$

$$w(i,j)+D(i,d,G)-D(j,d,G)\geqslant 0 \qquad i,j,d\in V \tag{4-52}$$

$$w'(i,j)+D(i,d,G')-D(j,d,G')\geqslant 0 \qquad i,j,d\in V \tag{4-53}$$

$$x(i,j,d)\in\{0,1\} \quad i,j,d\in V \tag{4-54}$$

$$y(i,j,d)\in\{0,1\} \quad i,j,d\in V \tag{4-55}$$

$$x(i,j,d)+w(i,j)+D(i,d,G)-D(j,d,G)\geqslant 1 \quad i,j,d\in V \tag{4-56}$$

$$x(i,j,d)+\frac{(w(i,j)+D(i,d,G)-D(j,d,G))}{M}\leqslant 1 \quad i,j,d\in V \tag{4-57}$$

$$y(i,j,d)+w'(i,j)+D(i,d,G')-D(j,d,G')\geqslant 1\, i,j,d\in V \tag{4-58}$$

$$y(i,j,d)+\frac{w'(i,j)+D(i,d,G')-D(j,d,G')}{M}\leqslant 1\, i,j,d\in V \tag{4-59}$$

$$w(i,j)=w(j,i),\quad w(i,j)\in\{1,2,\cdots,\max\} \qquad i,j\in V \tag{4-60}$$

$$w'(i,j)=w'(j,i),\quad w'(i,j)\in\{1,2,\cdots,\max\} \qquad i,j\in V \tag{4-61}$$

式（4-49）为目标函数，即最小化 $R(G)$ 的数值。式（4-50）和式（4-51）表示对于网络中结点 $u\in V$，该结点到自身的最短路径对应的代价为 0。式（4-52）和式（4-53）表示最短路径准则。式（4-54）中变量 $x(i,j,d)$ 表示当网络拓扑为 G 时，结点 i 到结点 d 的最短路径是否经过链路 (i,j)，如果经过，该值为 1，反之，该值为 0。式（4-55）中变量 $y(i,j,d)$ 表示当网络拓扑为 G' 时，结点 i 到结点 d 的最短路径是否经过链路 (i,j)，如果经过，该值为 1，

反之，该值为 0。式（4-56）和式（4-57）表示当网络拓扑为 G 时的松弛条件，在式（4-56）中，如果 $x(i,j,d)=1$，式（4-56）和式（4-52）是相同的，如果 $x(i,j,d)=0$，式（4-56）将变为 $w(i,j)+D(i,d,G)-D(j,d,G)\geqslant 1$；在式（4-57）中，如果 $x(i,j,d)=1$，式（4-58）将变为 $w(i,j)+D(i,d,G)-D(j,d,G)\leqslant 0$，因此根据式（4-56）和式（4-57）可以得到，当 $x(i,j,d)=0$ 时 $w(i,j)+D(i,d,G)-D(j,d,G)=0$，如果 $x(i,j,d)=0$，式（4-57）将变为 $w(i,j)+D(i,d,G)-D(j,d,G)\leqslant M$，其中 $M=2\max$。式（4-58）和式（4-59）表示当网络拓扑为 G' 时的松弛条件，在式（4-58）中，如果 $y(i,j,d)=1$，式（4-58）和式（4-53）是相同的，如果 $y(i,j,d)=0$，式（4-58）将变为 $w'(i,j)+D(i,d,G')-D(j,d,G')\geqslant 1$；在式（4-59）中，如果 $y(i,j,d)=1$，式（4-59）将变为 $w(i,j)+D(i,d,G')-D(j,d,G')\leqslant 0$，因此根据式（4-58）和式（4-59）可以得到，当 $y(i,j,d)=0$ 时 $w'(i,j)+D(i,d,G')-D(j,d,G')=0$，如果 $y(i,j,d)=0$，式（4-59）将变为 $w'(i,j)+D(i,d,G')-D(j,d,G')\leqslant M$，其中 $M=2\max$。式（4-60）和式（4-61）表示网络中链路的代价具有对称性。

上述描述的 ILP 问题算法复杂度较高。对于一些较小规模的网络，可以利用 ILP 的求解方法快速得到最优结果，如 cplex 计算器；然而对于较大规模的网络，可采用启发式算法来加快求解速度，从而获得近似最优解。下面将详细描述如何利用遗传算法来解决上述问题。研究表明，遗传算法[22]可以有效地解决最优化问题，并且已经在模式识别、神经网络、图像处理、机器学习、工业优化控制、自适应控制、生物科学、社会科学等领域得到了广泛的应用。遗传算法中的操作主要包括遗传编码、选择、交叉算子和变异算子。下面详细介绍本小节针对每种操作采用的方法。

（1）遗传编码。

本小节采用一种最简单也是比较常见的编码方式，即二进制编码。在该编码中，如果某位为 0 则表示相应的链路的权值未发生变化，为 1 表示相应的链路的权值发生变化。对于本小节研究的问题，需要 $|E|$ 位来表示一种解决方案，如（01001010）就表示，将链路集合 E 中编号为 2、5 和 7 的链路的代价改变，而其他链路的代价没有变化。我们将遗传编码形式化描述为

$$i=\begin{cases}0 & \text{不改第}i\text{条边的代价}\\ 1 & \text{改第}i\text{条边的代价}\end{cases}$$

（2）初始种群的生成。

本小节采用随机方式生成初始种群。

（3）适应度。

本小节采用网络交叉度作为适应度函数。

（4）选择算子。

通过该操作来选出种群中个体适应度高的个体来进化，适应度低的个体参与进化的机会比较少，后代就会越来越少，从而保证优势群体在后代中占据的数量较多。本小节采用轮盘赌选择策略作为选择算子。

（5）交叉算子。

对选择后的种群随机两两匹配，以一定的概率进行交叉，产生子代种群。为了防止算法收敛速度较慢或者算法的搜索空间较小，可采用一种自适应的交叉概率，它可根据适应度的变化而变化，可保护最优解并加快劣质解的淘汰速度。自适应交叉概率的计算公式为

$$p_c=\begin{cases}\dfrac{k_1\left(f_{\max}-f'\right)}{\left(f_{\max}-f_{\text{avg}}\right)} & f'\geqslant f_{\text{avg}}\\ k_2 & \text{其他}\end{cases} \tag{4-62}$$

其中，$f_{\max}$ 是种群最大适应度，f_{avg} 是种群平均适应度，f' 是参与交叉操作的两个个体中适应度较大的个体对应的适应度。k_1 和 k_2 均为小于等于 1 的常数。

（6）变异算子。

为了增加种群的多样性，扩大遗传算法的搜索空间，本章采用自适应变异概率，计算公式为

$$p_m=\begin{cases}\dfrac{k_3\left(f_{\max}-f\right)}{\left(f_{\max}-f_{\text{avg}}\right)} & f\geqslant f_{\text{avg}}\\ k_4 & \text{其他}\end{cases} \tag{4-63}$$

其中，$f_{\max}$ 是种群最大适应度，f_{avg} 是种群平均适应度，k_3 和 k_4 均为小于等

于 1 的常数。

基于上述操作方法，可提出利用遗传算法计算近似最优解，算法（GA）详细描述了遗传算法的具体实施过程。首先初始化算法中的一些参数，如最大遗传代数、交叉算子和变异算子中参数的具体数值，并利用随机方法构造初始种群（算法第 1 ～ 2 行）。然后，根据适应度函数计算初始种群中所有个体对应的适应度（算法第 3 行）。下面是迭代过程，每次迭代过程均执行选择、交叉和变异操作（算法第 6 ～ 8 行），再修改个体中相应的链路的代价，修改方法如下：对于网络中的一条链路 (m,n)，将该链路对应的代价修改为 $w'(m,n)=w(m,n)+a(\deg(m)+\deg(n))$，其中 a 为变量，用来控制链路代价的变化量，$\deg(m)$ 表示结点 m 的度数（算法第 9 行）。最后，重新评估新个体的适应度（算法第 10 行）。

算法 4-4　GA

Input：

$G=(V,E,C)$，$C=\{w(e),e\in E\}$

Output：

$G'=(V,E,C')$，$C'=\{w'(e),e\in E\}$

1：初始化算法的参数
2：产生初始种群
3：计算种群中所有个体的适应度
4：gen=0
5：While gen<maxgen
6：　选择
7：　交叉
8：　变异
9：　修改相应个体中链路的代价
10：计算新产生个体的适应度
11：EndWhile

4.3.3 实验及结果分析

本小节将通过实验来评价算法 GA、LFA 和 U-turn 的性能，评价的指标主要包括网络交叉度比率和路由可用性。因为本章提出的算法为每个源 – 目的对仅仅存储一个备份下一跳，而 LFA 和 U-turn 算法可以计算出多个下一跳，为了公平比较，在实验中，当利用 LFA 和 U-turn 算法时，可随机选择一条路径作为其备份路径。由于类似 Color Tree 的方法和互联网中部署的路由协议不兼容，所以本小节将不和这些算法进行比较。4.1 节详细描述了实验中用到的拓扑结构，4.2 和 4.3 节对实验结果进行了分析。实验中 a 的数值的范围为 1 ～ 2500，种群规模的范围为 200 ～ 1000，k_1、k_2、k_3 和 k_4 的取值范围为 0 ～ 1，所有数据为运行 1000 次算法的平均值。

1. 网络拓扑结构

为了充分说明算法的性能，本实验将算法分别运行在 3 种不同类型的拓扑结构中：①美国教育网 Abilene，该拓扑由 11 个路由器和 14 条链路构成，可通过访问美国教育网的网页获得该拓扑的具体参数；② Rocketfuel 项目公布的拓扑结构，我们从 Rocketfuel 中选取了 4 个经典的拓扑，其具体参数见表 4-6；③利用模拟软件 Brite 产生的拓扑结构，Brite 是由波士顿大学开发的生成拓扑的一款开源软件，在生成拓扑的时候，我们假设网络中链路的权值是对称的 [26]，其具体参数见表 4-7。

表 4-6 Rocketfuel 拓扑结构

AS 号码	AS 名称	结点数量 / 个	链路数量 / 条
1221	Telstra	108	153
1239	Sprint	315	972
3257	Tiscali	161	328
3967	Exodus	79	147

表 4-7　Brite 拓扑参数

参数	Model	N	HS	LS
参数值	Waxman	400	1000	100
参数	m	NodePlacement	GrowthType	alpha
参数值	2 ～ 20	Random	Incremental	0.15
参数	beta	BWDist	BwMin-BwMax	model
参数值	0.2	Constant	10 ～ 1024	Router-only

2. 网络交叉度比率

网络交叉度比率可以定义为执行算法后的网络交叉度和执行算法前的网络交叉度的比值。图 4-17 描述了不同算法在真实拓扑和 Rocketfuel 测量拓扑中运行的结果。图 4-18 描述了不同算法随着网络拓扑大小变化的情况，图 4-19 说明了当网络拓扑大小为 400 个结点时不同算法随着网络结点平均度的变化情况。根据上述图可以得出结论：GA 的性能明显优于 LFA 和 U-turn，随着网络结点平均度的增加，各种算法的性能都有明显的提升。

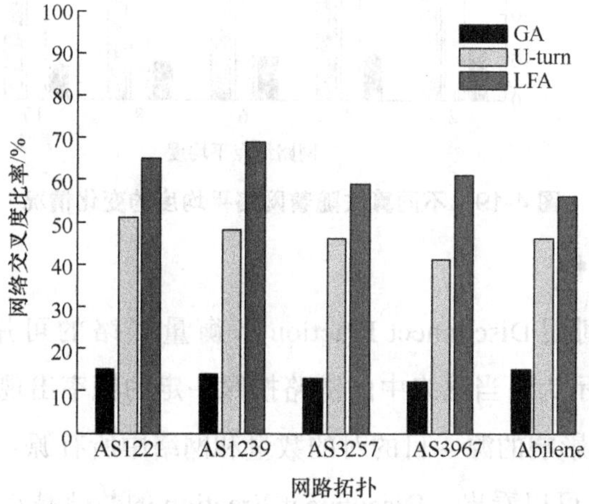

图 4-17　算法在真实拓扑和测量拓扑中的运行结果

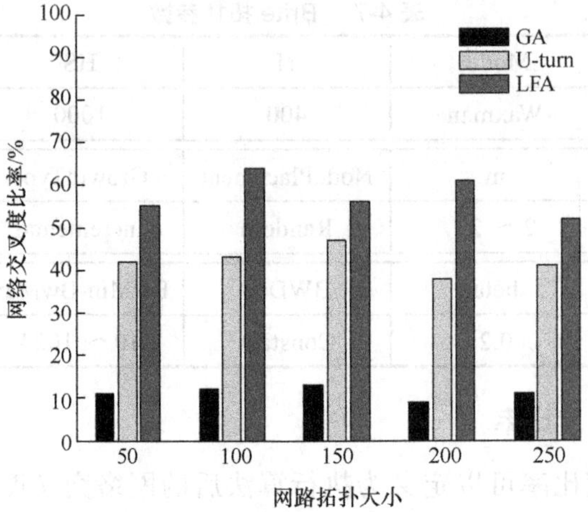

图 4-18 不同算法随着网络拓扑大小的变化情况

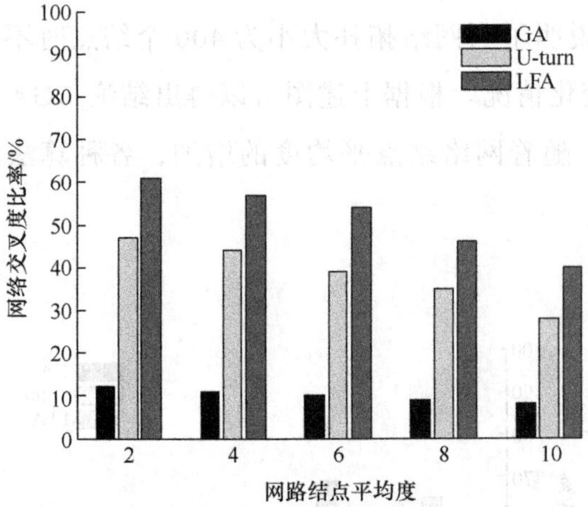

图 4-19 不同算法随着网络平均度的变化情况

3. 路由可用性

本部分将利用 Disconnect Fraction 来衡量网络的可用性。Disconnect Fraction 可以表示为，当网络中的链路按照一定的概率出现故障时，网络中所有受这些故障影响的源 - 目的对的数量和网络中所有源 - 目的对的数量的比值。从该定义可以看出，Disconnect Fraction 的数值越小，路由可用性越高，反之网络可用性越低。

图 4-20 ～ 图 4-22 分别表示在 Abilene、Ebone 和 Sprint 拓扑结构

中不同算法对应的实验结果。由图可以看出，随着链路失效概率的增加，Disconnect Fraction 的数值也随之增加。GA 的性能明显优于 LFA 和 U-turn 的性能。例如，当网络中链路失效概率为 0.1 时，对于 Sprint 拓扑结构，算法 GA、LFA 和 U-turn 的网络的断开概率分别为 12%、16% 和 15%。

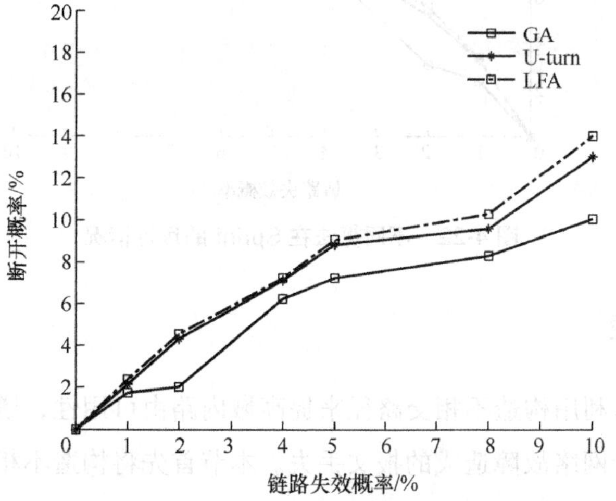

图 4-20　不同算法在 Abilene 的运行情况

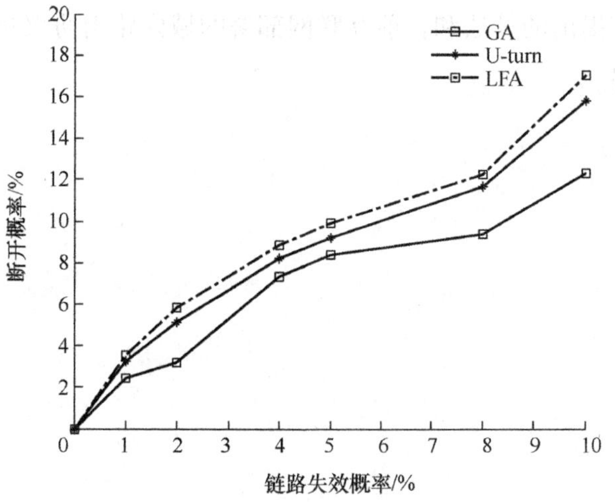

图 4-21　不同算法在 Ebone 的运行情况

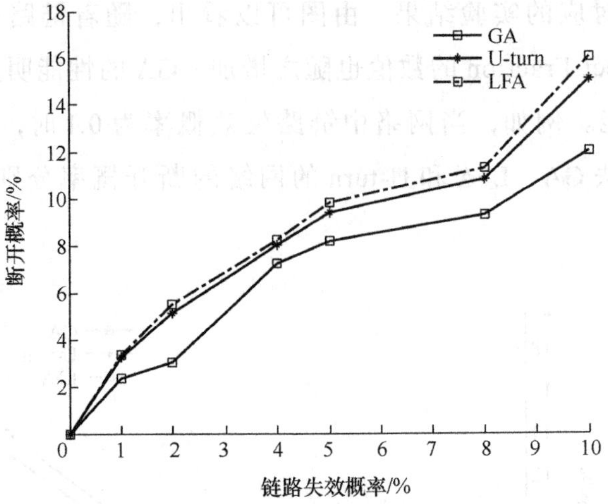

图 4-22　不同算法在 Sprint 的运行情况

4.3.4　结束语

本节提出利用构造不相交路径来提高域内路由可用性，增加网络的可靠性，减少由于网络故障造成的报文丢失。本节首先将构造不相交路径形式化描述为 ILP 问题，然后利用遗传算法求近似最优解，最后在大量拓扑结构中进行了模拟实验。实验结果表明，本节提出的算法可以大大提高网络的可用性。因为本节提出的算法和目前互联网部署的域内路由协议是兼容的，所以容易实际部署。

第 5 章　软件定义网络中的路由保护算法

5.1　Segment Routing 体系结构中的域内路由保护算法

学术界和工业界提出，可利用路由保护方案来提高域内路由协议应对故障的能力，从而加速网络故障恢复，降低由于网络故障引起的网络中断时间。目前，互联网普遍采用的路由保护方案包括 LFA 和 U-turn。它们简单 / 高效，受到了互联网服务提供商的支持，但这两种方案的单链路故障保护率较低。因此，段路由（Segment Routing, SR）被提出，用来解决上述两种方案存在的问题。已有的针对 SR 的研究主要集中在其体系结构和应用场景。本章将研究如何在 SR 中计算 segments。首先，将该问题表述为一个整数线性规划问题，然后，提出一种两阶段的启发式算法（Two Phase Heuristic Algorithm, TPHA）求解该问题，最后，将算法在不同网络拓扑中进行了模拟。模拟结果表明，TPHA 的单链路故障保护率远远高于 LFA 和 U-turn 的单链路故障保护率。

5.1.1　网络模型

本节主要研究域内链路状态路由协议（OSPF 或者 IS-IS）中的路由保护方案。在 OSPF 协议中，每个路由器都拥有该域的完整网络拓扑结构，并且根据该拓扑结构构造自己的转发表。当报文到达该路由器时，路由器将查找自己的转发表，然后根据转发表作出相应的决策。网络用无向图 $G=(V,E)$ 表示，V 表示网络中的结点（路由器），E 表示网络中的边（链路）。边 $e=(i,j)\in E$ 表示该边的起点为结点 i，终点为结点 j。用 $w(e)$ 或者 $w(i,j)$ 来表示 $e=(i,j)\in E$ 的代价。对于网络 $G=(V,E)$，$B(o,\ d)$ 表示结点对 (o,d) 的最短路径，$C(o,d)$ 表示路径 $B(o,d)$ 对应的代价，$N(o,d,R(o,d))$ 表示结点对 (o,d) 的备份路径，其中 $R(o,d)$ 表示该结点对之间的 segments 的集合。

下面将详细描述如何根据结点对之间的 segments 集合为其计算备份路径。对于任意的源－目的结点对 (o,d)，假设它们之间有 n 个 segments，则它们之间的备份路径可以表示为

$$N(o,d,R(o,d))=B(o,R^1(o,d))B(R^1(o,d)R^2(o,d))\cdots B(R^i(o,d)\cdots R^n(o,d))B(R^n(o,d),d) \tag{5-1}$$

其中，$R^i(o,d)$ 表示该结点对之间的第 i 个 segment，$K(o,d,e)$ 表示源－目的结点对 (o,d) 之间的最短路径和备份路径是否都包含链路 e，即

$$K(o,d,e)=\begin{cases}1 & e\in B(o,d) \text{ 并且 } e\in N(o,d,R(o,d))\\ 0 & \text{其他}\end{cases} \tag{5-2}$$

$L(o,d)$ 表示源－目的结点对 (o,d) 之间的路径交叉度，即最短路径和备份路径同时包含的边的数量，即

$$L(o,d,R(o,d))=\sum_{e\in P(o,d) \text{ and } e\in N(o,d,R(o,d))} K(o,d,e) \tag{5-3}$$

根据上述的描述，很容易定义网络中所有结点对之间的最短路径和备份路径同时经过的边的数量的总和，即网络交叉度。用下面的公式来表示网络 G 对应的网络交叉度，即

$$U(G)=\sum_{o,d\in V} L(o,d,\ R(o,d)) \tag{5-4}$$

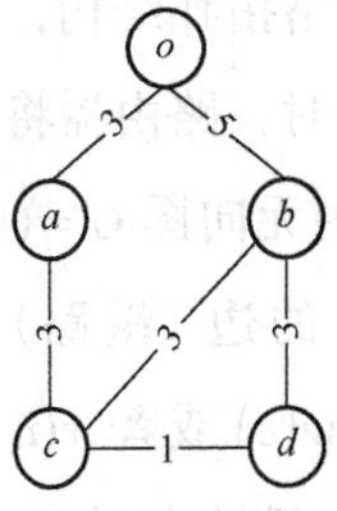

图 5-1 网络拓扑

图 5-1 表示一个包括 5 个结点和 12 条边的网络拓扑结构 G。在 $G=(V,E)$ 中，结点的集合可以表示为 $V=\{o,a,b,c,d\}$，对于源－目的结点对 (o,d)，它们之间的默认路径可以表示为 $B(o,d,R(o,d))=\{o,a,c,d\}$。假设 $R(o,d)=\{b\}$，则它们之间的备份路径可以表示为 $N(o,d,R(o,d))=$

$B(o,b)B(b,d)=\{o,b,d\}$。从而可知，$L(o,d)=0$，即结点对 (o,d) 之间的默认路径和备份路径包含的公共边的数量为 0。

5.1.2　问题描述

本小节首先描述本章需要解决的科学问题，然后提出解决该问题的方法。本章需要解决的问题可以描述为：给定一个网络拓扑 $G=(V,E)$ 和网络中 segments 数量限制条件 M，如何计算网络中的 segments，从而使得 $U(G)$ 最小。该问题可以描述为一个混合整数线性规划（Mixed Integer Linear Programming, MILP）模型，具体可以表示为

$$\min U(G) \tag{5-5}$$

s.t.

$$x(i,j,k)=1 \quad i\in B(j,k),i,j,k\in V \tag{5-6}$$

$$x(i,j,k)=0 \quad i\notin B(j,k),i,j,k\in V \tag{5-7}$$

$$y(i,j,k)=1 \quad i\in R(j,k),i,j,k\in V \tag{5-8}$$

$$y(i,j,k)=0 \quad i\notin R(j,k),i,j,k\in V \tag{5-9}$$

$$0\leqslant \sum_{i\in V} y(i,j,k)\leqslant 2 \quad j,k\in V \tag{5-10}$$

$$0\leqslant x(i,j,l)+x(i,l,k)<2 \quad |R(j,k)|=1,l\in R(j,k),i,j,k\in V \tag{5-11}$$

$$0\leqslant x(i,j,l)+x(i,l,m)+x(i,m,k)<2 \quad |R(j,k)|=2,l,m\in R(j,k),i,j,k\in V \tag{5-12}$$

$$C(j,l)+C(l,k)=C(j,k) \quad l\in B(j,k) \tag{5-13}$$

$$C(j,l)+C(l,k)\leqslant \alpha\cdot C(j,k) \quad |R(j,k)|=1,l\in R(j,k),i,j,k\in V \tag{5-14}$$

$$C(j,l)+C(l,m)+C(m,k)\leqslant \alpha\cdot C(j,k) \quad |R(j,k)|=2,l,m\in R(j,k),i,j,k\in V \tag{5-15}$$

$$\sum_{o,d\in V} R(o,d)\leqslant M \tag{5-16}$$

式（5-5）表示本章求解的目标。式（5-6）和式（5-7）中的 $x(i,j,k)$ 代表结点 i 是否在结点 j 到结点 k 的最短路径中，如果 $x(i,j,k)=1$，则结点 i 在结点 j 到结点 k 的最短路径中，否则结点 i 不在结点 j 到结点 k 的最短路径中。式（5-8）中和式（5-9）中的变量 $y(i,j,k)$ 表示结点 i 是否是结点 j 到结点 k 的 segment，如果 $y(i,j,k)=1$，则结点 i 是结点 j 到结点 k 的 segment，否则结点 i 不是结点 j 到结点 k 的 segment。为了减少报文的开销，本章设定任意源 - 目的对之间的 segments 数量不能超过两个，式（5-10）表示任意两个结点之间 segments 的数量不能多于两个。式（5-11）表示当源 - 目的对之间只有一个 segment 时的无环路条件。式（5-12）表示当源 - 目的对之间有两个 segments 时的无环路条件。式（5-13）表示最短路径准则。式（5-14）和式（5-15）表示路径拉伸度约束，即备份路径的路径拉伸度不能超过 α。式（5-16）表示网络中所有 segments 数量约束。

5.1.3 算法

上述模型中，决策变量 $x(i,j,k)$ 和 $y(i,j,k)$ 的取值为 0 或者 1，α 的取值为实数，因此，上述问题是一个 MILP 问题。MILP 问题已经被证实为 NP-complete 难题 [35]。下面提出一种两阶段的启发式算法（A Two Phase Heuristic Algorithm, TPHA）来解决上述问题。本章提出的 TPHA 采用了贪心算法。贪心算法是一种传统的启发式算法。采用两阶段启发式算法的原因如下：本章的主要目标是在路径拉伸度限制条件下提高单链路故障保护率。在 TPHA 第一阶段中，对于任意的源 - 目的对，只要计算出一个 segment 满足要求，则退出该次循环，而不需要再为其计算其他的 segment ，即使存在别的 segment 使得该源 - 目的对的路径拉伸度更小。只有当某个源 - 目的对不存在任意一个 segment 满足要求时，才需要执行 TPHA 的第二个阶段。在 TPHA 第二阶段中，对于第一阶段输入的源 - 目的对，只要计算出两个 segments 满足要求，则退出该次循环，而不需要再为其计算其他的

segments，即使存在别的 segments 使得该源 – 目的对的路径拉伸度更小。

算法 5-1 和算法 5-2 详细描述了算法的具体实施过程。在算法 5-1 中，算法的输入为所有结点之间的最短路径，输出为所有结点对之间的 segments 的集合。对于任意的源 – 目的结点对 (o,d)，每次选择一个 segment r，从而使得该 (o,d) 的路径交叉度最小。函数 $\arg\min_{u\in \mathrm{nei}(V)}(L(o,d,R(o,d)\cup\{u\}))$ 的功能为，随机选择一个结点 u，将该结点作为 (o,d) 的 segment，首先判断备份路径是否存在环路，如果不存在环路，然后计算此时 (o,d) 的路径交叉度。返回值为 $L(o,d,R(o,d)\cup\{u\}$ 的值最小时对应的 segment r，当 (o,d) 的路径交叉度为 0 时退出本次循环（算法第 3 行）。当执行完上述函数后，更新该源 – 目的对 (o,d) 对应的 segments 集合（算法第 4 行）。算法 5-1 为所有的结点对之间计算出了包含一个 segment 的结果。

为了进一步降低网络交叉度，算法 5-2 在算法 5-1 的基础上为部分结点之间计算两个 segments。那么，接下来需要解决的一个问题是，需要为哪些结点对计算两个 segments，哪些结点对仅需要一个 segment。如果在执行完算法 5-1 后，如果源 – 目的对 (o,d) 对应的路径交叉度为 0，则该结点对之间的路径交叉度已经达到最优，因此，不需要为路径交叉度为 0 的结点对计算两个 segments。

下面详细介绍算法 5-2 的执行过程。算法 5-2 的输入为执行算法 5-1 后所有结点对之间的路径交叉度和它们之间的 segments，输出为最终的 segments 集合。对于任意的源 – 目的对 (o,d)，如果该结点对之间的路径交叉度不为 0，则为其计算两个 segments。函数 $\{m,n\}\leftarrow\arg\min_{\{u,v\}\in \mathrm{nei}(V)}(R(o,d))$ 的功能为，随机选择两个结点 u 和 v，将这两个结点作为 (o,d) 的 segments，首先判断备份路径是否存在环路，如果不存在环路，则计算此时的路径交叉度。返回值为 $L(o,d,R(o,d)\cup\{m,n\}$ 的值最小时对应的 segments $\{m,n\}$，当 (o,d) 的路径交叉度为 0 时退出本次循环（算法 5-2 第 4 行）。如果路径交叉度降低，则更新该结点对之间的 segments（算法 5-2 第 5 ～ 6 行）。

算法 5-1 PhaseOne

Input：

$SP(o,d)\quad o,d \in V, o \neq d$

Output：

$R(o,d),\ o,d \in V, o \neq d$

For $o \in V$

  For $d \in V$

    $r \leftarrow \underset{u \in \mathrm{nei}(V)}{\arg\min}(L(o,d,R(o,d) \cup \{u\}))$

    $R(o,d) = \{r\}$

  EndFor

EndFor

算法 5-2 PhaseTwo

Input：

$R(o,d),\ o,d \in V, o \neq d$

$L(o,d),\ o,d \in V, o \neq d$

Output：

$R(o,d),\ o,d \in V, o \neq d$

For $o \in V$

  For $d \in V$

    If $L(o,d,R(o,d) \neq 0$ Then

      $\{m,n\} \leftarrow \underset{\{u,v\} \in \mathrm{nei}(V)}{\arg\min}(R(o,d))$

      If $L(o,d,R(o,d) > L(o,d,R(o,d) \cup \{m,n\}\})$ Then

        $R(o,d) = R(o,d) \cup \{m,n\}$

      EndIf

    EndIf

```
    EndFor
EndFor
```

5.1.4 实验及结果分析

本小节首先介绍实验的模拟参数，然后比较算法 TPHA、LFA 和 U-turn 在网络交叉度比率和故障保护率两个方面的性能，实验将 α 的数值设置为 1.5。

1. 网络结构

本小节利用 3 种数据集进行模拟实验，这 3 种数据集的详细参数如下。

（1）Abilene。

（2）Rocketfuel 测量的拓扑，见表 5-1。

（3）Brite 产生的拓扑，参数见表 5-2。

表 5-1　Rocketfuel 拓扑结构

AS 号码	AS 名称	结点数量 / 个	链路数量 / 条
1221	Telstra	108	153
1239	Sprint	315	972
3257	Tiscali	161	328
3967	Exodus	79	147

表 5-2　Brite 拓扑参数

参数	Model	N	HS	LS
参数值	Waxman	250	1000	100
参数	m	NodePlacement	GrowthType	alpha
参数值	5 ～ 30	Random	Incremental	0.3
参数	beta	BWDist	BwMin-BwMax	model
参数值	0.4	Constant	5 ～ 500	Router-only

2. 网络交叉度比率

本小节通过网络交叉度比率来衡量不同算法对应的性能。网络交叉度比率的定义是：网络交叉度比率 = 网络交叉度（执行算法后）/ 网络交叉度（执行算法前）。

图 5-2、图 5-3 和图 5-4 表示 TPHA、LFA 和 U-turn 在上述 3 种结构中的比较结果。其中图 5-2 为 Abilene 和 Rocketfuel 结构。图 5-3 和图 5-4 为 Brite 生成的拓扑，其中图 5-3 的网络结点平均度为 5，图 5-4 的网络拓扑大小为 200。根据这 3 个图可以得出结论：在所有实验的拓扑结构中 TPHA 的网络交叉度比率都为 0，即利用 TPHA 算法，所有源 – 目对之间的最短路径和备份路径之间公共边的数量为 0，但是 LFA 和 U-turn 的网络交叉度比率远远大于 0。

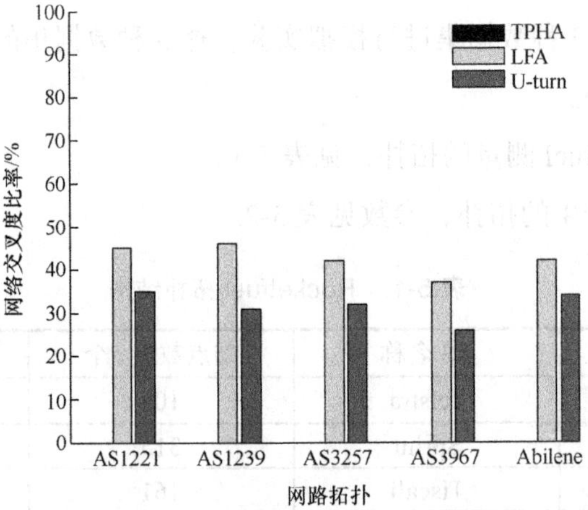

图 5-2　算法在 Abilene 和 Rocketfuel 中的运行结果

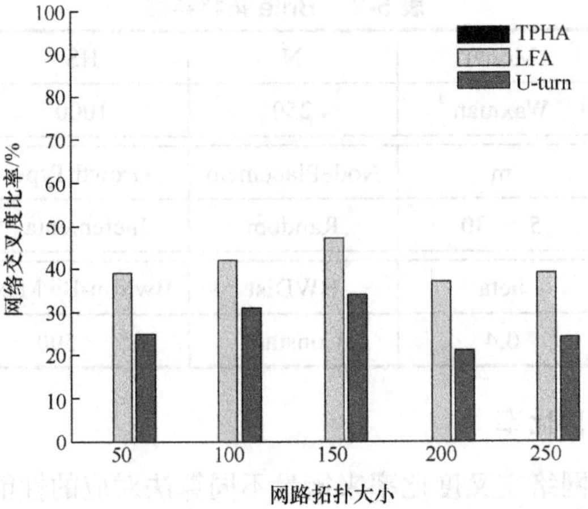

图 5-3　网络交叉度比率和网络拓扑大小关系

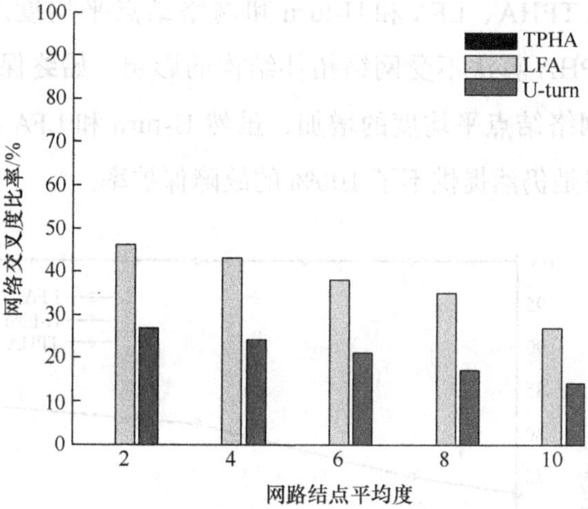

图 5-4　网络交叉度比率和网络结点平均度关系

3. 路由可用性

下面利用故障保护率来度量网络的可用性。故障保护率可以定义为网络中所有源－目的对应对单链路故障的能力，即假设当网络中的任意一条链路出现故障时，网络中不受该故障影响的源－目的对的数量除以所有源－目的对数量。

表 5-3 描述了 TPHA、LFA 和 U-turn 在 Abilene 和 Rocketfuel 的运行结果，从该表可知，TPHA 算法可以应对网中所有可能的单链路故障情形，故障保护率为 100%。U-turn 的性能优于 LFA 的性能，但是二者都无法应对所有可能出现的单链路故障情形。

表 5-3　算法对应的故障保护率　　单位：%

网络拓扑	TPHA	LFA	U-turn
Abilene	100	54.28	84.67
Exodus	100	63.28	91.23
Telstra	100	53.46	80.85
Tiscali	100	75.84	90.13
Sprint	100	79.87	94.24

图 5-5 表示 TPHA、LFA 和 U-turn 和网络结点平均度之间的关系，从图 5-5 可知，TPHA 算法不受网络拓扑结构的影响，始终保持 100% 的故障保护率。随着网络结点平均度的增加，虽然 U-turn 和 LFA 的性能都有不同程度的增加，但是仍然提供不了 100% 的故障保护率。

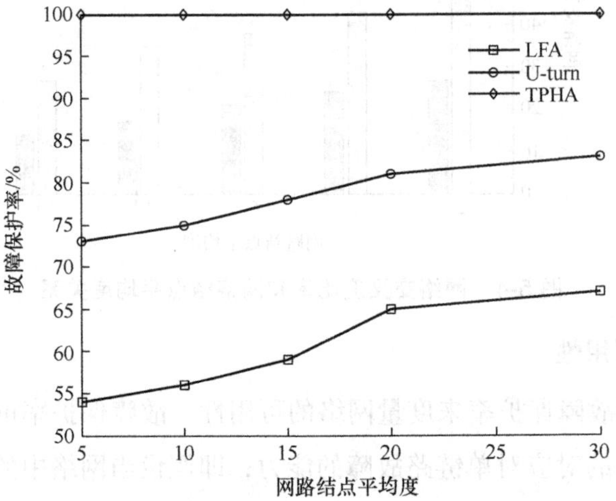

图 5-5　故障保护率和网络结点平均度的关系

5.1.5　结束语

本节主要研究如何利用 SR 技术灵活应对网络中频繁出现的链路故障，从而提高域内路由可用性，提升用户体验程度。首先，将需要解决的科学问题描述为一个 MILP 问题，然后，提出利用两阶段的启发式算法 TPHA 计算近似最优解。实验的模拟结果表明，TPHA 可以提供较高的单链路故障保护率，大大降低了由于单链路故障造成的报文丢失率。本章还讨论了如何使用 SR 方案应对网络中单链路故障情形。如果需要应对网络中的单故障情形，即单结点故障或者单链路故障，仅仅需要将网络交叉度的定义修改为所有结点对之间的最短路径和备份路径包含的公共结点的数量和公共边的数量之和即可。我们相信，TPHA 可以为 ISP 提供一种提高域内路由可用性的高效解决方案。

5.2 基于段路由的单结点故障路由保护算法

针对已有的路由保护方案没有很好地权衡路由保护算法的故障保护率和路径拉伸度之间的关系，该文提出了一种基于段路由（Segment Routing, SR）体系结构的快速重路由算法（Simple IP Fast Reroute Algorithm Based on SR, IPFRRBSR）来解决已有路由保护方案面临的两个难题。IPFRRBSR 为每个源 – 目的对计算两条路径，其中一条是最短路径，另外一条是利用段标签构造的备份路径。当网络没有故障时利用最短路径转发报文，当网络出现故障时利用备份路径转发报文。由于最短路径和备份路径（除去源和目的）没有公共结点，所以二者不会同时发生故障。实验结果表明，该算法不仅可以应对网络中任意的单结点故障情形，并且具有较小的路径拉伸度。

5.2.1 网络模型和问题描述

网络拓扑可以表示为图 $G=(V,E)$。在图 G 中 V 用来代表网络拓扑中所有结点的集合，E 用来表示网络拓扑中所有链路的集合，即对于图 G 中 $\forall e=(i,j)\in E$。在一个网络拓扑 $G=(V,E)$ 中，源 – 目的结点对 $(o,d)(o\neq d)$ 之间的最短路径表示为 $p(o,d,G)$，源 o 到目的 d 的最优下一跳表示为 $b(o,d,G)$，$e=(o,b(o,d,G))$ 表示 o 与 $b(o,d,G)$ 所连接的链路。对于图 G 中任意结点 v，用 $I(v)$ 表示所有其他结点到达该结点的边。$p'(o,d,r(o,d))$ 表示为利用段标签 $r(o,d)$ 计算出的结点 (o,d) 之间的备份路径，简写为 p'。

本节的问题可以描述为：给定网络拓扑 $G=(V,E)$，计算图中所有 $(o,d)(o\neq d)$ 对的段标签，从而使得利用段标签计算出的备份路径可以应对网络中所有可能的单结点故障情形。

输入：网络拓扑结构 $G=(V,E)$；

输出：$r(o,d),\ o,d\in V,\ o\neq d$；

目标：$\mathrm{Converge}(o,d,l,p')=1$。

其中，$r(o,d)$ 表示 $(o,d)(o\neq d)$ 之间的段标签的集合，$\mathrm{Converge}(o,d,l,p')=1$ 表示对于所有的 $(o,d)(o\neq d)$ 计算出的备份路径 p' 可以应对网络中

所有的单结点故障。本章讨论的网络是一个健壮性的网络。健壮性网络可以定义为：当该网络中任意一个结点断开时，网络依然保持连通。这是因为对于一个非健壮性的网络，讨论单结点故障没有实际意义。

5.2.2 IPFRRBSR 算法

1. 算法需要解决的关键问题

下面通过两个步骤来解决第 5.1 节中提出的问题。

（1）计算出所有 $(o,d)(o \neq d)$ 之间的段标签。

（2）对于每一个 $(o,d)(o \neq d)$，通过计算出的段标签来计算二者之间的备份路径。

在上述两个步骤中，其中第 2 个步骤较为简单，备份路径可以用

$$p'(o,d,r(o,d)) = p(o,r_1,G)p(r_1,r_2,G)\cdots p(r_n,d,G) \quad (5\text{-}17)$$

表示。在式中，$r_1,r_2,r_3,\cdots,r_n$ 表示 (o,d) 对之间共有 n 个段标签，r_n 用来表示 $r(o,d)$ 中的第 n 个段标签，$p(o,r_n,G)$ 表示从 o 到 r_n 的最短路径。对于 $(o,d)(o \neq d)$，如果随意计算它们之间的段标签，则它们之间的备份路径就可能无法应对网络中所有的单结点故障情形。下面将详细描述如何计算源－目的对之间的段标签，从而实现本章提出的目标。

2. 算法实现

算法 5-3　IPFRRBSR

Input:

$G = (V, E)$

Output:

U

1:　For $v \in V$

2:　　以 v 为根构造最短路径树

3:　　将树中结点按照深度优先存储于队列 $Q(v \notin Q)$ 中

4:　　$d = v$

5:　　While $Q \neq \varnothing$ do

6:　　　　$o = \mathrm{pop}(Q)$

7:　　　　$G' = G / I(b(o,d,G))$

8:　　　　计算 (o,d) 之间的最短路径 $p(o,d,G')$

9:　　　　$r(o,d) = \mathrm{SRLABEL}(o,d,G,p(o,d,G'))$

10:　　　　$U \leftarrow r(o,d) \cup U$

11:　　EndWhile

12:　EndFor

13:　Return U

以上详细描述了 IPFRRBSR 的执行过程。算法输入为网络拓扑 $G=(V,E)$，输出为拓扑中所有 (o,d) 对的 $r(o,d)$ 的集合 U。对于结点 v，构造以该结点为根的最短路径树（算法第 2 行）。将该树中除去结点 v 以外的其他结点按照深度优先的顺序存储在队列 $Q(v \notin Q)$ 中（算法第 3 行）。算法需要一系列的迭代过程，在每次迭代过程中，从队列 $Q(v \notin Q)$ 中取出第一个元素 o（算法第 4 ～ 6 行），这样就形成一个 (o,d) 对。为了解决算法中可能遇到的最后下一跳问题，将所有链路 $I(bn(o,d,G))$ 从拓扑 G 中删除得到 G'，并且计算 (o,d) 对之间的最短路径 $p(o,d,G')$（算法第 7 ～ 8 行）。通过函数 $\mathrm{Relaynode}(o,d,p(o,d,G),p(o,d,G'))$ 计算出 (o,d) 对间的段标签 $r(o,d)$，将计算好的 $r(o,d)$ 并入集合 U 中（算法第 9 ～ 10 行），最后输出集合 U（第 13 行）。

算法 5-4

Input:

$(o,d),G,p(o,d,G') = \{o,v_1,v_2,\cdots,v_n,d\}$

Output:

$r(o,d)$

```
If b(p_r) = d then
  Return ∅
EndIf
o' = o, d' = o, n' = n
While d' ≠ d do
   d' = d, n' = n
   while p(o',d',G') ≠ p(o',d',G) do
     If o' = d' then
        break
     EndIf
    If n' = 0 then
       d' = o
    else
       d' = v_{n'}, n' = n' − 1
    EndIf
  EndWhile
  If o' = d' then
    If b(o',d,G') ≠ d then
       r(o,d) ← b(o',d,G') , o' = b(o',d,G')
    else
       d'=d
    EndIf
  else
    If d' ≠ d then
       r(o,d) ← d' , o' = d'
    else
      break
    EndIf
```

```
29:    EndIf
30: EndWhile
31: Return r(o,d)
```

算法 5-3 的第 9 行调用了函数 SRLABEL，算法 5-4 描述了 SRLABEL 函数的执行过程。首先，需要给该函数输入网络拓扑 G 和一个 (o,d) 对，以及算法 5-3 第 8 行计算出的 $p(o,d,G')$，$p(o,d,G')$ 在这里表示为 $\{o,v_1,v_2,\cdots,v_n,d\}$。函数输出为一个 (o,d) 对的段标签集合 $r(o,d)$。如果 $p(o,d,G')=\{o,d\}$，即 $b(o,d,G')=d$，则这个 (o,d) 对不存在段标签（算法第 1 ～ 3 行）。该函数定义了 3 个临时变量 o'、d'、n'，其中 $o',d'\in\{o,v_1,v_2,\cdots,v_n,d\}$，所以 $p(o',d',G')\subset p(o,d,G')$。例如，假设 $o'=o$，$d'=v_2$，则 $p(o',d',G')=\{o,v_1,v_2\}$。初始化 o',d',n' 的数值（算法第 4 行）。为了计算段标签，算法需要进行一系列的循环过程。在每一次循环中，首先将变量 d'、n' 的值设置为 $d'=d$，$n'=n$（算法第 6 行）。算法第 7 ～ 16 行是计算满足 $p(o',d',G')=p(o',d',G)$ 的 d' 的取值过程。如果满足上述条件的 d' 不存在，则 $d'=o'$（算法第 8 ～ 10 行）。如果 $b(o',d,G')\neq d$，则此时结点 $b(o',d,G')$ 为一个段标签，将其并入集合 $r(o,d)$ 中，并且将 o' 的值变为 $b(o',d,G')$（算法第 18 ～ 20 行），否则 $d'=d$。如果满足条件 $p(o',d',G')=p(o',d',G)$ 的 d' 存在，继续判断 d' 是否等于 d，如果 d' 不等于 d，此时 d' 为一个段标签，将其并入集合 $r(o,d)$ 中，并且将 o' 的值变为 d'（算法第 25 行）；如果 d' 等于 d，则算法结束（算法第 27 行）。

3. 算法复杂度分析

在 IPFRRBSR 算法中，对于网络中的每个结点，需要计算一棵以该结点为根的最短路径树，这部分的时间复杂度为 $V\cdot O(V\cdot \lg V+E)$。计算结点对之间的段标签的最坏时间复杂度为 $O(V)$，即结点间的路径包含的最大结点数，因此，为所有结点对计算段标签的时间复杂度为 $V^2\cdot O(V)$。因为计算以该结点为根的最短路径树可以并行计算，因此该部分的算法复杂度可以为 $O(V\cdot \lg V+E)$。同理，计算段标签也可以并行计算，该部分的算法复杂度

为 $O(V)$。因此，IPFRRBSR 的算法复杂度为 $O(V \cdot \lg V + E)$。

4. 算法收敛性分析

IPFRRBSR 算法主要执行迪杰斯特拉算法和字符串匹配算法。当计算两个结点之间的段标签的时候，首先根据算法 5-3 中的第 2 行计算出的最短路径树构造出这两个结点之间的最短路径，然后根据算法 5-3 中的第 7 ～ 8 行重新计算这两个结点之间新的最短路径，再调用函数 SRLABEL 执行字符串匹配算法。函数 SRLABEL 详细讨论了结点间所有段标签的可能情况，因此，IPFRRBSR 必定会收敛。

5.2.3 实验

本小节将利用模拟实验来评价本章提出的算法 IPFRRBSR 的性能，并且与算法 NPC 和 Not-Via 进行比较。模拟实验的评价指标主要包括故障保护率和路径拉伸度。为了说明 IPFRRBSR 不会引入过多的额外负担，计算 IPFRRBSR 中对应的段标签的数量。

为了衡量算法的性能，本章采用了两种类型的拓扑结构，包括 2 个真实拓扑结构 NJLATA 和 TORONTO，以及 4 个利用 Brite 软件生成的拓扑结构。Brite(n, m) 表示该拓扑的结点数量为 n，度数为 m。

1. 故障保护率

本节通过故障保护率来测试不同算法应对单结点故障的能力。表 5-4 列出了不同算法在上述两种类型的拓扑中对应的故障保护率。从该表格可知，IPFRRBSR 和 Not-Via 的故障保护率都为 100%，但是 NPC 的故障保护率为 80% ～ 98%。

表 5-4 故障保护率　　单位：%

网络拓扑	IPFRRBSR	Not-Via	NPC
NJLATA	100	100	80
TORONTO	100	100	90
Brite(40,4)	100	100	95

（续表）

网络拓扑	IPFRRBSR	Not-Via	NPC
Brite(60,4)	100	100	97
Brite(80,4)	100	100	97
Brite(100,4)	100	100	98

2. 路径拉伸度

本小节将衡量当网络中出现单结点故障时，报文的实际转发路径和发生该故障后对应的最短路径的比值，即路径拉伸度。因为 NPC 算法的故障保护率不是 100%，所以在做该实验时，仅比较 NPC 算法中能够被保护的路径对应的路径拉伸度。表 5-5 列出了不同算法对应的平均路径拉伸度。由表可知，在上述所有拓扑结构中 IPFRRBSR 的路径拉伸度是最小的，NPC 的路径拉伸度最大。特别是当在拓扑 NJLATA 中，IPFRRBSR 的路径拉伸度为 1，而 NPC 的路径拉伸度为 1.72。

表 5-5　路径拉伸度

网络拓扑	IPFRRBSR	Not-Via	NPC
NJLATA	1.000 000	1.004 849	1.723 260
TORONTO	1.048 470	1.121 292	1.126 542
Brite(40)	1.031 865	1.065 413	1.298 922
Brite(60)	1.044 457	1.093 645	1.349 561
Brite(80)	1.063 775	1.134 678	1.318 934
Brite(100)	1.067 956	1.146 474	1.341 906

为了更加精细地描述路径拉伸度，本部分统计了不同算法对应的每个源 – 目的对应的路径拉伸度。图 5-6 和图 5-7 分别表示不同算法在拓扑 NJLATA 和拓扑 TORONTO 中路径拉伸度的累计概率分布。从图 5-6 中可知，IPFRRBSR 中所有源 – 目的的路径拉伸度均为 1，远远小于 Not-Via 和 NPC 的路径拉伸度。从图 5-7 中可知，IPFRRBSR 中源 – 目的对应的路径拉伸度为 1 的比例为 72%，路径拉伸度小于 1.5 的比例为 98%。

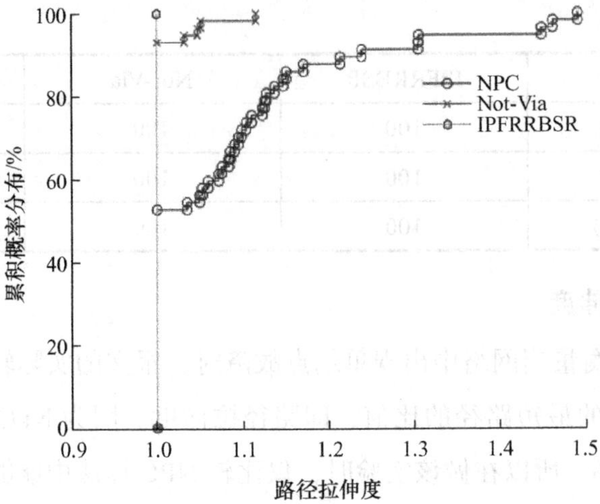

图 5-6　不同算法在 NJLATA 运行结果

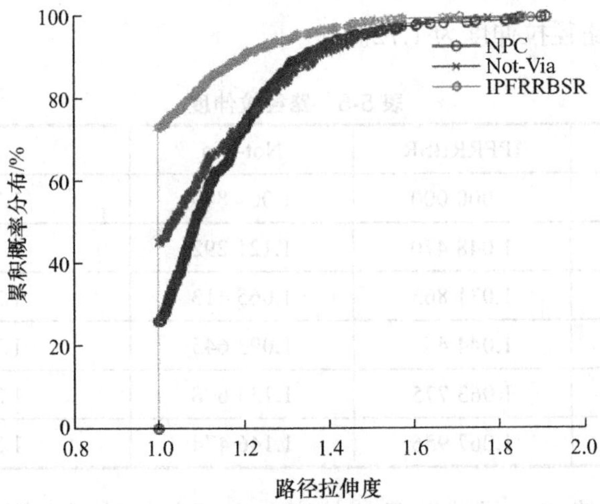

图 5-7　不同算法在 TORONTO 运行结果

3. 段标签数量

本部分将描述算法 IPFRRBSR 在不同拓扑结构中对应的段标签的数量。由表 5-6 可知，IPFRRBSR 算法对应的平均段标签的数量均小于 1.2，因此不会增加过多的额外负担。

表 5-6　段标签平均个数

网络拓扑	段标签平均个数
NJLATA	1.125 000
TORONTO	1.085 366
Brite(40,4)	1.024 194
Brite(60,4)	1.031 699
Brite(80,4)	1.035 035
Brite(100,4)	1.020 440

图 5-8 描述了算法 IPFRRBSR 在上述两种拓扑中每个源 – 目的对的段标签累计概率分布。由图可知，除去 NJLATA，在剩余拓扑中 92% 以上的源 – 目的对的段标签数量为 1，只有不到 8% 的源 – 目的对的段标签数量为 2。NJLATA 中仅有 0.001% 的源 – 目的对的段标签数量为 3。

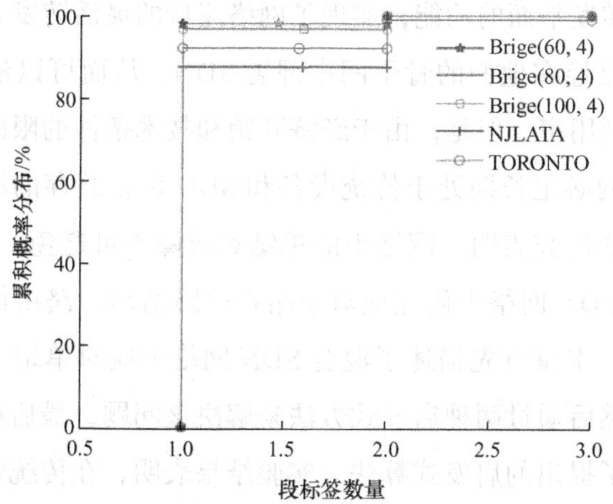

图 5-8　段标签累计概率分布

5.2.4　结束语

本节提出了一种基于 SR 的域内路由保护方案（IPFRRBSR）。IPFRRBSR 计算结点对 (o,d) 之间段标签的方法如下：首先，计算二者之间的最短路径；然后，从原拓扑结构中删除结点 o 到结点 d 的最优下一跳，在新的拓扑中重新计算二者之间的最短路径；最后，根据这两条最短路径的匹配情况计算二者之间的段标签。因为利用 IPFRRBSR 计算出的结点对之间的备份路径和结点对之间的最短路径不包含公共结点，所以 IPFRRBSR 可以应对网络中的单故障情形。实验结果表明，IPFRRBSR 不仅可以提供 100% 单故障保护率，并且路径拉伸度较低，可很好地解决目前路由保护方案无法平衡故障保护率和路径拉伸度的难题。IPFRRBSR 可以为 ISP 解决域内路由可用性提供一种有效的解决方案。

5.3 基于混合软件定义网络的路由保护算法

软件定义网络（Software Defined Network, SDN）是由美国斯坦福大学 Clean Slate 课题组提出的一种新型网络体系架构，该架构最大的特点是解耦了控制平面和转发平面的功能，实现了网络流量的灵活转发。基于此，互联网服务提供商已经在他们的骨干网中部署 SDN，从而可以最大限度地提高对网络资源的利用率。但是，由于经济开销和技术条件的限制，互联网服务提供商的骨干网必定长期处于传统设备和 SDN 设备共存的混合 SDN 状态。针对网络故障的研究表明，网络中的单结点故障不可避免，并且频繁发生。因此，在混合 SDN 网络中研究应对单结点故障情形的路由保护方法是一个关键科学问题。本章首先描述了混合 SDN 网络中应对单结点故障情形需要解决的问题，然后通过两种启发式方法来解决该问题，最后在真实拓扑和模拟拓扑中测试了提出的启发式算法。实验结果表明，在传统骨干网中，仅需要将一小部分传统设备升级为 SDN 设备，本章提出的算法就可以应对网络中所有可能的单结点故障情形。

5.3.1 网络模型和问题描述

1. 网络模型

图 $G=(V,E)$ 用来表示一个网络拓扑结构，其中 V 为该拓扑中结点的集合，E 为该拓扑中边的集合。对于 $\forall v \in V$，$N(v)$ 表示该结点的所有邻居结点，$\mathrm{spt}(v)$ 为以结点 v 为根的最短路径树，对于 $\forall x, y \in V\ (x \neq y)$，$\mathrm{sp}(x,y)$ 为结点 x 到结点 y 的最短路径上的结点的集合，$\mathrm{cost}(x,y)$ 表示在网络 G 中结点 x 到结点 y 的最小代价，$\mathrm{dn}(x,y)$ 为结点 x 到结点 y 的最优（默认）下一跳，$\mathrm{sn}(x,y)$ 为结点 x 到结点 y 的最短路径的第二跳，$\mathrm{bn}(x,y)$ 为结点 x 到结点 y 的备份下一跳。

下面我们通过一个例子来解释上面的网络模型。图 5-9 表示以结点 c 为根的最短路径树 $\mathrm{spt}(c)$。结点 c 的邻居结点可以表示为 $N(c)=\{a,b\}$，结点 c 到结点 g 的最短路径 $\mathrm{sp}(c,g)=(c,a,h,g)$，结点 c 到结点 g 的最短路径的代价为 $\mathrm{cost}(c,g)=3+2+1=6$，结点 c 到结点 g 的默认下一跳为 $\mathrm{dn}(c,g)=a$，结点 c 到结点 g 的第二跳为 $\mathrm{sn}(c,g)=h$。同理，结点 c 到结点 f 的最短路径为 $\mathrm{sp}(c,f)=(c,b,f)$，结点 c 到结点 f 的最短路径的代价为 $\mathrm{cost}(c,f)=5+1=6$，结点 c 到结点 f 的默认下一跳为 $\mathrm{dn}(c,f)=b$。

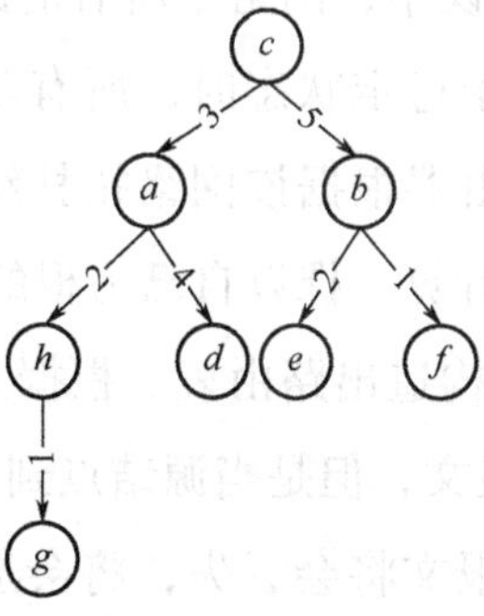

图 5-9　以结点 c 为根的最短路径树 $\mathrm{spt}(c)$

定义 5-1：对于任意的源－目的 $(s-d)$ 结点对，假设它们之间的最短路径是 $(s,\mathrm{bn}(s,d),\mathrm{sn}(s,d),\cdots,d)$，当网络中存在一个结点 t 满足下面两个条件：

① $\mathrm{bn}(s,d) \notin \mathrm{sp}(s,t)$，② $\mathrm{bn}(s,d) \notin \mathrm{sp}(t,sn(s,d))$ 或者存在一个结点 $x \in N(t)$，$\mathrm{bn}(s,d) \notin \mathrm{sp}(x,\mathrm{sn}(s,d))$，则称该源－目的结点对被保护。

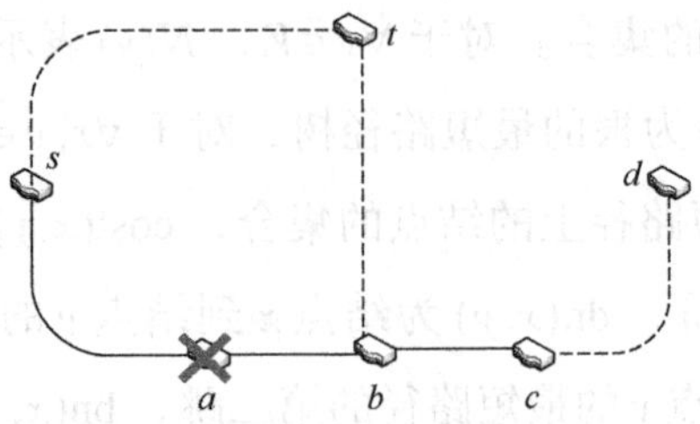

图 5-10 解释定义 5-1 的例子

我们用图 5-10 来解释定义 5-1。在图中源 - 目的 $(s-d)$ 的最短路径是 $(s,a,b,c,\cdots,d)$，如果存在一个结点 t 满足 $a \notin \mathrm{sp}(s,t)$ 和 $a \notin \mathrm{sp}(t,b)$ 同时成立或者结点 t 有一个邻居结点到结点 b 的最短路径不包含结点 a，则称该源 - 目的结点对被保护。

定义 5-2：故障保护率 $R(G,M)$ 可以定义为被保护的源 - 目的结点对的数量除以网络中所有源 - 目的结点对的数量，其中 M 为 SDN 结点的集合。

2. 问题描述

现在互联网部署的域内路由协议主要是链路状态路由协议，如 IS-IS 和 OSPF 等。在这两种路由协议中，网络中所有的路由器都拥有本自治域内的完整拓扑结构。当网络处于稳定状态时，所有路由器中存储的拓扑结构是一致的。网络中的每个路由器根据该网络拓扑结构利用最短路径优先算法（Shortest Path First, SPF）计算一棵以自己为根的最短路径树（Shortest Path Tree, SPT），然后利用该树构造出路由表。根据上述描述可知，目前域内路由协议采用最短路径转发报文，但是当源结点到目的结点的默认下一跳出现故障时，传输到该结点的报文将会丢失，将会造成网络中断，大大降低了用户体验。从上述的描述可知，目前互联网采用最短路径转发报文，当网络出现故障时将会导致网络中断，严重影响网络性能。本章研究如何在混合 SDN 网络中实现可以保护所有可能出现的单结点故障情形的路由保护算法。

本章需要解决的问题可以描述为：给定一个网络拓扑 $G=(V,E)$，如何设计一种高效的路由保护算法，该算法从网络中选择一组数量最小的结点部署 SDN 技术，并且能够应对网络中所有可能出现的单结点故障情形。

5.3.2 算法

本节的解决思路如下：首先，计算出所有源 - 目的结点对之间的最短路径，根据该最短路径记录所有的源 - 第二跳结点对的集合；然后，通过在网络中部署 SDN 结点，计算所有源 - 第二跳结点对的不包含最优下一跳的路径，从而使得该方案可以应对网络中所有可能出现的单结点故障情形。为了便于读者理解，我们用图 5-11 来解释本节的思路。在图 5-1 中，源 s 到目的 d 的最短路径为 $(s,a,\cdots,d)$，假设 SDN 结点为 c，则该结点到结点 f 的最短路径不经过结点 a，或者结点 c 的邻居 e 到 f 的最短路径不经过结点 a。网络中没有故障时，当有报文从源 s 被转发到目的 d 时，该报文的转发路径为 $(s,a,\cdots,d)$。当结点 a 出现故障时，源 s 将会把报文首先转发给 SDN 结点 c，然后 SDN 结点 c 或者结点 c 的邻居结点 e 将该报文转发到结点 f，结点 f 就将会把报文转发给目的结点 d。

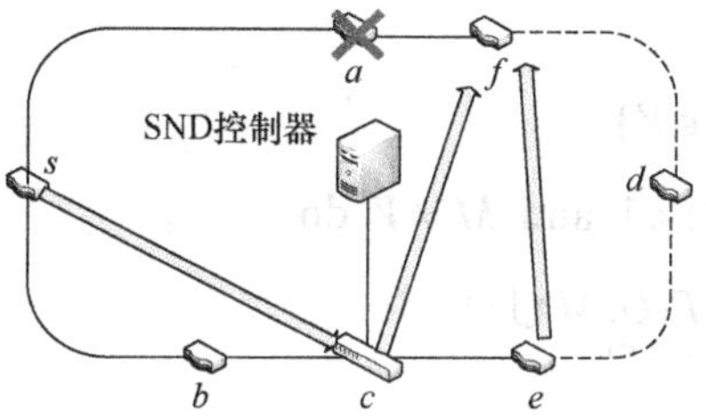

图 5-11　本节的核心思想

1. 贪心算法

本部分将介绍如何采用贪心算法解决上述问题，算法 5-5 介绍了（Greedy Algorithm for Routing Protection based on Hybrid Software Defined networks）是如何运行的。设置部署 SDN 结点集合的初始值 $M=\Phi$，设置故障保护率的初值 $R(G,M)=0$，计算所有源 - 目的结点对之间的最短路径，然后将所有源 - 第二跳结点对存储在变量 $L=\{(s,d),s,d\in V\}$ 中（算法第 1 ～ 3 行）。为了获得部署 SDN 结点集合 M，算法需要执行一系列的迭代过程，直到结点故障保护率 $R(G,M)=1$ 或者部署 SDN 结点的集合 $M=V$ 之一成立。函数 nei(V) 的作用是在集合 V/M 中随机选择一个结点 v 部署 SDN 技术。函数 $\arg\max\limits_{v\in \mathrm{nei}(V)} R(G,M\cup v)$ 的功能是，计算出保护的集合 L 中结点对数量最多时对应的结点 k。计算方法如下：结点 k 是源目的结点对 s 和 d 的 SDN 结点必须满足的条件，即结点 $\mathrm{dn}(s,k)$ 不在结点 s 到结点 k 的最短路径上，并且结点 k 至少有一个邻居结点到结点 d 的最短路径不包括链路结点 $\mathrm{dn}(s,k)$。然后，将结点 k 加入到集合 M 中，更新故障保护率（算法第 4 ～ 8 行），最后返回部署 SDN 结点集合 M（算法第 9 行）。

算法 5-5　GARPHSDN

Input：

　$G=(V,E)$

Output：

　M

1：$M=\varnothing$

2：$R(G,M)\leftarrow 0$

3：$L=\{(s,d),s,d\in V\}$

4：While $R(G,M)<1$ and $M\neq V$ do

5：　$k\leftarrow \arg\max\limits_{v\in \mathrm{nei}(V)} R(G,M\cup v)$

6：　$M\leftarrow M\cup k$

7：　计算故障保护率 $R(G,M)$

8：EndWhile

9：Return M

---

2. IPGARPHSDN 算法

算法 5-5 是一种典型的贪心算法，为了从网络中选择一个结点部署 SDN 技术，该算法需要经过数次的迭代过程，所以该算法的时间复杂度较高。为了降低 GARPHSDN 的时间复杂度，使得算法更容易在实际网络中部署，我们提出了一种改进的贪心算法 IPGARPHSDN（Improved Greedy Algorithm for Routing Protection based on Hybrid Software Defined networks）来降低算法的复杂度。算法 5-6 详细描述了算法的具体执行过程。首先计算出网络中所有源－第二跳结点对集合 $L=\{(s,d),s,d\in V\}$（算法第 1 行）；然后对于集合 $(s,d)\in L$ 中的任意源－目的结点对，根据定义 5-1 的规则计算每个结点对之间所有的 SDN 结点 $D(s,d)$，统计网络中所有结点的 $\sum_{(j,k)\in V} y(i,j,k),i\in V$，其中 $y(i,j,k)$ 表示结点 i 是否是源－目的结点对 j 和 k 的 SDN 结点，如果结点 i 是源－目的结点对 j 和 k 的 SDN 结点，该值为 1，否则为 0。设置部署 SDN 结点集合的初始值 $M=\varnothing$，(算法第 2 ～ 4 行)。下面是一个循环过程，直到结点故障保护率 $R(G,M)=1$ 或部署 SDN 结点的集合 $M=V$ 之一成立。每次选择一个 $\sum_{(j,k)\in V} y(i,j,k)$ 的值最大的结点 m 部署 SDN 技术，更新集合 M（算法第 6 ～ 7 行)，因为我们规定每一对源－目的结点只选择唯一的 SDN 结点，所以对于集合 $(s,d)\in L$ 中的任意源目的结点对，如果 $m\in D(s,d)$，则该源目的对之间的 SDN 结点就确定了，不必要再为其计算 SDN 结点，并且将 $D(s,d)$ 中的内容清空（算法第 8 ～ 12 行)；然后更新除去结点 m 的其他所有结点对应的 $\sum_{(j,k)\in V} y(i,j,k)$，并且计算故障保护率（算法第 13 ～ 14 行)；最后，返回部署 SDN 结点集合 M（算法第 16 行)。

算法 5-6　IPGARPHSDN

Input:

　$G=(V,E)$

Output:

　M

1：$L=\{(s,d),s,d\in V\}$

2：计算集合 L 中每个结点对之间所有的 SDN 结点 $D(s,d)$

3：计算网络中所有结点 $\sum_{(j,k)\in V} y(i,j,k)$

4：$M=\varnothing$

5：While $R(G,M)<1$ and $M\neq V$ do

6： $m = \max \sum_{(j,k)\in V} y(i,j,k)$

7： $M \leftarrow M \cup m$

8： For $(s,d) \in L$

9： If $m \in D(s,d)$ Then

10： 清空 $D(s,d)$

11： EndIf

12： EndFor

13： 更新网络中除去结点 m 的所有结点 $\sum_{(j,k)\in V} y(i,j,k)$

14：计算故障保护率 $R(G,M)$

15：EndWhile

16：Return M

3. 算法讨论

本部分将从理论上分析算法 GARPHSDN 和算法 IPGARPHSDN 的时间复杂度。

定理 5-1：算法 GARPHSDN 的时间复杂度为 $O(|V|^5)$。

证明：为了计算出最终需要部署 SDN 技术的结点，算法最多需要执行 $|V|$ 次函数 $\arg\max_{v\in \mathrm{nei}(V)} R(G, M\cup v)$，该函数需要计算网络中所有结点对之间部署 SDN 的情况，算法复杂度为 $O(|V|^4)$。因此，GARPHSDN 的时间复杂度为 $O(|V|^5)$。

定理 5-2：算法 IPGARPHSDN 的时间复杂度为 $O(|V|^2)$。

证明：该算法中第 2 行的时间复杂度为 $O(|V|^2)$，第 5 ～ 15 行的时间复杂度为 $O(|V|^2)$，因此，该算法的时间复杂度为 $O(|V|^2)$。

从上面的分析可以看出，算法 IPGARPHSDN 的时间复杂度比算法 GARPHSDN 的复杂度降低了 3 个数量级，大大降低了算法的计算开销，因此该算法更容易在实际中进行部署。

5.3.3 实验及结果分析

本小节我们将通过实验来模拟算法 GARPHSDN 和算法 IPGARPHSDN 的性能，评价的指标包括 SDN 结点的数量、故障保护率、计算开销和路径拉伸度。显然，网络中部署的 SDN 结点的数量越少，则部署开销就越小。如果某个算法对应的故障保护率为 1，则说明该算法可以应对网络中所有可能的单结点故障情形，否则该算法无法保护网络中的某些故障情形。在 5.3.2 小节，我们从理论上分析了算法 GARPHSDN 和算法 IPGARPHSDN 的时间复杂度，在本小节我们将利用算法的实际计算时间来比较算法 GARPHSDN 和算法 IPGARPHSDN 的计算开销。我们在实验中比较了 GARPHSDN 和 IPGARPHSDN 的路径拉伸度。路径拉伸度直接影响网络的时延和路径开销，因此我们希望算法的路径拉伸度尽可能小。下面我们首先介绍算法运行的网络拓扑结构，然后描述实验结果，并对实验结果进行详细的分析。

1. 网络拓扑

为了评价算法 GARPHSDN 和算法 IPGARPHSDN 的性能，我们在大量的拓扑上运行了上述两种算法。本章的实验拓扑包括下面 3 种类型。

（1）真实网络拓扑结构。在该类型的网络拓扑中，我们选择了 4 个真实网络拓扑，参数见表 5-7。

表 5-7　真实拓扑结构

网络拓扑	结点数量 / 个	链路数量 / 条
Abilene	11	14
Cernet	14	16
TORONTO	25	55
USLD	28	45

（2）Rocketfuel 测量的拓扑结构。在该类型的网络拓扑中，我们选择了 5 个测量拓扑结构，具体参数见表 5-8。

（3）利用模拟软件 Brite 生成的拓扑结构。Brite 使用的模型为 Waxman，拓扑中结点的数量为 100 ～ 500 个，alpha 的参数设置为 0.15，beta 的参数设置为 0.2，网络的平均度参数设置为 2 ～ 4，网络中结点的分布服从重尾分布，链路的带宽参数设置为 10 ~ 1024Mbit/s，链路的代价和链路带宽互为倒数。

表 5-8　Rocketfuel 拓扑结构

AS 号码	结点数量 / 个	链路数量 / 条
1221	108	153
1775	87	161
1239	315	972
3257	161	328
3967	79	147

2. SDN 结点的数量

本部分通过在传统网络中部署 SDN 结点来应对网络中所有可能出现的单结点故障情形，但是部署 SDN 结点需要额外的开销，部署的 SDN 结点数量越少，网络的额外开销越少。图 5-12 和图 5-13 列出了不同网络拓扑中部署 SDN 结点的数量的结果，在图中 Brite(m,n) 表示利用 Brite 软件生成的拓扑结构，结点数量为 m，网络平均度为 n。由图可以看出，除去 Abilene 外，在所有的网络中，只需要部署很少的 SDN 结点就可以达到故障全保护的目标。从上述的结果我们得出一个结论：在稀疏图中，部署 SDN 结点的数量较多。这是因为 Abilene 拓扑较小，并且结点的度比较小。在稠密图中，部署 SDN 结点的数量相对较少。

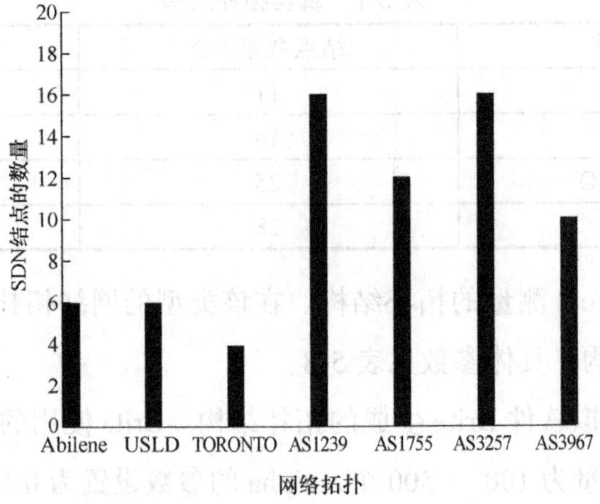

图 5-12　真实拓扑和 Rocketfuel 中 SDN 结点的数量

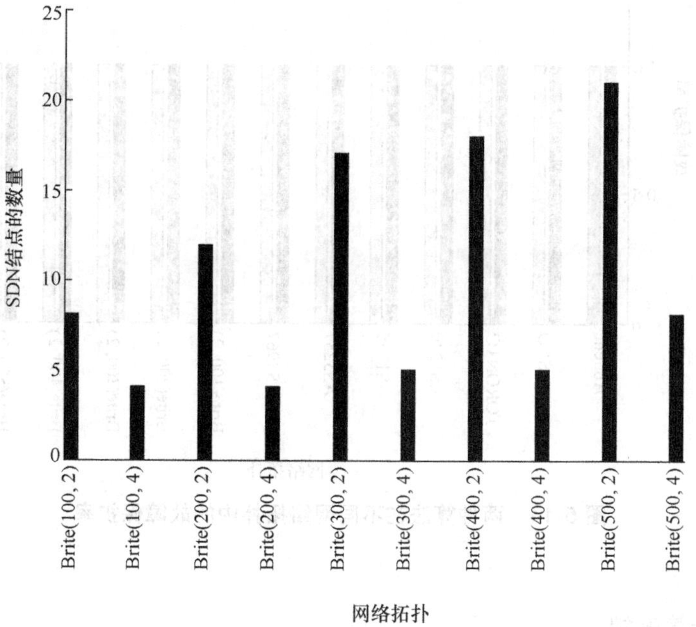

图 5-13　Brite 拓扑中 SDN 结点的数量

3. 故障保护率

本部分我们将利用故障保护率来衡量算法 GARPHSDN 和算法 IPGARPHSDN 应对故障的能力。图 5-14 显示了两种算法在不同网络拓扑中对应的故障保护率，从该数据可以看出，算法 GARPHSDN 和算法 IPGARPHSDN 对应的故障保护率均为 100%，即它们可以应对网络中所有可能出现的单结点故障情形。这是因为，算法 GARPHSDN 和算法 IPGARPHSDN 在传统网络中部署了小部分 SDN 结点，使得报文的转发更具有灵活性。当报文在转发的过程中遇到故障元素的时候，该结点必定会将报文转发给特定的 SDN 结点，SDN 结点最终会将报文顺利转发至目的结点。

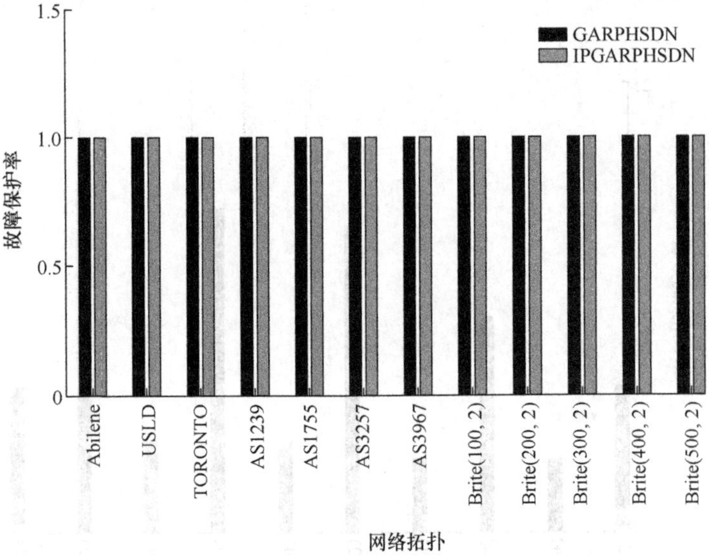

图 5-14　两种算法在不同网络拓扑中的故障保护率

4. 计算开销

5.3.2 小节从理论上分析了上述两种算法的时间复杂度。本部分我们利用不同算法的实际计算时间来衡量它们的计算开销。实验运行在一台处理器为 4 核、主频为 3.3GHz、内存为 4GB 的计算机上。表 5-9 表示 GARPHSDN 和 IPGARPHSDN 在真实网络拓扑和 Rocketfuel 测量拓扑中计算开销的结果。从表 5-9 可以看出，IPGARPHSDN 的计算开销远远低于 GARPHSDN 的计算开销。因此，IPGARPHSDN 大大降低了算法的计算开销，更容易在实际中部署。这是因为 GARPHSDN 每次都选择性能最优的结点部署 SDN 技术，需要大量的计算过程，而 IPGARPHSDN 利用之前计算出来的结果来决定下一次选择哪个结点部署 SDN 技术，而不是每次从头开始计算。

表 5-9　计算开销　　单位：ms

网络拓扑	GARPHSDN	IPGARPHSDN
Abilene	0.0089	0.00053
Cernet	0.0091	0.00078

（续表）

网络拓扑	GARPHSDN	IPGARPHSDN
USLD	0.0142	0.0063
TORONTO	0.00124	0.0063
AS1239	325.26	1.475
AS1755	8.974	0.619
AS3257	40.261	3.679
AS3967	2.681	0.0763

图 5-15 描绘了算法 GARPHSDN 和 IPGARPHSDN 在 Brite 拓扑结构中的计算开销结果。由图可以看出，随着网络拓扑大小的增加，GARPHSDN 的计算开销随之增加，而 IPGARPHSDN 的计算开销基本不发生变化。IPGARPHSDN 的计算开销远远小于 GARPHSDN 的计算开销。

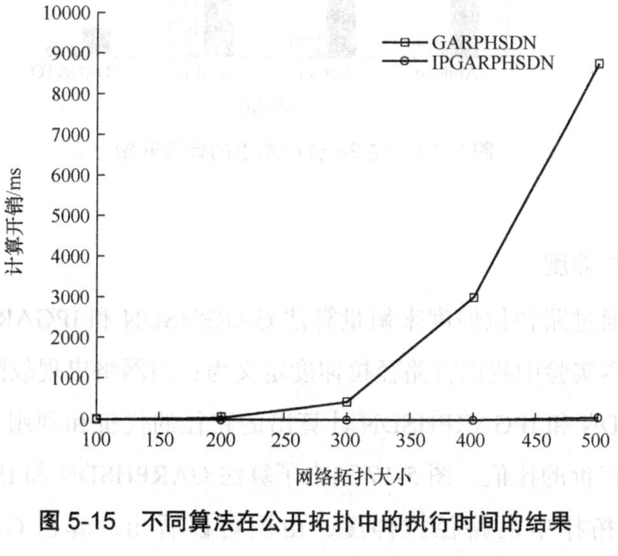

图 5-15　不同算法在公开拓扑中的执行时间的结果

上面实验中的计算开销是在一台 PC 上运行两种算法得到的结果。为了进一步验证两个算法部署在实际网络中的运行情况。在实验中我们首先在

28台计算机上安装了路由器软件Quagga和Click来模拟真实的路由器，然后分别按照Abilene、Cernet、USLD和TORONTO拓扑结构相连并且运行算法GARPHSDN和算法IPGARPHSDN。图5-16列出了两种算法的计算开销对应的结果，从图5-16可以看出，该实验对应的计算开销和在一台PC上的计算开销基本是相同的。

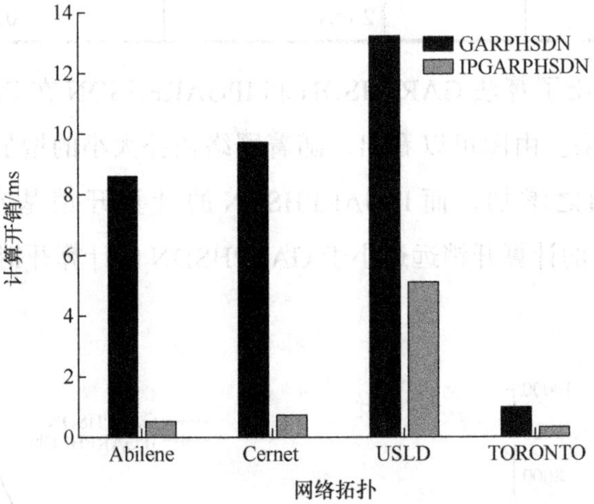

图5-16　在28台电脑上的计算开销

5. 路径拉伸度

本部分通过路径拉伸度来衡量算法GARPHSDN和IPGARPHSDN的路径开销。在本实验中我们将路径拉伸度定义为：当网络出现故障时，利用算法GARPHSDN和IPGARPHSDN计算出的路径的代价和利用OSPF计算的最短路径的代价的比值。图5-17列出了算法GARPHSDN和IPGARPHSDN在3种模拟拓扑中的路径拉伸度，由图可以看出，算法GARPHSDN和IPGARPHSDN的路径拉伸度是一样的，并且二者的路径拉伸度都小于2，因此不会引入过多的路径开销。例如，在Abilene中，路径拉伸度仅为1.145，与OSPF收敛完成后计算出的最短路径的代价几乎一致。

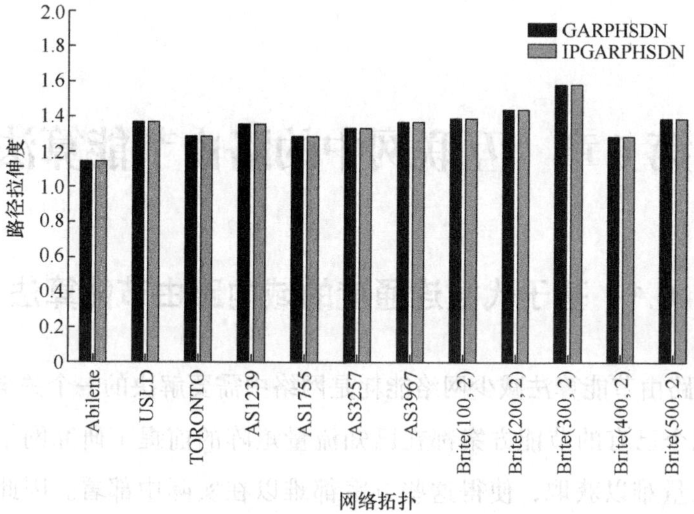

图 5-17　两种算法在模拟拓扑中的路径拉伸度

5.3.4　结束语

为了应对混合 SDN 网络中所有可能出现的单结点故障情形，本章将在传统网络中部署 SDN 结点的问题抽象为一个整数规划问题，然后分别提出两种算法 GARPHSDN 和 IPGARPHSDN 来解决该问题。然而，GARPHSDN 的计算复杂度较高，不适合在实际网络中部署。IPGARPHSDN 具有较小的计算开销，因此 IPGARPHSDN 是一种具有较强竞争力的方案。实验结果表明，仅需要在传统网络中将少部分结点升级为 SDN 结点，即可以保证 IPGARPHSDN 能够应对所有可能出现的单结点故障情形。

第 6 章　互联网中的路由节能算法

6.1　基于代数连通度的域内路由节能算法

通过路由节能算法减少网络能耗是网络中需要解决的一个关键性的科学问题。现今已有的节能方案都在已知流量矩阵的前提下研究网络节能，由于实时流量难以获取，使得这些方案都难以在实际中部署。因此，本章提出一种基于代数连通度的域内节能方案（An Intra-domain Energy Efficient Routing Scheme Based on Algebraic Connectivity, EERSBAC）。EERSBAC 不需要网络中的实时流量矩阵，仅依靠网络中的拓扑结构就可以实现节能。本章首先提出链路关键度模型，利用链路关键度模型计算出网络中所有链路的重要程度，再提出代数连通度模型，利用代数连通度模型可以定量地衡量网络的连通性能。实验结果表明，EERSBAC 不仅能够降低网络能耗，而且具有较小的路径拉伸度。本章的研究成果主要包括以下几方面。

（1）本章提出了一种基于代数连通度的域内节能路由方案，可利用代数连通度直观地衡量网络性能的变化，进而保证网络的性能。本章的方案不需要网络中的实时流量矩阵。该方案仅和网络的拓扑相关，与实际网络中转发的流量无关，大大提高了算法的实用性。

（2）本章建立了网络中链路关键度模型，利用链路的介数和链路能量两个参数共同衡量链路的关键度，而不是仅采用介数来衡量链路关键度。这样既考虑了链路在转发报文过程中的重要性又考虑了链路消耗的能量。通过该模型可以计算出网络中所有链路的重要性，从而可以确切地删除一些相对不重要的链路。实验结果表明，本章提出的方法可以在保证网络性能的前提下极大地减少网络能耗。

6.1.1　问题描述

本章利用 $G=(V,L)$ 代表网络，其中 V 代表网络中的路由器（结点），L 代表网络中的链路（边）。如果 $e=(u,v)\in L$，则 $w(e)=w(u,v)$ 代表其对应的开销，用 $x(e)$ 表示该边消耗的能量，用 $\mathrm{sp}(u,v)$ 代表两个结点之间的最短路径包含的结点。

本章研究的问题可以抽象为：在已知网络拓扑结构 $G=(V,L)$ 的前提下，既要考虑节能效率，又要保证网络性能，然后通过关闭网络中部分链路实现网络节能。在本章中，我们将问题描述为如下内容。

输入：网络拓扑结构 $G(V,L)$ 和网络连通性能 Ω。

输出：关闭链路的集合 U。

目标：Maximize $\sum_{e\in U} x(e)$。

条件：$L\supseteq U$ 并且 $R\geqslant\Omega$，其中 R 代表代数连通度。

6.1.2　算法

1. 算法描述

本章研究的算法通过删除网络中相对不重要的链路达到节能的目的。然而，对于任何一个网络而言，删除一段链路必然会影响整个网络性能，所以首先要解决以下这两个问题。

（1）如何直观地衡量链路在网络中的重要性。

（2）在删除链路后，怎样判断网络是否连通，如果当前网络连通又怎样判断是否符合网络性能要求。

1）链路关键度模型

针对问题（1），本章提出一种链路关键度模型衡量网络链路中的重要性，可以用式（6-1）来表示：

$$I(l)=a\frac{B(l)-B_{\min}}{B_{\max}-B_{\min}}+(1-a)\left(\frac{1}{X(l)}-\frac{1}{X_{\max}}\right)/\left(\frac{1}{X_{\min}}-\frac{1}{X_{\max}}\right) \tag{6-1}$$

其中，$B(l)$为链路介数，B_{max}和B_{min}分别代表链路介数的最大值和最小值，X_{max}和X_{min}分别代表链路介数的最大值和最小值。$a\left(a\in[0,1]\right)$为调节因子，可以控制介数和能耗在网络中的重要性。从式（6-1）可以推出，链路在拓扑结构中是否关闭主要与链路的重要性和链路对应的能耗相关。链路所对应的能耗越大，此链路就越应该关闭。而对于链路的重要性而言，链路重要度越高就表明在网络中越重要，就越不应该将其关闭，链路重要度越低就越应该将其关闭。由此可得，链路重要度与介数正相关，与链路能耗负相关。

式（6-2）和式（6-3）为链路的介数的表示：

$$B(l)=\sum_{\substack{l\in \mathrm{sp}(o,d)\\ o,d\in V}}K(l,o,d) \tag{6-2}$$

$$K(l,o,d)=\begin{cases}1 & l\in \mathrm{sp}(o,d)\\ 0 & 其他\end{cases} \tag{6-3}$$

2）代数连通度

针对问题（2），本章利用代数连通度来衡量网络性能。通过研究发现，代数连通度不仅能够准确地衡量此时的网络性能，在实际运用当中也容易计算得到。

代数连通度是拉普拉斯矩阵的非零最小特征值。拉普拉斯矩阵（也被称为导纳矩阵、吉尔霍夫矩阵或离散拉普拉斯）可以表示为$\boldsymbol{L}=\boldsymbol{D}-\boldsymbol{A}$，其中$\boldsymbol{D}$为图的度矩阵，$\boldsymbol{A}$为图的带权值的邻接矩阵。度矩阵在有向图中，只需要考虑出度或者入度中的一个。

拉普拉斯矩阵的性质包括以下几点。

（1）拉普拉斯矩阵的最小特征值是0。

（2）特征值中0出现的次数就是图连通区域的个数。

（3）最小非零特征值是图的代数连通度。

（4）拉普拉斯矩阵是半正定矩阵。

由上面的分析可知，给定任意一个图，可以计算出该图的邻接矩阵和度矩阵，从而求出这个图的拉普拉斯矩阵，然后计算出这个拉普拉斯矩阵的特征值，最后可以获取该图的代数连通度。

下面通过一个简单的例子来解释一下拉普拉斯矩阵和代数连通度。图 6-1 表示一个包括 4 个结点和 4 条边的网络拓扑结构。该图对应的邻接矩阵为

$$\boldsymbol{A}=\begin{bmatrix}0 & 1 & 0 & 2\\ 1 & 0 & 2 & 0\\ 0 & 2 & 0 & 1\\ 2 & 0 & 1 & 0\end{bmatrix} \tag{6-4}$$

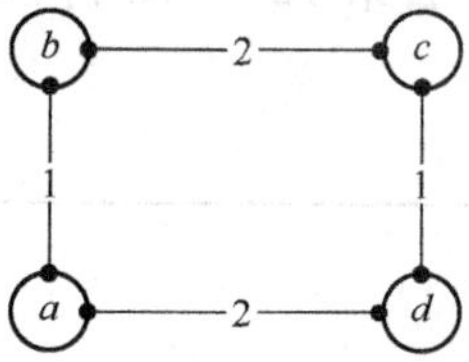

图 6-1　代数连通度例子

经过计算，该拉普拉斯矩阵的非零最小特征值为 2，即该网络的代数连通度为 2。度矩阵为

$$\boldsymbol{D}=\begin{bmatrix}3 & 0 & 0 & 0\\ 0 & 3 & 0 & 0\\ 0 & 0 & 3 & 0\\ 0 & 0 & 0 & 3\end{bmatrix} \tag{6-5}$$

拉普拉斯矩阵为

$$\boldsymbol{L}=\begin{bmatrix}3 & -1 & 0 & -2\\ -1 & 3 & -2 & 0\\ 0 & -2 & 3 & -1\\ -2 & 0 & -1 & 3\end{bmatrix} \tag{6-6}$$

2. 节能算法

下面将详细阐述算法 EERSBAC 的执行过程。计算网络需要删除链路时，要求先输入网络的拓扑结构 $G=(V,L)$ 及网络性能标准 Ω，算法最终输

出需要删除链路的集合 U，$U \subset L$。初始化操作之后，开始计算网络中所有链路的关键度，并且将它们按照升序排列存储到队列 Q 中。在算法启动时删除链路的集合 U 为空集，此时计算初始网络的代数连通度（算法第 4 ～ 7 行）。之后就是一些迭代的过程。当队列不为空时，取出队头元素，将该链路从网络中删除，然后计算删除链路后的代数连通度（算法第 9 ～ 11 行）。如果此时代数连通度小于或等于 0，则将该链路重新插回到网络中（算法第 20 行）；如果代数连通度大于 0 并且低于设定的网络性能标准，则将该链路重新插回到网络中；如果代数连通度大于 0 并且高于设定的网络性能标准，则更新删除链路的集合（算法第 12 ～ 18 行）。最后输出关闭链路的集合 U，$U \subset L$（算法第 21 行）。

算法 6-1　EERSBAC

Input：

　网络拓扑 $G=(V,L)$，网络性能标准 Ω

Output：

　关闭链路集合 U，$U \subset L$

1：根据链路关键度模型计算链路的关键度

2：根据链路关键度对链路进行升序排列

3：将第 2 步计算出的链路存储在 Q 中

4：$U \leftarrow \varnothing$

5：计算初始网络的代数连通度 R

6：$R' \leftarrow R$

7：$L' \leftarrow L$

8：While　Q 不为空 do

9：从队列 Q 中取出第一个元素 l

10：$G'=(V,L'-l)$

11：计算网络的代数连通度 R'

12：　If $R'>0$ Then

```
        If R′≥Ω Then
            L′←L′−l
            U←U∪l
        Else
            G′=(V,L′)
        EndIf
Else
        G′=(V,L′)
Return U
```

3. 算法部署

下面讨论如何在互联网中实现部署 EERSBAC 算法。由于 EERSBAC 是一种集中式算法，可将该算法部署在软件定义网络（Software Defined Networks, SDN）中，在控制器上运行 EERSBAC 算法，控制器和路由器之间通过 Openflow 协议交互信息。下面主要讨论两个方面的问题：①计算网络中所有链路关键度的计算复杂度；②控制器将关闭链路发送给相应路由器的通信开销。

下面首先讨论第一个问题。计算链路关键度的复杂度主要集中在计算每条链路的介数中。

下面为链路介数的计算方法。

利用 Dijkstra 算法计算出网络拓扑中每个结点的最短路径树，然后从最短路径树中得到每个结点到其他结点的最短路径，最后计算出这些最短路径中每条边出现的次数，每条边出现的次数即为每条边的介数。因此，计算网络中所有链路的时间复杂度为 $|E|\cdot|V|\cdot O(|V|\lg|V|+|E|)$，对于 SDN 网络中的控制器而言，该算法开销是可以接受的。

下面讨论第二个问题。当运行 EERSBAC 的控制器计算出关闭链路的集合时，利用 Openflow 协议将该相应的链路转发给所有需要关闭链路的路由器结点。由于算法 EERSBAC 是一种流量无关的节能算法，即关闭的链路集合不会随着网络中流量的变化而变化，因此 SDN 控制器将结果通知给网络中所有的参与结点，并且该操作仅执行一次，该消息仅需要包含与该结点相邻的需要关闭的链路即可。假设网络中最大结点的度为D，存储一条链路的存储开销为L（只需要存储链路的起始和终端两个结点信息即可），控制器发给该结点的消息的最大长度为$D \bullet L$。由于该消息仅需要被转发一次，因此不会给网络带来过大的额外开销。

6.1.3 实验

1. 实验方法

本部分将利用实验来检测算法的效果。首先，将详细介绍实验中所采用的方法和实验中变量的取值，然后，利用图形形象、直观地展现实验结果，并且概括实验得出的结论。本部分利用节能比率和路径拉伸度作为度量来衡量算法的性能，其中节能比率可以定义为运行 EERSBAC 算法后网络的能量与初始网络的能量的比值。EERSBAC 中有两个重要的参数：代数连通度比率和调节因子a。其中代数连通度比率可以定义为运行 EERSBAC 算法后网络的代数连通度与初始网络的代数连通度的比值。因此，本小节的主要评价指标为代数连通度比率、节能比率和路径拉伸度。下面重点介绍实验中使用的拓扑结构和线卡的能耗。

（1）实验使用的拓扑结构。

本小节使用 5 个真实网络拓扑来衡量算法的性能，拓扑的结点数量和链路数量的参数见表 6-1。

表 6-1 网络拓扑参数

网络拓扑	结点数量 / 个	链路数量 / 条
Abilene	11	14
TORONTO	25	55
USLD	28	45
Exodus	79	147
NJLATA	11	23

（2）线卡能耗。

研究表明，不同的线卡消耗的能量是不相同的，并且网络中路由器的线卡种类也是基本固定的。表 6-2 列出了常用的线卡的类型和其对应的能耗。本实验利用随机的方法给每条链路赋予表 6-2 中的能耗值。

表 6-2　线卡和其对应的能耗

线卡类型	能耗 /W
OC-3	60
OC-12	80
OC-48	140
OC-192	174

2. 实验结果

1）调节因子和节能关系

本部分将讨论调节因子和节能比率之间的关系。为了讨论二者之间的关系，需要固定代数连通度比率。图 6-2、图 6-3 和图 6-4 分别表示当代数连通度比率为 0.3、0.5 和 0.8 时对应的调节因子和节能之间的关系。

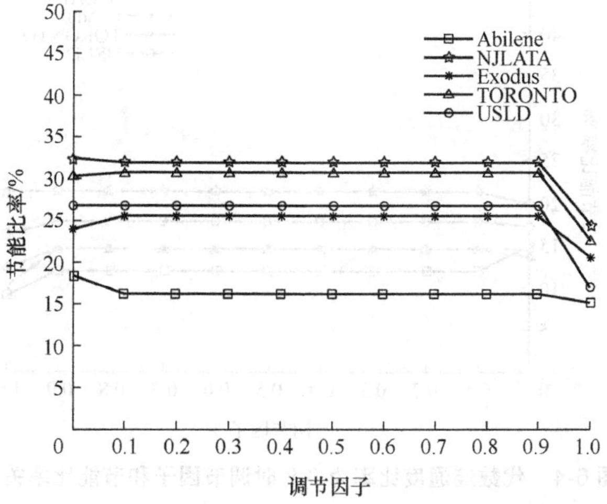

图 6-2　代数连通度比率为 0.3 时调节因子和节能比率关系

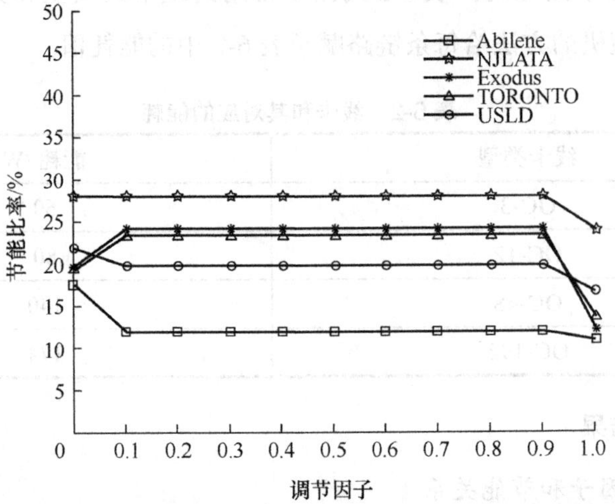

图 6-3 代数连通度比率为 0.5 时调节因子和节能比率关系

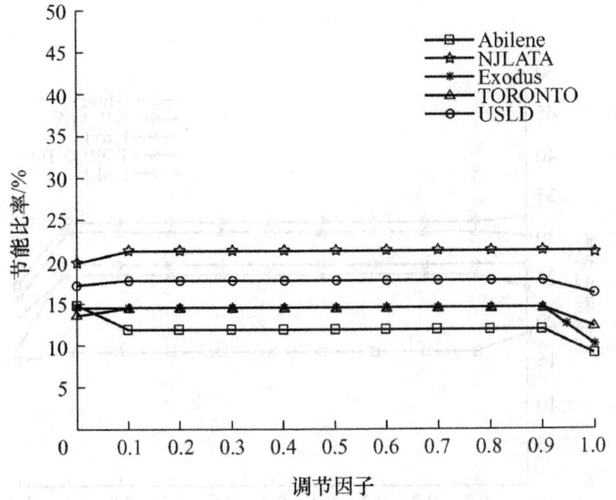

图 6-4 代数连通度比率为 0.8 时调节因子和节能比率关系

从上述 3 图可以看出，当代数连通度比率增加时，节能比率随之降低。这是因为当代数连通度比率增加时，对应的代数连通度也会增加，此时关闭的链路将会减少，因此节能比率也会减少。如果代数连通度比率固定，当 $0.1<a<0.9$ 时，节能比率基本上不会随着调节因子的变化而变化，当 $0.9<a<1$ 时，节能比率随着调节因子的增加而减小，当 $0<a<0.1$ 时，节能比率和调节因子没有固定的关系。

2）代数连通度和节能关系

本部分将讨论代数连通度比率和节能比率之间的关系。为了讨论二者之间的关系，需要固定调节因子。图 6-5 ～图 6-7 分别表示当调节因子为 0、0.3 和 0.5 时对应的代数连通度比率和节能之间的关系。

从上述 3 图中可看出，当调节因子固定的时候，节能比率随着代数连通度比率的增加而降低。这是因为当调节因子固定时，如果代数连通度比率增加，此时网络的代数连通度也在增加，因此关闭链路的数量就会减小，节能比率随之降低。

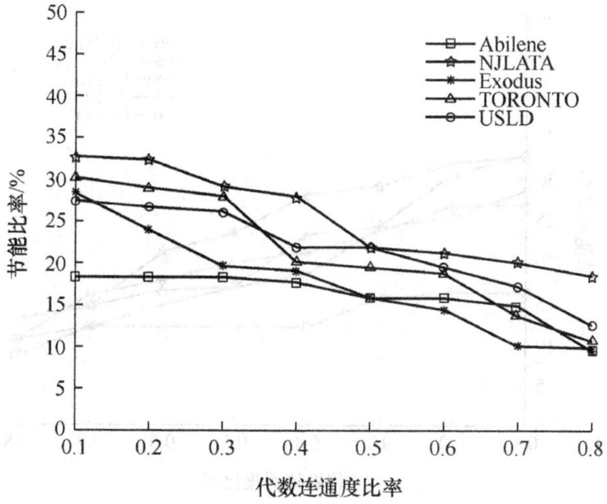

图 6-5　调节因子为 0 时代数连通度比率和节能比率关系

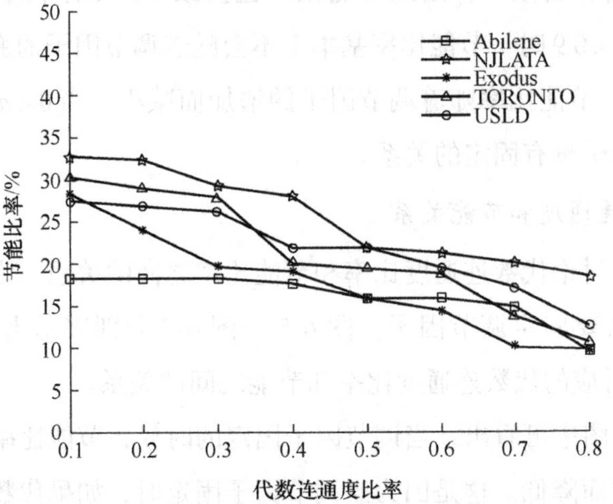

图 6-6　调节因子为 0.3 时代数连通度比率和节能比率关系

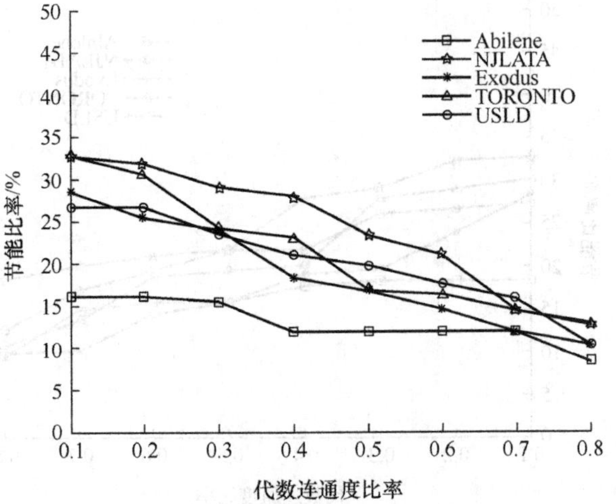

图 6-7　调节因子为 0.5 时代数连通度比率和节能比率关系

3）调节因子和路径拉伸度关系

本部分将讨论调节因子和路径拉伸度之间的关系。为了讨论二者之间的关系，需要固定代数连通度比率。图6-8、图6-9和图6-10分别表示当代数连通度比率为0.3、0.5和0.8时对应的调节因子和节能之间的关系。

从上述3图可以看出，当代数连通度比率增加时，路径拉伸度随之降低。这是因为当代数连通度比率增加时，对应的代数连通度也会增加，此时关闭的链路将会减少，因此路径拉伸度也会减少。如果代数连通度比率固定，当 $0.1<a<0.9$ 时，路径拉伸度基本上不会随着调节因子的变化而变化，当 $0.9<a<1$ 时，路径拉伸度随着调节因子的增加而增加，当 $0<a<0.1$ 时，路径拉伸度和调节因子没有固定的关系。

4）代数连通度和路径拉伸度关系

本部分将讨论代数连通度比率和路径拉伸度之间的关系。为了讨论二者之间的关系，需要固定调节因子。图6-11、图6-12和图6-13分别表示当调节因子为0、0.3和0.5时对应的代数连通度比率和路径拉伸度之间的关系。

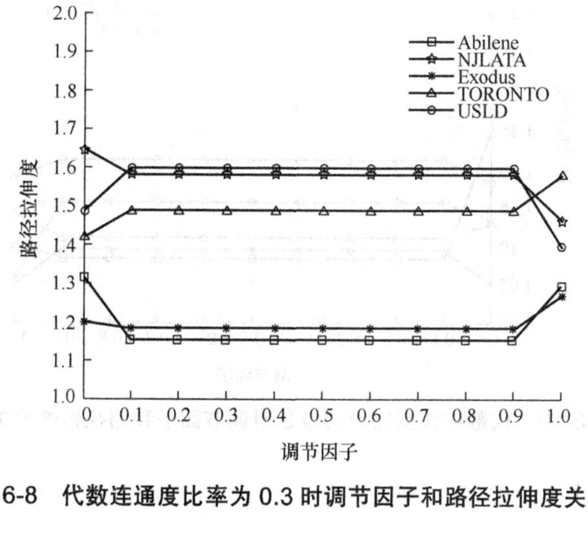

图6-8 代数连通度比率为0.3时调节因子和路径拉伸度关系

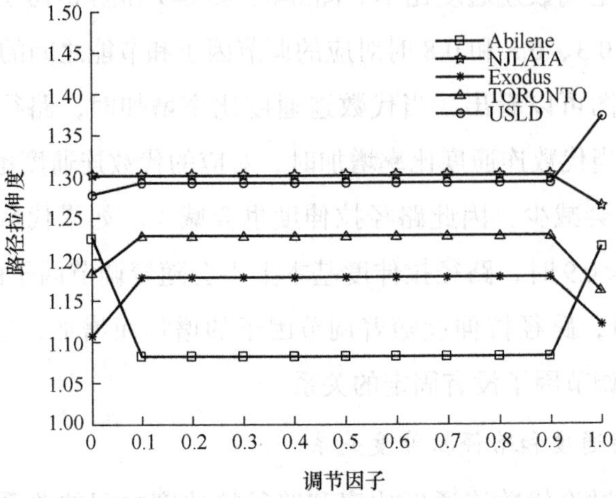

图 6-9　代数连通度比率为 0.5 时调节因子和路径拉伸度关系

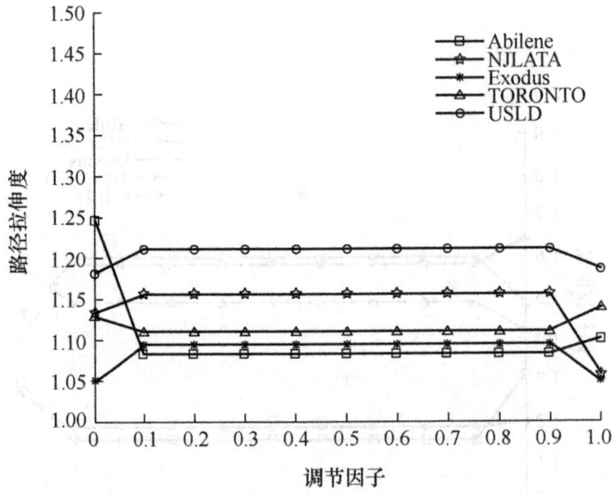

图 6-10　代数连通度比率为 0.8 时调节因子和路径拉伸度关系

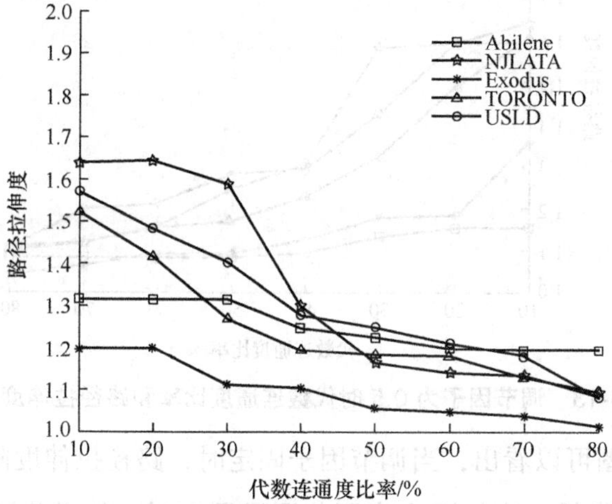

图 6-11　调节因子为 0 时代数连通度比率和路径拉伸度关系

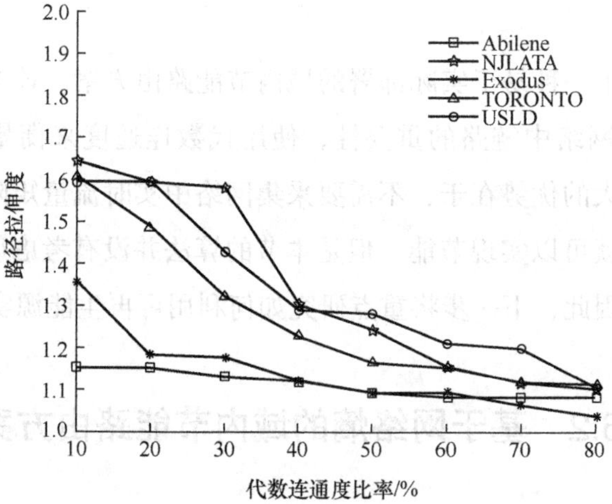

图 6-12　调节因子为 0.3 时代数连通度比率和路径拉伸度关系

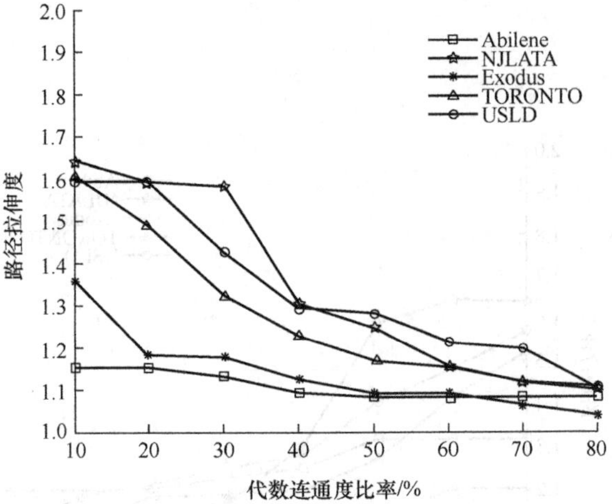

图 6-13　调节因子为 0.5 时代数连通度比率和路径拉伸度关系

从上述 3 图可以看出，当调节因子固定时，路径拉伸度随着代数连通度比率的增加而降低。这是因为当调节因子固定时，如果代数连通度比率增加，此时网络的代数连通度也在增加，因此关闭链路的数量就会减小，路径拉伸度随之降低。

6.1.4　结束语

本节提出了一种易于实际部署的域内节能路由方案。该方案通过链路关键度模型计算网络中链路的重要性，使用代数连通度来衡量网络的连通性能。该方案最大的优势在于，不需要采集网络中实时流量矩阵，仅依靠网络中的拓扑结构就可以实现节能。但是本节的算法并没有考虑风能、太阳能等可再生能源。因此，下一步将重点研究如何利用可再生能源实现路由节能。

6.2　基于网络熵的域内节能路由方案

减少网络能耗、建立绿色网络已经成为学术界和工业界研究的一个关键科学问题。然而，已有节能方案均是建立在已知流量矩阵的前提下展开研究的，获得实时流量数据也并不是一件轻而易举的事情。因此，本节研究在未知流量矩阵的情况下如何降低网络能耗。基于上述讨论，本节提出了一种基于网络熵的域内节能路由方案（An Intra-domain Energy Efficient Routing Scheme Based on Network Entropy, EERSBNE），通过关闭网络中的链路达到节能的效果。本节首先提出了链路关键度模型和网络熵模型，然后根据链路关键度计算网络中所有链路的重要程度，最后根据链路的重要性和网络熵模型依次关闭网络中的链路。实验结果表明，该算法在降低网络能耗的同时不会引入较大的路径拉伸度。

本节的贡献主要包括以下几方面。

（1）提出了一种基于网络熵的域内节能路由保护方案。

（2）本方案不需要网络中的实时流量矩阵。

（3）建立了网络中链路关键度模型。

（4）利用网络熵的概念来衡量网络性能的变化，进而保证网络的质量。

（5）实验结果表明，本节提出的方法不仅可以保证网络的性能，并且可以大大降低网络能耗。

6.2.1　问题描述

网络可以用一个图 $G=(V,L)$ 来表示，其中 V 为拓扑中的结点集合，L 为边的集合。对于网络中的任意一条边 $e=(u,v)\in L$，可用 $w(e)$=$w(u,v)$ 表示该边的代价，用 $X(e)$ 表示该边消耗的能量。对于网络中任意两个不相同的结点 u、v，$\mathrm{sp}(u,v)$ 表示这两个结点之间的最短路径包含的边的集合。

本节研究的问题可以描述为：给定一个网络拓扑结构 $G=(V,L)$，如何在保证网络性能的前提下，通过关闭链路，使得节能最大化。该问题可以形式化表示为如下内容。

输入：网络拓扑结构 $G(V,E)$ 和网络性能 Ω。

输出：关闭链路的集合 U。

目标：Maximize $\sum\limits_{e\in U}x(e)$。

条件：$L\supseteq U$ 并且 $R\geqslant\Omega$，其中 R 代表标准网络熵。

6.2.2 算法

1. 算法描述

本章研究的节能方案通过关闭链路来达到节能的目的。但是，对于任意一个网络拓扑结构，如果将部分链路关闭，则网络的性能必然会受到一定程度的影响。因此，算法首先需要解决下面两个问题。

（1）网络中链路的重要程度是不相同的，如何度量链路的重要性，如何根据链路重要性选择关闭哪些链路。

（2）关闭链路后，网络是否还保持连通；如果网络还保持连通，如何判断网络的性能是否在可接受范围内。

针对问题（1），本节提出利用链路关键度模型来衡量链路的重要程度，可以用下面的公式来表示：

$$I(l)=a\frac{B(l)-B_{\min}}{B_{\max}-B_{\min}}+(1-a)\left(\frac{1}{X(l)}-\frac{1}{X_{\max}}\right)/\left(\frac{1}{X_{\min}}-\frac{1}{X_{\max}}\right) \tag{6-7}$$

其中，$B(l)$ 为链路介数，$B_{\max}$ 和 $B_{\min}$ 分别代表链路介数的最大值和最小值，$X_{\max}$ 和 $X_{\min}$ 分别代表链路能耗的最大值和最小值。$a(a\in[0,1])$ 为调节因子，可以控制介数和能耗在网络中的重要性。从式（6-7）可以看出，链路在拓扑中的重要性和其对应的能耗成为算法中主要考虑的两个因素。其重要性越高，说明对网络性能影响越大，越不应该将其关闭。而对链路的能耗来说则相对简单，能耗越大，算法越应该将其关闭。可见，链路重要度与介数正相关，与链路能耗负相关，链路的关键度越低，越被优先关闭。

链路的介数可以表示为

$$B(l)=\sum_{\substack{l\in \mathrm{sp}(o,d)\\ o,d\in V}}K(l,o,d) \tag{6-8}$$

$$K(l,o,d)=\begin{cases}1 & l\in \mathrm{sp}(o,d)\\ 0 & \text{其他}\end{cases} \tag{6-9}$$

下面为链路介数的计算方法。

通过 Dijkstra 算法求出网络拓扑中各个结点的最短路径树，再据此求出各个结点到其他结点的最短路径，最后统计每条边在这些最短路径中出现的次数，从而计算出每条边对应的介数。

针对问题（2），传统上对计算机网络性能的衡量指标主要有时延、带宽等参数，但这些参数在实验中均不容易得到。本节利用网络熵 [14] 来衡量网络的性能，可以用下面的公式表示：

$$E=\sum_{i=1}^{|V|}d(i)\ln d(i) \tag{6-10}$$

其中，$d(i)$ 为某结点 i 的度。

下面研究网络熵对应的一些性质。

（1）网络熵是一个递增函数。

（2）网络熵的最小值为 $E_{\min}=2(n-2)\ln 2$。

（3）网络熵的最大值为 $E_{\max}=n(n-1)\ln(n-1)$，$n\geqslant 2$。

因为网络熵的数值变化范围较大，所以不太适合作为网络连通度的评价指标。因此，本节通过标准网络熵来衡量网络的连通性。

标准网络熵可以定义为

$$R=\frac{E-E_{\min}}{E_{\max}-E_{\min}} \tag{6-11}$$

下面是标准网络熵的一些性质。

（1）$0\leqslant R\leqslant 1$。

（2）标准网络熵的数值越大，网络的连通性能越好，反之网络的连通性越差。

由标准网络熵的公式可知，拓扑中各结点的度越大，标准网络熵越高，也说明网络的连通性越好。当关闭链路时，相当于减小了结点的度，会导致网络连通性的下降，也就会影响网络的性能。

2. 节能算法

算法 EERSBNE 详细描述了节能方法的执行过程。该算法的输入为网络拓扑 $G=(V,E)$，网络性能 Ω，输出为关闭链路集合 U，$U \subset L$。首先为一些初始化操作：计算网络中所有链路的关键度，并且按照降序排列，将排序后的链路存储在队列 Q 中（算法第 1 ～ 3 行）。关闭链路的集合初始化为空集，计算初始标准网络熵（算法第 4 ～ 7 行）。下面是一系列的迭代过程：当队列不为空时，从队列的头部取出一个元素 l，将该链路从网络中删除（算法第 9 ～ 10 行），然后判断此时的网络是否连通。如果不连通则将该链路重新插入网络中（算法第 20 行）。如果此时网络是连通的，则计算网络熵，如果网络熵低于设定的标准，则将该链路重新插入网络中，如果网络熵高于设定的标准，则更新删除链路的集合（算法第 12 ～ 18 行）。最后输出关闭链路的集合 $U,U \subset L$（算法第 23 行）。

算法 6-2　EERSBNE

Input：

　网络拓扑 $G=(V,E)$，网络性能 Ω

Output：

　关闭链路集合 $U,U \subset L$

1：计算网络中所有链路的关键度

2：根据链路关键度对链路进行降序排列

3：将排序后的链路存储在队列 Q 中

4：$U \leftarrow \varnothing$

5：计算初始标准网络熵 R

6：$R' \leftarrow R$

7：$L' \leftarrow L$

8：While　Q 不为空 do

9：从队列 Q 中取出第一个元素 l

10：$G'=(V,L'-l)$

```
If IsConnect(G') then
    计算网络熵 E'
    If R'≥Ω Then
        L'←L'−l
        U←U∪l
    else
        G'=(V,L')
    EndIf
Else
    G'=(V,L')
EndIf
EndWhile
Return U
```

3. 算法举例

下面通过一个例子来说明算法 EERSBNE 的执行过程，在该例子中假设 a=0.5, Ω=0.5R 。图 6-14 表示一个包含 4 个结点和 4 条边的网络拓扑结构，该图的边包含两个数字，其中第一个数字表示该边的代价，另外一个数字表示该边的能耗。根据 6.2.2 中定义的公式可知网络中链路的介数分别为 $B(a,c)=4$， $B(a,b)=3$， $B(c,d)=3$， $B(b,d)=2$ 。网络中链路的关键度分别为 $I(a,c)=0.5\times(1+1)=1$ ， $I(a,b)=0.5\times(0.5+1)=0.75$， $I(c,d)=0.5\times(0.5+0)=0.25$， $I(b,d)=0.5\times(0.5+1/3)=0.17$ 。初始标准网络熵 R 为

$$R=\frac{E-E_{\min}}{E_{\max}-E_{\min}}=\frac{8\ln 2-4\ln 2}{12\ln 3-4\ln 2}=0.293 \qquad (6\text{-}12)$$

因此，当关闭关键度数值最小的链路 (b,d) 时，此时对应的网络熵为 $R'=0$ ，则该网络不能关闭任何链路。

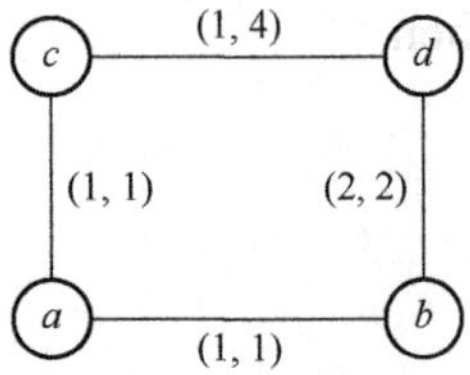

图 6-14　网络拓扑

6.2.3　实验

本小节我们将通过实验的方法来测试算法的性能。下面首先介绍实验的方法和实验参数，然后描述实验的结果，并且总结实验结论。实验中重点研究了节能和网络熵之间的关系和节能和链路关键度调节因子 a 之间的关系。

1. 实验方法

（1）实验拓扑。

为了评估算法的性能，使得实验的结果更加真实可靠，本小节在不同的拓扑结构上对实验进行了模拟，拓扑参数见表 6-3。

表 6-3　真实网络拓扑

网络拓扑	结点数量 / 个	链路数量 / 条
Abilene	11	14
TORONTO	25	55
USLD	28	45
Exodus	79	147
Tiscali	161	328
Sprint	315	972

（2）线卡能耗。

为了真实反映网络中链路的能耗，本小节采用文献中的参数来设置链路的能耗。不同类型的线卡对应的能耗见表 6-4，此处设线卡功耗为一个定值，不随流量变化而变化。另外，由于在拓扑中无法得到每条链路所对应的线卡，所以，算法中拓扑链路所对应的线卡的能耗将被随机产生。

表 6-4　线卡和其对应的能耗

线卡类型	能耗 /W
OC-3	60
OC-12	80
OC-48	140
OC-192	174

2. 实验结果

从 6.2.1 的描述可知，本小节提出算法的节能大小与两个参数密切相关，这两个参数分别是网络熵和调节因子 a 的数值大小。因此，实验将分别研究这两个参数和节能比率的关系。在实验中，网络熵比率 = 网络熵 / 初始网络熵，节能比率 = 网络能量 / 初始网络能量。

1）调节因子和节能关系

本部分研究当固定网络熵时，调节因子和节能比率之间的关系。图 6-15 ～图 6-17 分别描述了当网络熵为初始网络熵的 0.3、0.5 和 0.8 时对应的调节因子和节能之间的关系。从这些图可以看出，当网络熵降低时，节能比率随之增加。如果网络熵的数值固定，当调节因子 $a < 0.1$ 时，节能比率和调节因子成反比例关系，当调节因子 $a \geqslant 0.1$ 时，节能比率几乎不随调节因子的变化而变化。

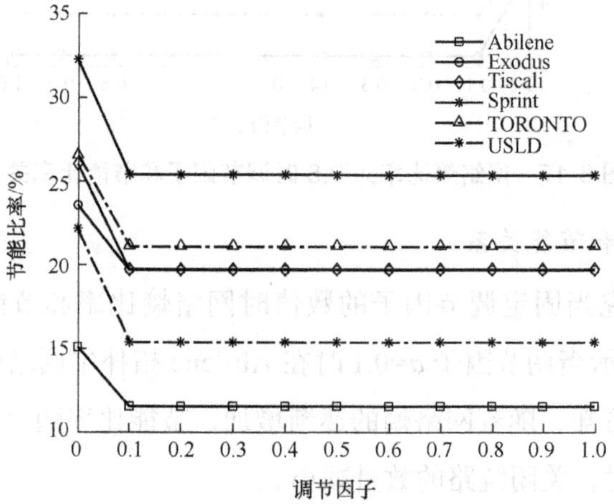

图 6-15　网络熵比率为 0.3 时调节因子和节能比率关系

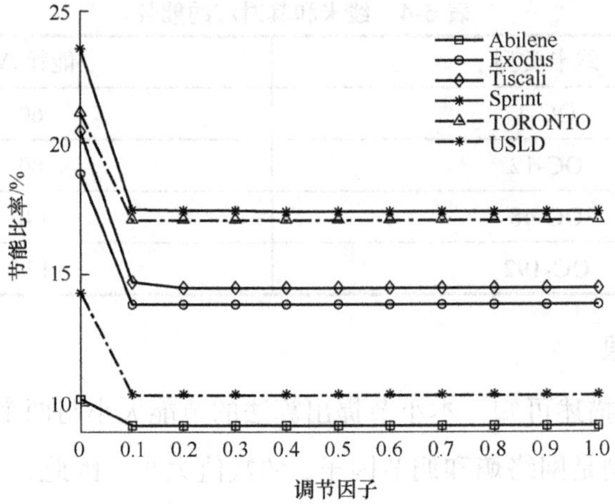

图 6-16 网络熵比率为 0.5 时调节因子和节能比率关系

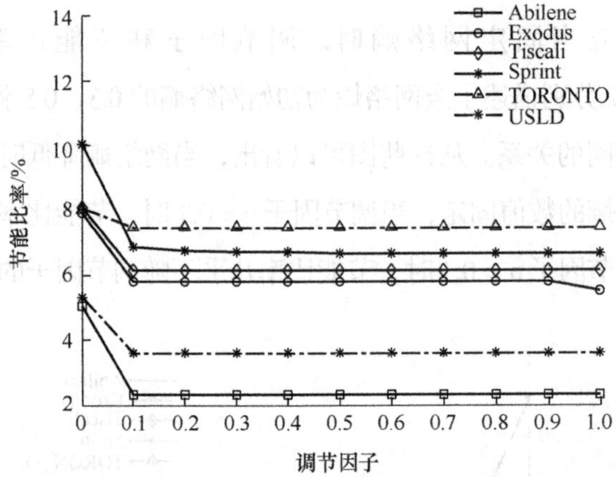

图 6-17 网络熵比率为 0.8 时调节因子和节能比率关系

2）网络熵和节能关系

本部分研究当固定调节因子的数值时网络熵比率和节能比率之间的关系。图 6-18 表示当调节因子 a=0.1 时在 Abilene 拓扑中网络熵和节能之间的关系。由该图可知，随着网络熵的逐渐增加，节能比率随之增加，这是因为当网络熵增加时，关闭链路的数量减小。

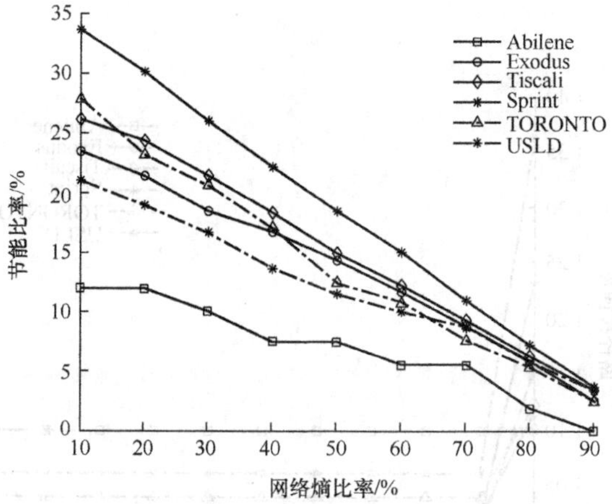

图 6-18　调节因子为 0.1 时网络熵比率和节能比率关系

3）路径拉伸度

当关闭网络中的链路后，网络中路径拉伸度可能会增加。因此，本部分研究调节因子、网络熵和路径拉伸度之间的关系。

图 6-19 ～图 6-21 分别表示当节能比率为 0.3、0.5 和 0.8 时对应的调节因子和路径拉伸度之间的关系。根据实验可以看出，网络熵比率和路径拉伸度成反比例关系。如果网络熵比率固定，当调节因子 $a<0.1$ 时，路径拉伸度和调节因子呈现反比例关系，当调节因子 $a\geqslant 0.1$ 时，路径拉伸度几乎不随调节因子的变化而变化。

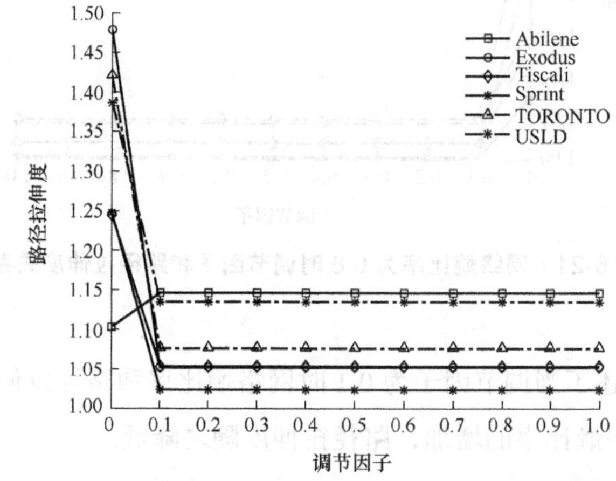

图 6-19　网络熵比率为 0.3 时调节因子和路径拉伸度关系

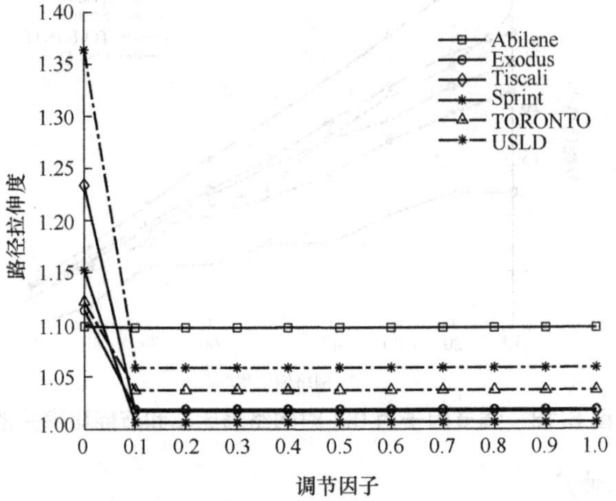

图 6-20　网络熵比率为 0.5 时调节因子和路径拉伸度关系

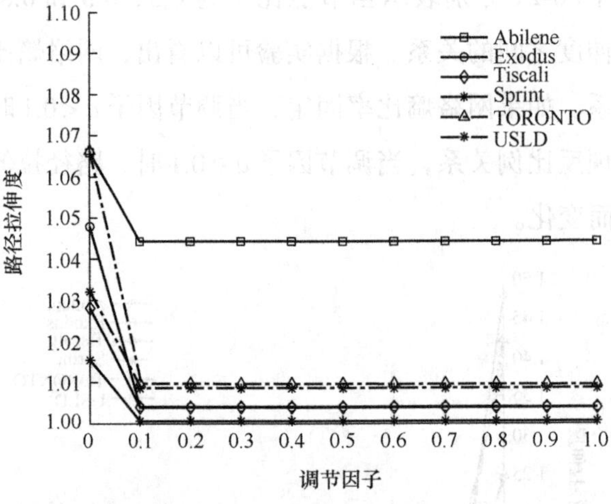

图 6-21　网络熵比率为 0.8 时调节因子和路径拉伸度关系

图 6-22 描述了当调节因子为 0.1 时网络熵比率和路径拉伸度关系。由图可知，随着网络熵比率的增加，路径拉伸度随之降低。

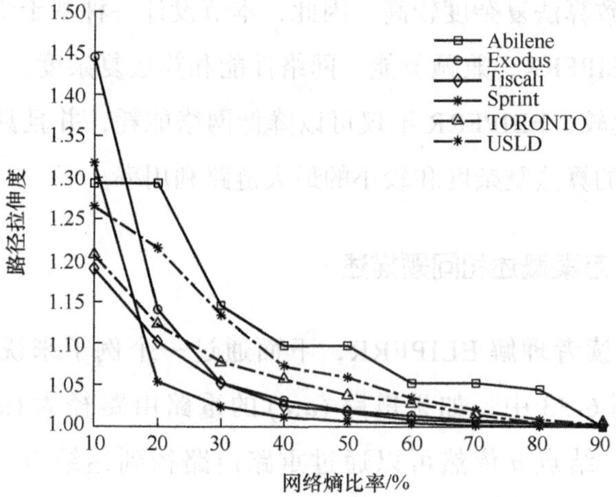

图 6-22　调节因子为 0.1 时网络熵比率和路径拉伸度关系

从图 6-19 ～图 6-22 可知，在所有实验网络拓扑中，路径拉伸度的数值始终小于 1.5。根据上述实验可知，当网络熵比率为 0.5、调节因子为 0.1 时，节能比率和拉经拉伸度可以很好地折中，因此，在实际部署中推荐使用上述两个参数。

6.2.4　结束语

本节提出了一种简单的域内节能路由算法，该算法仅需要网络的拓扑结构信息，而不需要实时流量数据。该算法利用链路关键度模型来衡量链路的重要程度，利用网络熵来评价由于关闭链路造成的网络性能下降程度。然而，本节并没有将可再生能源考虑在节能算法中，这也是下一步的重点研究方向。

6.3　基于快速重路由的域内节能路由算法

如今，降低互联网的能耗成为亟待解决的一个科学问题。然而，已有的路由节能方案存在下面两个问题：①都会不同程度地降低网络性能，如网络拥塞、路由震荡、路由可用性和流量分布不均匀等。②需要网络的实时流量信息，从而导致算法复杂度较高。因此，本节设计一种基于快速重路由的绿色节能方案 EEIPFRR，兼顾节能、网络性能和算法复杂度。实验结果表明，与 DLF 算法比较，EEIPFRR 不仅可以降低网络能耗，并且具有较小的路径拉伸度、较低的算法复杂度和较小的最大链路利用率。

6.3.1 EEIPFRR 方案概述和问题描述

为了便于读者理解 EEIPFRR，下面通过一个例子来说明该方案的工作原理。在图 6-23 中，如果链路 (a,c) 的重路由路径为 (a,b,c)，当关闭链路 (a,c) 时，结点 a 依然可以通过重路由路径到达结点 c，而不会影响报文的正常转发。同理，如果链路 (b,d) 的重路由路径为 (b,c,d)，因此当关闭链路 (b,d) 时，结点 b 依然可以通过重路由路径到达结点 d。根据上述描述可知，在图 6-23 中可以关闭链路 (a,c) 和 (b,d) 达到节能的效果。

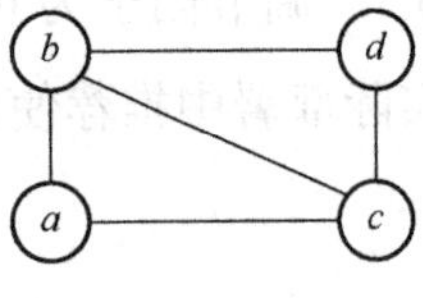

图 6-23 EEIPFRR 例子

从该例子可以看出，任意的链路和该链路对应的重路由路径构成了一个简单环，实现 EEIPFRR 的关键问题就是如何计算网络中所有的链路对应的环。为了便于描述，下面将给出链路环的形式化定义。

定义 6-1：在图 $G=(V,E)$ 中，对于网络中任意一条链路 (u,v)，如果 $(u,v)\notin(u,u_1,\cdots,u_i,u_{i+1},\cdots,v)$ 成立，则称路径 $(u,u_1,\cdots,u_i,u_{i+1},\cdots,v)$ 是该链路的一条备份路径，由链路 (u,v) 和其备份路径组成的环为该链路的环 LC（Link Circle)，表示为 $C(u,v)$。

下面通过一个例子来解释定义 6-1。在图 6-23 中，如果链路 (a,c) 的重路由路径为 (a,b,c) 和 (a,b,d,c)，则 $C(a,c)=\{(a,b,c),(a,b,d,c)\}$，即链路 (a,c) 有两个 LC 环。因此，为了实现 EEIPFRR，首先需要为网络中所有的链路计算 LC 环，然后通过 LC 环关闭网络中的链路，最后计算出所有端到端结点对之间的备份路径。然而，对于一个有 N 个结点、M 条链路的网络，该网络中 LC 环的数量很可能会大于 M，如果在每个 LC 环中选择一条链路进行关闭，则会导致网络不连通，因此，并不是所有的 LC 环都可以关闭链路。由此可见，如何从所有的 LC 环中选择特定的链路进行关闭是本节面临的一个挑战。

本节要解决的问题是最大化关闭网络中的链路，并且保证所有的源－目的对之间存在一条快速重路由路径。当关闭网络中的链路时，要避免网络出现拥塞现象。因此，基于快速重路由的节能方案可以形式化描述为如下内容。

目标：

$$\max |U| \ U \subset E \quad (6\text{-}13)$$

条件：

$$\forall l \in E, \quad u(l)/c(l) < \theta \quad (6\text{-}14)$$

$$\forall l \in U, \exists C(s,d)\text{是LC环}，\ C(s,d) \cap U = l \quad (6\text{-}15)$$

其中，U 表示关闭链路的集合，$u(l)$ 表示经过链路 l 的实际流量，$c(l)$ 表示链路 l 的带宽，θ 表示链路利用率的阈值。式（6-13）为目标函数，即最大化关闭网络中的链路；式（6-14）表示链路利用率约束条件；式（6-15）为对于任意一条关闭的链路，该链路必定属于某个 LC 环，从而可以保证网络中的报文可以绕过所有关闭的链路，而不会出现路由环路或者路由黑洞。

6.3.2 EEIPFRR 算法

本小节将详细介绍 EEIPFRR 的实现方案，该方案可以采用 SDN[21] 的基本框架来实现。当控制器计算出关闭链路的集合和所有源到目的重路由路径后，将相应的路由信息传递给 SDN 交换机。EEIPFRR 的实现方案包括以下两个阶段。

（1）计算网络中所有的 LC 环。

（2）从所有的 LC 环中选择最大数量的链路进行关闭。

1. 如何计算 LC 环

算法 6-3　Circle(G)

Input：

　　$G=(V,E)$

Output：

　　$C(u,v),(u,v)\in E$

1：For $t\in V$ do

2：　构造以结点 t 为根的最短路径树 spt(t)

3：EndFor

4：计算所有结点对之间的最短路径 sp(s,d)，$s,d\in V$

5：For $(u,v)\in E$ do

6：　For $t\in V$ do

7：　　If $(u,v)\notin \mathrm{sp}(u,t)\,\&\&\,(u,v)\notin \mathrm{sp}(t,v)$ then

8：　　　$C(u,v)=C(u,v)\cup\{\mathrm{sp}(u,t)\circ \mathrm{sp}(t,v)\}$

9：　　EndIf

10：　EndFor

11：EndFor

12：return $C(u,v),(u,v)\in E$

算法 6-3 介绍了计算网络中所有 LC 环的过程。构造网络中所有结点为根的最短路径树，计算所有结点对之间的最短路径（算法第 1 ～ 4 行）。对于网络中所有的链路，计算该链路对应的备份路径。计算某条链路 $(u,v)\in E$ 的备份路径的过程如下：如果加入一个中转结点 t，形成的路径中不包括该链路，则该备份路径和链路 (u,v) 组成了一个环。

2. 关闭链路

算法 6-4 介绍了 EEIPFRR 的具体执行过程。计算初始环过程如下：对于网络中的所有链路，如果该链路有环，则选择第一个环（算法第 1 ～ 5 行）。初始化系统温度，计算初始节能比率（算法第 6 ～ 7 行）。为了计算最优的节能比率，算法需要执行循环过程，直到 T=0 或者 currentEnergyRatio < 1 之一成立。函数 swap$(R,C-R)$ 的功能为：随机选择两个环 $c_1 \in R$ 和 $c_2 \in C-R$，将两个环交换，计算新的节能比率（算法第 11 ～ 12 行）。当 currentEnergyRatio < 1 或者系统温度大于随机产生的温度时，接受该解（算法第 13 ～ 14 行），否则不交换这两个环（算法第 16 行）。随着算法的进行，逐渐降低系统温度（算法第 18 行）。最后返回最优节能比率（算法第 20 行）。

算法 6-4　EEIPFRR($C(u,v)$)

Input：

　$C(u,v),(u,v)\in E$ ，T_0

Output：

　bestEnergyRatio

1：For $(u,v)\in E$ do

2：　If $C(u,v)$ 不为空 then

3：　　$R_0 \leftarrow R_0 \cup C_0(u,v)$

4：　EndIf

5：EndFor

6：currentEnergyRatio = originalEnergyRatio ← Energy (R_0)

7：$T \leftarrow T_0$

8：$R \leftarrow R_0$

9：While $T>0$ and currentEnergyRatio < 1 do

10：　$R'=R$

11：$R \leftarrow$ swap$(R,C-R)$

12：currentEnergyRatio ← Energy (R)

13：If currentEnergyRatio > originalEnergyRatio or $T>$ random(T_0) then

14：　　originalEnergyRatio ← currentEnergyRatio

15：　else

16：　　$R \leftarrow R'$

```
17：EndIf
18：  T ← T − 1
19：EndWhile
20：bestEnergyRatio ← originalEnergyRatio
21：return  bestEnergyRatio
```

算法 6-5 详细描述了关闭链路的具体执行过程。首先根据环计算每条链路出现的次数，再按照链路出现的次数进行降序排序，然后将排序后的结果存储在集合 M 中。将所有链路的节能属性标记为 0，表示该链路可以被关闭（算法第 1 ～ 6 行）。为了尽可能多地关闭网络中的链路，算法需要运行一些迭代过程。在每次迭代过程中，从 M 中取出第一个元素 l 并且将该链路从 M 中删除（算法第 8 ～ 9 行）。重新计算 M 中所有链路的链路利用率，在计算链路利用率的时候可以根据《流量工程链路状态通告》[22] 获得（算法第 10 ～ 12 行）。如果所有链路的链路利用率都小于阈值，则关闭链路 l（算法第 13 ～ 14 行）；否则执行步骤 6（算法第 15 ～ 16 行）。计算所有和链路 l 组成环的链路集合 Q，将 Q 中所有链路的删除属性标记为 1，表示这些链路不可以关闭（算法第 18 ～ 19 行）。根据关闭链路的集合计算此时的节能比率（算法第 21 行）。

算法 6-5　Energy(R)

```
Input：
  R
Output：
  energyratio
1：For (u,v) ∈ E do
2：计算链路 (u,v) 链在 R 中出现的次数 B(u,v)
3：EndFor
4：将链路按照 B(u,v) 进行升序排序
5：将排序后的链路存储在链表 M 中
```

```
6：将所有链路的删除属性标记为 0
7：While M is not empty do
8：  从 M 中取出第一个元素 l
9：  M = M − {l}
10：For e∈M do
11：  u(e) ← Compute(e)
12：EndFor
13：If ∀u(e) < θ Then
14：    U ← U ∪ {l}
15：Else
16：   执行步骤 8
17：EndIf
18：  Q ← C(l)
19：将 Q 中所有链路的删除属性标记为 1
20：EndWhile
21：  energyratio ← energy / totalenergy
22：Return energyratio
```

3. 算法复杂度分析

本部分将分析 3 个算法的时间复杂度。算法 6-3 中第 1 ～ 3 行的时间复杂度为 $V \cdot O(V\lg V + E)$，第 5 ～ 10 行的时间复杂度为 $E \cdot O(V)$，因此算法 6-3 的时间复杂度为 $V \cdot O(V\lg V + E)$。算法 6-5 的时间复杂度为 $O(V+E)$。算法 6-4 利用模拟退火算法调用 T_0 次算法 6-5，因此算法 6-4 的时间复杂度为 $T_0 \cdot O(V+E)$。根据上述分析可知，EEIPFRR 的时间复杂度为 $V \cdot O(V\lg V + E)+T_0 \cdot O(V+E)$。

6.3.3　实验结果

本小节将通过实验来评价算法 EEIPFRR 的性能，并且与算法 DLF 进行比较，这是因为 DLF 可以计算出最大关闭链路的数量。DLF 算法的时间复杂度为 $E \bullet V \bullet O(V\lg V + E) + V \bullet O(V\lg V + E)$，因此 DLF 的算法复杂度远远大于 EEIPFRR 的算法复杂度。评价的度量包括节能比率、路径拉伸度和链路利用率。为了评价不同算法的节能比率，假设网络中的线卡主要包括 4 种类型：OC-3、OC-12、OC-48 和 OC-192，它们消耗的能量分别为 60W、80W、140W 和 174W，并且假设链路消耗的能量与流量无关。选择在 Abilene 拓扑结构运行上述两个算法，Abilene 网络包括 11 个路由器和 14 条链路，该网络主要承载美国教育网中的数据，网络中的具体流量数据可以从公开的数据中获得。

1. 节能比率

节能比率可以定义为关闭链路节省的能量与网络中所有链路消耗的能量的比值，从该定义可以看出节能比率越大，算法节省的能量越多。图 6-24 描述了 EEIPFRR 和 DLF 在拓扑 Abilene 中的实验结果。实验中流量数据的采集时间是 2004 年 3 月 8 日。从图 6-24 可以看出，EEIPFRR 的节能效果明显优于 DLF 的效果，EEIPFRR 的节能比率不随时间的变化而变化，始终保持在 34% 以上，DLF 的节能比率随着时间的变化而变化。这是因为 EEIPFRR 关闭链路并不考虑网络中的流量，而仅与网络拓扑有关系。DLF 的节能比率随着流量的变化而变化。DLF 的节能比率在 400 ～ 1200s 有一些变化，这是因为该段时间内网络中流量有一定的变化。

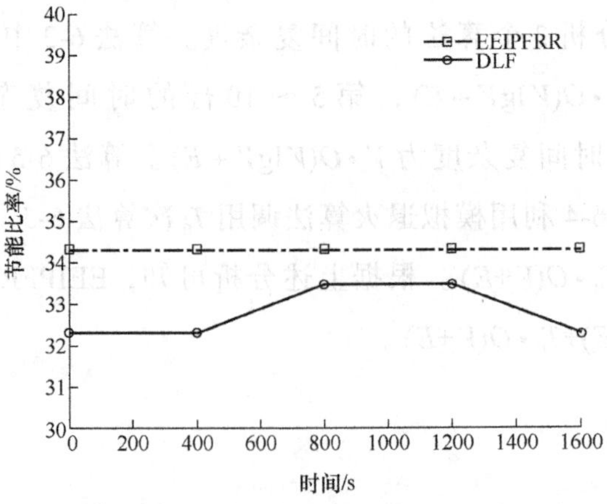

图 6-24　节能比率随时间变化规律

2. 路径拉伸度

当运行节能算法时，网络中的部分链路将会被关闭。当关闭链路后，结点间的重路由路径的代价将会增加。路径拉伸度可以定义为重路由路径和最短路径代价的比值。利用 EEIPFRR 计算出的重路由路径可能会出现重复结点，导致路径拉伸度增加。因此，为了降低网络中结点对之间的路径拉伸度，在实验中消除了重复路径。从图 6-25 可以看出，EEIPFRR 的路径拉伸度始终保持在 1.1 左右，DLF 的路径拉伸度随着时间的变化而变化，并且其数值远远大于 EEIPFRR。这是因为 EEIPFRR 关闭的链路不随流量的变化而变化，而 DLF 关闭的链路随流量的变化而变化。DLF 的路径拉伸度为 400 ～ 1200s，有一些变化，这是因为该段时间内网络中流量有一定的变化，关闭的链路也随之变化，所以路径的拉伸度也有了一些变化。

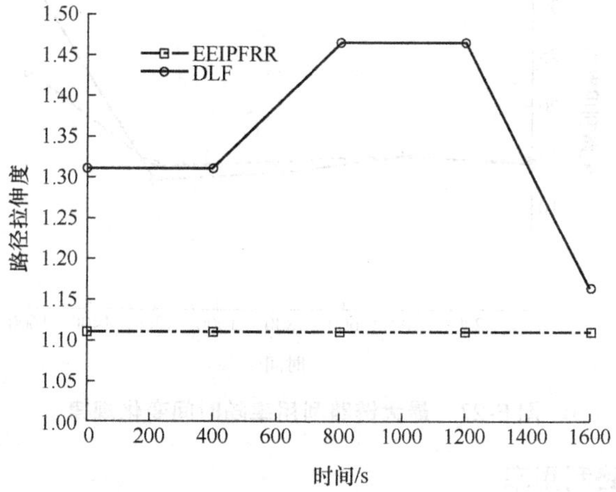

图 6-25　路径拉伸度随时间变化规律

为了进一步细化路径拉伸度，本部分描述了网络中所有结点对之间的拉伸度。图 6-26 表示路径拉伸度累计概率分布，从该图可以看出，在 EEIPFRR 算法中 95% 的结点对之间的路径拉伸度小于 2，而 DLF 算法中仅有 80% 的结点对之间的拉伸度小于 2。

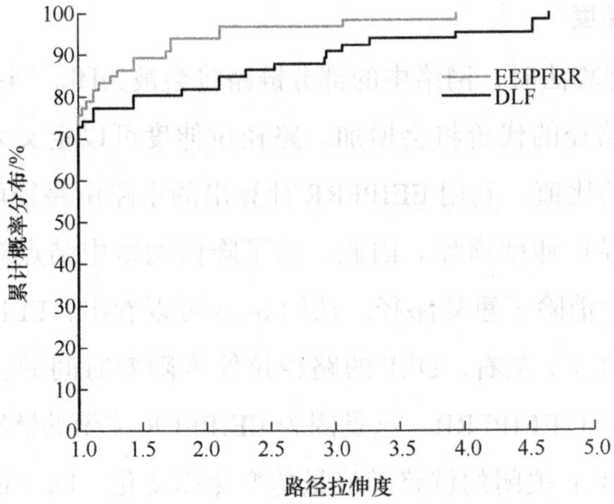

图 6-26　路径拉伸度累计概率分布规律

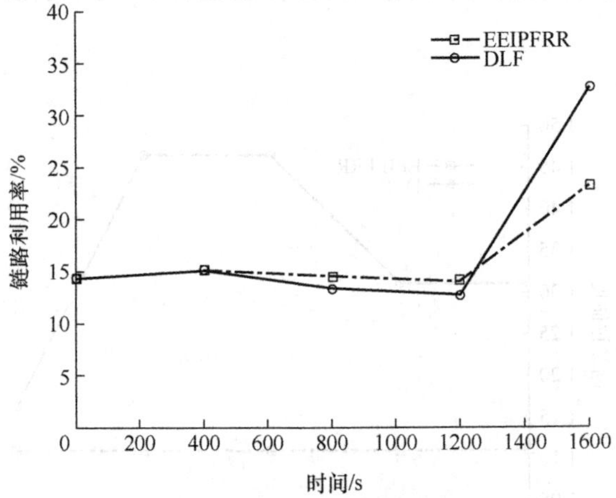

图 6-27　最大链路利用率随时间变化规律

3. 最大链路利用率

本部分通过最大链路利用率来衡量网络的性能。图 6-27 表示 EEIPFRR 和 DLF 在拓扑 Abilene 中的最大链路利用率的实验结果。从图 6-27 可以看出，二者的最大链路利用率基本相似，但是在第 1600s 的时候 DLF 的最大链路利用率达到了 33% 以上，而 EEIPFRR 仅为 24% 左右。图 6-28 表示链路利用率的累计概率分布，从该图可以看出，这两种算法的链路利用率基本接近。

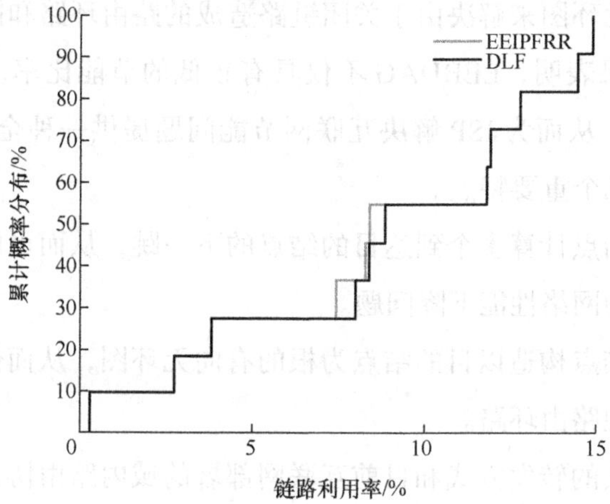

图 6-28　链路利用率累计概率分布规律

6.3.4　结束语

为了降低互联网的能耗，本节提出了一种基于快速重路由的域内路由节能方案。该方案可以在保证网络性能的前提下实现节能。本节利用 LC 环将快速重路由和节能联系在一起，以确保重路由路径绕开所有关闭的链路，并在此基础上形式化定义了本节需要解决的问题，然后提出了一种启发式的算法解决该问题。本节的算法可以为因特网服务提供商提供一种兼顾执行效率、网络性能和节能的有效解决方案。

6.4　基于有向无环图的互联网域内节能路由算法

互联网在其发展过程中面临了新的挑战，其中网络能耗问题尤为突出。因此，学术界提出了大量的方案来解决网络能耗问题，然而这些方案都需要考虑网络中的实时流量数据，计算复杂度较大，不利于实际部署。因此，本节提出了一种基于有向无环图的互联网域内节能路由算法（An Energy-efficient Intra-domain Routing Algorithm Based on Directed Acyclic Graph, EEBDAG），该方法仅需要网络拓扑结构，不需要网络中的实时流量数据，即可利用有向无环图来解决由于关闭链路造成的路由环路和网络性能下降等问题。实验结果表明，EEBDAG 不仅具有较低的节能比率，而且具有较低的链路利用率，从而为 ISP 解决互联网节能问题提供一种全新的解决方案。该算法有以下几个重要特点。

（1）每个结点计算多个到达目的结点的下一跳，从而可以缓解由于关闭部分链路造成的网络性能下降问题。

（2）每个结点构造以目的结点为根的有向无环图，从而保证报文在转发过程中不会出现路由环路。

（3）该算法的转发方式和目前互联网部署的域内路由协议的转发方式是相同的，因此支持增量部署更具有实际价值。

6.4.1 网络模型和问题描述

1. 网络模型

网络可以用有向无环图 $G=(V,E)$ 来表示，其中 V 表示网络中结点的集合，E 表示网络中边（链路）的集合。对于网络中任意一条有向边 $(x,y)\in E$，x 为该边的起点，y 为该边的终点，用 $w(x,y)$ 表示该链路的代价。对于网络中任意一个结点 v，用 $N(v)$ 表示该结点的所有邻居结点的集合；用 rSPT(v) 表示以结点 v 为根的反向最短路径树（汇聚树），该树包含了所有结点到结点 v 的最短路径；用 DAG(v) 表示以结点 v 为根的有向无环图，该图包含了所有结点到结点 v 的无环路径。

下面通过一个例子来解释上述定义。图 6-29 表示一个包含 4 个结点、12 条边的网络拓扑结构，边上的数值表示该边的代价。图 6-30 表示以结点 d 为根的反向最短路径树，其中结点 c 到结点 d 的最短路径为 (c,d)。图 6-31 表示以结点 d 为根的两个有向无环图，其中在左边的图形中结点 c 到结点 d 的路径有 (c,a,d)、(c,a,d) 和 (c,a,b,d)，在右边的图形中结点 c 到结点 d 的路径有 (c,b,d)、(c,d) 和 (c,a,b,d)。

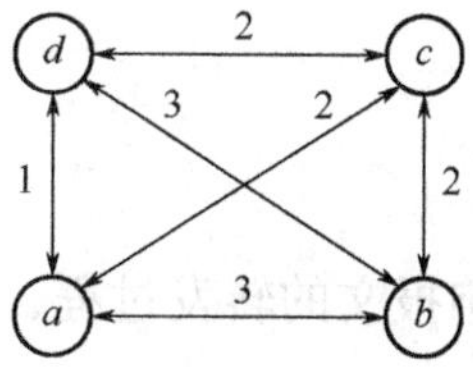

图 6-29　网络拓扑结构

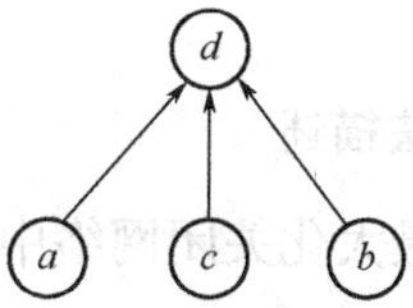

图 6-30　以结点 d 为根的反向最短路径树

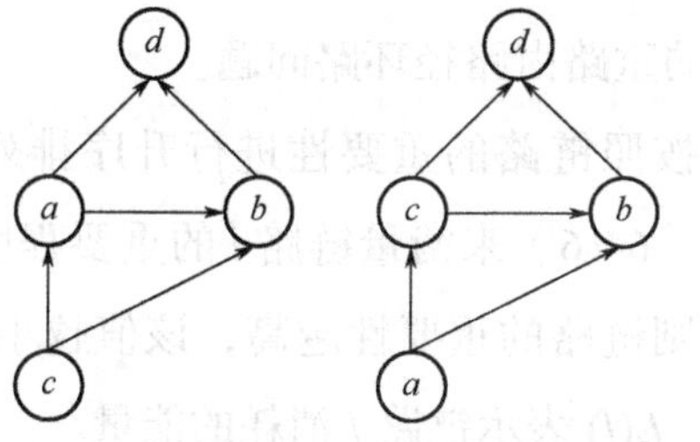

图 6-31　以结点 d 为根的有向无环图

2. 问题描述

本部分通过关闭网络中的链路来达到节能效果，然而关闭链路可能出现路由环路，降低路由可用性，降低网络性能。因此，在解决节能的同时必须考虑网络的性能。在 rSPT(v) 中，任意结点到结点 v 只有一条最短路径，然而在 DAG(v) 中，任意结点到结点 v 可能存在多条路径，因此，利用有向无环图可以增加路径的多样性，提高了路由可用性。

从上述例子可以看出，给定一个网络拓扑结构，以某结点为根的有向无环图并不是唯一的。因此，本部分主要研究给定一个网络拓扑结构，在该拓扑基础上如何构造特定结构的有向无环图从而使得关闭链路的数量最大化，并且尽可能减少关闭链路对网络性能的影响。该问题可以形式化表示为如下内容。

输入：网络拓扑结构 $G=(V,E)$；

输出：关闭结点集合 P;

目标：Maximize $|P|$；

条件：无路由环路。

6.4.2 算法

1. 算法描述

为了最大化关闭网络中的链路，并且不影响报文的转发过程，算法需要解决两方面的问题。

（1）关闭哪些链路。

（2）关闭链路后的重路由路径环路问题。

针对问题（1），按照链路的重要性进行升序排列，优先关闭链路重要性较小的链路。用式（6-16）来衡量链路 l 的重要程度，其中 $A(l)$ 表示链路的重要性，该值越大则链路的重要性越高，该值越小则链路的重要性越低，$B(l)$ 表示链路的介数，$E(l)$ 表示链路 l 消耗的能量。

$$A(l)=\begin{cases} B(l) & \alpha=1 \\ \dfrac{1}{E(l)} & \alpha=0 \\ \dfrac{\alpha B(l)}{(1-\alpha)E(l)} & \text{其他} \end{cases} \tag{6-16}$$

针对问题（2），假设关闭链路 l，则可以将链路从原来的拓扑结构中去掉，即 $G'=G-l$，然后在 G' 中重新计算路由。然而，这种方案的计算代价比较大。为了降低算法的复杂度，本章利用无环路条件（Loop-free Condition, LFC）来解决该问题，下面首先定义 LFC。

定义 6-2：如果在 rSPT(v) 中，对于任意结点 $x\in V$，如果将链路 $(x,y)\notin$ rSPT(v) 加入 rSPT(v) 中，rSPT(v) 可以转化为有向无环图 DAG(v)，则称链路 (x, y) 满足 LFC 条件，否则称该链路 (x, y) 不满足 LFC 条件。

如果需要关闭链路 l，找出所有包含该链路的最短路径树，如果在所有这些最短路径树中都可以找到满足 LFC 的链路，则可以关闭该链路，否则不能关闭该链路。

2. EEBDAG 算法

算法 6-6 详细描述了 EEBDAG 的执行过程。对于网络中的任意结点

$v_i \in V$，构造以该结点为根的最短路径树，标记为 $A(v_i)$（算法第 1 ～ 3 行）。根据链路重要性公式计算网络中所有链路的重要程度，并且根据链路重要性对链路进行排序，将排序后的链路存储在优先级队列 Q 中，初始化变量 P（算法第 4 ～ 5 行）。为了确定最终需要关闭的链路，算法需要经历一系列迭代过程。

下面详细介绍每一次迭代过程的具体操作。首先从优先级队列 Q 中选择链路重要性最小的一条边 (u,v)，将所有包含该边的 $A(v_i)$ 存储在集合 A 中（算法第 7 ～ 14 行）。对于集合 A 中的任意 $A(v_i)$，如果不存在链路 (u,w) 满足 LFC 条件，其中 $w \in \text{Neighbor}(u)$，并且在 $D(v_i)$ 中，如果任意结点到结点 v_i 都是连通的，则更新变量 IsLFC、$A(v_i)$ 和链路重要性（算法第 17 ～ 21 行），否则执行第 6 行（算法第 23 行）；对于集合 A 中的任意 $A(v_i)$，如果存在链路 (u,w) 满足 LFC 条件，其中 $w \in N(u)$，则将所有满足 LFC 条件的链路加入到 $A(v_i)$ 中，并且将变量 IsLFC 修改为 1（算法第 25 ～ 29 行）。如果变量 IsLFC 的值为 1，则可以在网络中删除链路 (u,v)，并将其存储在变量 P 中，根据公式重新计算链路的重要程度（算法第 31 ～ 33 行）。

算法 6-6　EEBDAG

输入：网络拓扑结构 $G=(V,E)$

输出：关闭链路集合 P

1：For　$v_i \in V$

2：　　构造 spt(v_i)，标记为 $A(v_i)$

3：EndFor

4：计算链路的重要性，按照升序序列存储在队列 Q 中

5：P=null

6：While Q 不为空 do

7：　(u,v)= ExtractMin (Q)

8：　IsLFC=0

```
    A=null
    For v_i ∈ V
      If (u, v) ∈ A (v_i) then
        A=A ∪ A (v_i)
      EndIf
    EndFor
    For A (v_i) ∈ A
      D (v_i) =A (v_i)−(u, v)
      If 不存在链路满足条件 LFC
        If isConnect (D (v_i)) then
          IsLFC =1
          A (v_i) = D (v_i)
          更新链路的重要性
        Else
          执行步骤 7
        EndIf
      Else
      将所有满足 LFC 条件的链路加入 A(v_i)
      更新链路的重要性
      IsLFC =1
      EndIf
    EndFor
    If IsLFC==1 Then
      P=P ∪ (u, v)
    EndIf
EndWhile
```

3. 算法举例

下面通过一个例子来解释上述算法。在图 6-29 中，假设链路 (a,b) 消耗的能量为 2 W，其余链路消耗的能量都为 1 W。构造所有结点为根的反向最短路径树 rSPT(a)、rSPT(b)、rSPT(c) 和 rSPT(d)。当 α 为 0.5 时，链路 (a,b) 的重要性为 1，其余链路的重要性为 2。因此，首先考虑是否可以从网络中删除链路 (a,b)。rSPT(a) 和 rSPT(b) 包含链路 (a,b)，在 rSPT(a) 中，如果删除链路 (a,b)，可以通过添加链路 (b,c) 和 (b,d) 将 rSPT(a) 转化为 DAG(a)，如图 6-32。在 rSPT(b) 中，如果删除链路 (a,b)，可以通过添加链路 (a,c) 和 (a,d) 将 rSPT(b) 转化为 DAG(b)，如图 6-33 所示。因此，可以在网络中删除链路 (a,b)。

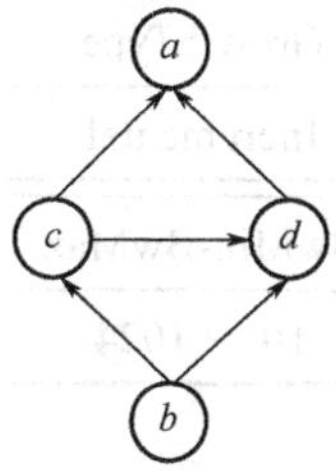

图 6-32　以结点 a 为根的有向无环图

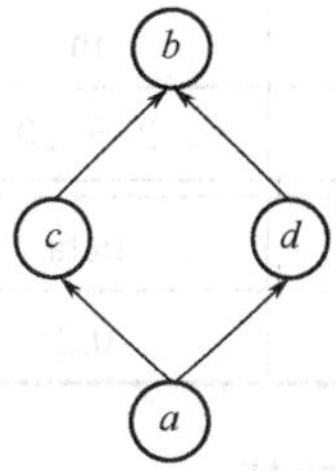

图 6-33　以 b 为根的有向无环图

6.4.3　实验及结果分析

本小节通过实验方法来评价算法的性能。下面首先介绍实验方法和评价指标，然后对算法进行比较。

1. 实验方法

本实验采用了多种拓扑结构，包括 Rocketfuel 的测量拓扑结构、利用模拟软件 Brite 产生的拓扑结构。

（1）在 Rocketfuel 拓扑结构中，选择了其中的 6 个作为实验拓扑，参数见表 6-5。

（2）Brite 拓扑的参数见表 6-6。

表 6-5 Rocketfuel 拓扑结构

AS 号码	AS 名称	结点数量 / 个	链路数量 / 条
1221	Telstra	108	153
1239	Sprint	315	972
1755	Ebone	87	162
3257	Tiscali	161	328
3967	Exodus	79	147
6461	Abovenet	128	372

表 6-6 Brite 拓扑参数

参数	Model	N	HS	LS
参数值	Waxman	1000	1000	100
参数	m	NodePlacement	GrowthType	alpha
参数值	2 ～ 10	Random	Incremental	0.15
参数	beta	BWDist	BwMin-BwMax	model
参数值	0.2	Constant	10 ～ 1024	Router-only

2. 线卡功耗

不同类型的线卡的功耗如下：OC-3 的功耗为 60W，OC-12 的能耗为 80W，OC-48 的功耗为 140W，OC-192 的能耗为 174W。

3. 流量矩阵

本部分采用重力模型产生流量，即

$$f(x,y)=\frac{\sum_{z\in N(x)}c(x,z)\sum_{t\in N(y)}c(t,y)}{\mathrm{cost}(x,y)^2} \tag{6-17}$$

其中，$f(x,y)$ 表示结点 x 和结点 y 之间的流量，$c(x,z)$ 表示链路 (x,y) 的带宽，$\mathrm{cost}(x,y)$ 表示 x 到 y 的最短路径的代价。

4. 评价指标

本部分将与算法 DLF (Distributed Least Flow) 进行比较，该方案采用贪心算法确定可以关闭的链路集合，每次尝试关闭一条链路利用率最小的链路进行关闭，直到无法关闭任何链路。本部分的评价指标包括节能比率和链路的平均利用率。本实验采用 PC 进行模拟实验，CPU 为 Intel i7，CPU 主频 1.7GHz，内存 2GB，采用 C++ 语言实现相关算法，实验结果为 20 次计算结果的平均值。

5. 节能比率

本部分采用节能比率来衡量不同算法节省的能耗。节能比率 = 关闭的链路对应的网络能耗 / 网络的总能耗。图 6-34 给出了在 Brite 拓扑上的结果，从图中可以看出 EEBDAG 可以节省大约 40% 的能量，并且基本不受拓扑规模的影响。DLF 在小拓扑结构中可以节省较多的能量，但是随着网络规模的增加，其节能效果迅速下降。图 6-35 描述了在测量拓扑上的结果，从图 6-35 可以看出，EEBDAG 可以节约 40% 以上的能量，优于 DLF 的节能效果。

下面进一步描述不同算法中流量对节能比率的影响。图 6-36 描述了在 Sprint 拓扑中，链路利用率和节能比率的对应关系。从图 6-36 可以看出，EEBDAG 基本不受网络流量的影响，这是因为 EEBDAG 算法没有考虑网络中的流量。在链路利用率较低时，DLF 的节能效果明显优于 EEBDAG，然而随着流量的增加，DLF 的节能效果迅速下降。

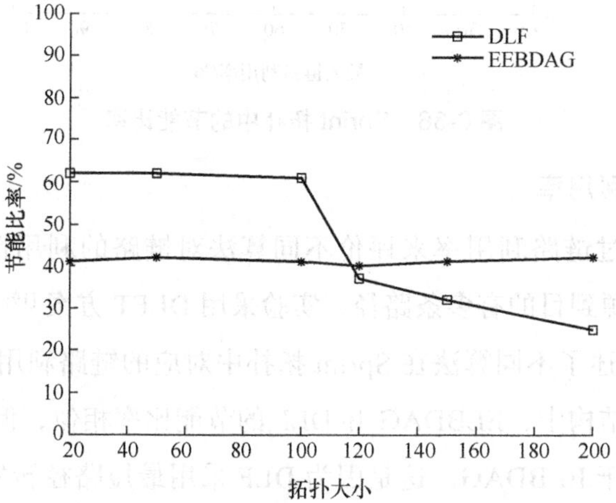

图 6-34　生成拓扑中的节能比率

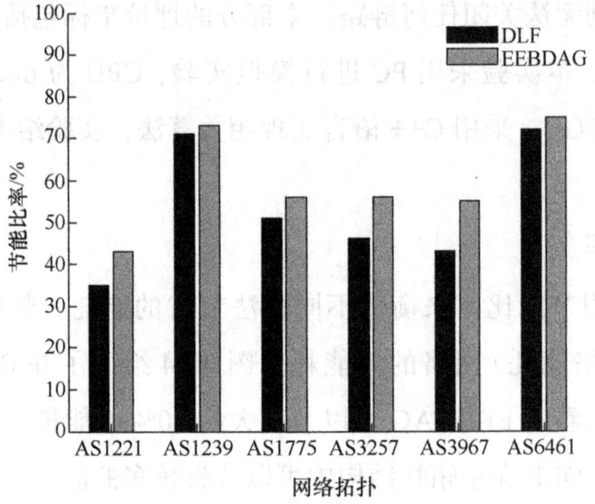

图 6-35　测量拓扑中的节能比率

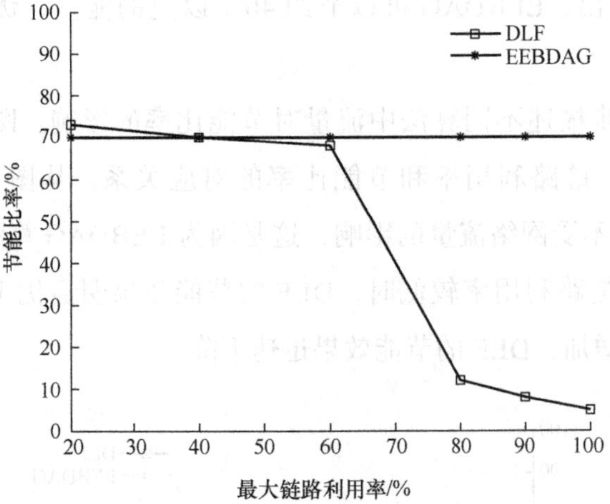

图 6-36　Sprint 拓扑中的节能比率

6. 链路的利用率

本部分通过链路利用率来评价不同算法对链路的利用情况。EEBDAG 算法中，如果源到目的有多条路径，实验采用 DEFT 方案 [19] 转发报文。

图 6-37 描述了不同算法在 Sprint 拓扑中对应的链路利用率的分布结果。在 Sprint 拓扑结构中，EEBDAG 和 DLF 的节能比率相似，但是 DLF 的链路利用率明显高于 EEBDAG，这是因为 DLF 采用最短路径转发报文，而本部分采用多路径转发报文，从而可以很好地均衡网络中的流量。

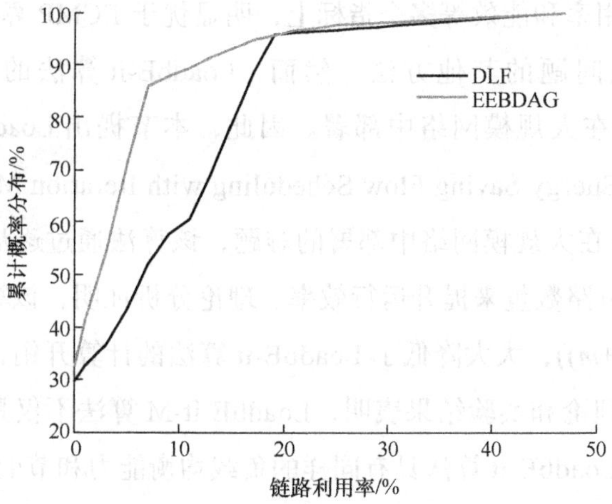

图 6-37　Sprint 拓扑中链路利用率的累计概率分布

6.4.4　结束语

本节提出了一种基于拓扑感知的节能算法，该算法利用链路的介数和能耗来确定链路的重要程度，利用 DAG 保证关闭链路后不会引起路由环路和网络性能下降等问题。实验结果表明，与 DLF 算法相比较，本节的算法不仅可以提供较好的节能效果，并且具有较小的链路利用率。

本节在计算链路重要性时考虑了链路的介数和链路消耗的能量，下一步研究如何加入更多的参数来衡量链路重要性，从而得到更佳的节能效果。

6.5　一种高效的融合负载均衡和路由节能的路由算法

互联网在快速发展的过程中面临着负载均衡与路由节能等诸多挑战。为此，基于 SDN（Software Defined Networking）体系结构的迭代式负载均衡与节能的流调度（Load Balancing and Energy Saving Flow Scheduling with Iteration, LoadbE-it）算法被提出来解决互联网中的这两个重要科学问题。LoadbE-it 算法在实现负载均衡的同时最高可节约 25% 左右的能耗，并且其在链路平均利用率和能效等多个指标上，明显优于 ECMP 算法和 LABERIO 算法等解决该问题的其他方法。然而，LoadbE-it 算法的时间复杂度为 $O(n^4)$，不利于在大规模网络中部署。因此，本节提出 LoadbE-it-M（Load Balancing and Energy Saving Flow Scheduling with Iteration Multiple）算法来解决 LoadbE-it 在大规模网络中部署的难题，该算法通过逐步减少网络拓扑中需要计算的链路数量来提升运行效率。理论分析证明，该算法时间复杂度为 $O(n^2(n \cdot \lg n+m))$，大大降低了 LoadbE-it 算法的计算开销，降低了实际部署的复杂度。理论和实验结果表明，LoadbE-it-M 算法不仅具有较小的计算开销，并且和 LoadbE-it 算法具有同样的负载均衡能力和节能效果。

6.5.1 研究背景

动态链路负载均衡通过获取链路的实时状态、根据链路负载情况动态调整数据流传输时的传输路径。

LABERIO 算法 [119] 是一种基于负载方差的最大流和次大流的动态负载均衡路由算法。算法通过离线计算保存交换机之间的可能路径，使其在后期寻找替代路径时非常高效。

L2RM 框架 [120] 是一种低成本、负载均衡的路由管理框架，其考虑流表的大小限制并使用 OpenFlow 中的组表来在不同链路之间分配流以平衡网络负载。

遗传蚁群优化算法 [121] 结合了遗传算法快速全局搜索和蚁群算法最优解高效搜索的优点，在搜索最优路径的速度、往返时间和丢包率等方面都有良好的表现。

SDN 网络级节能采用节能路由和流调度等方式休眠网络中的冗余设备，降低网络能耗。

能量感知路由 [124] 考量了控制平面流量的受限延迟以及控制器之间的负载平衡等因素，在满足流量需求的情况下尽量减少链路数，其节能效果高达 60%。

低复杂度的贪心启发式算法 [125] 对流量进行重路由并将其聚合到公共链路上，从而最小化活动链路的数量和链路速率。仿真实验显示，该算法较最短路径算法可以节省 17.18% ～ 32.97% 的能耗。

LBGA 算法 [126] 采用较少的边数满足交换机到控制器的通信需求，平衡负载和边缘利用率，以最大程度地节省网络能源。实验表明，其节能效果可达 60%。

流映射算法 [127] 综合了装箱问题和 Dijkstra 算法，使用了 First-fit、Bestfit 和 Worst-fit 试探法，通过断开没有映射流的链接和开关，调整连接速度并使用不同预分配率来降低能耗。实验显示，其节能效果可达 70%。

Willow 流调度算法 [128] 同时考虑了相关交换机数量及其有效工作时长，采用贪心近似算法来对流量进行实时调度。仿真结果显示，该算法较 ECMP 算法可节省 60% 的能耗。

当前已有多种算法可以对动态链路进行负载均衡，也有多种算法可以进行 SDN 网络级节能。但是对同时实现动态链路负载均衡与节能的需求，学术界尚未展开广泛的研究。本章提出的 LoadbE-it-M 算法同时实现了动态链路负载均衡和 SDN 网络级节能，满足了当前的需求。负载均衡的实现依赖于将流量分配在多条链路，而节能则通过使用尽可能少的设备来降低能耗。因此，当兼顾负载均衡与节能时，必然会牺牲部分节能性能，在节能效果上与只进行 SDN 网络级节能的算法存在一定的差距。

6.5.2　研究背景动态负载均衡与节能机制概述

本节提出的 LoadbE-it-M 算法对文献 [129] 提出的动态负载均衡与节能机制中的 LoadbE-it 算法进行了改进，因此本节将对该机制进行概述，并在 6.5.3 小节对 LoadbE-it 算法进行详细阐述。该机制整体框架如图 6-38 所示。

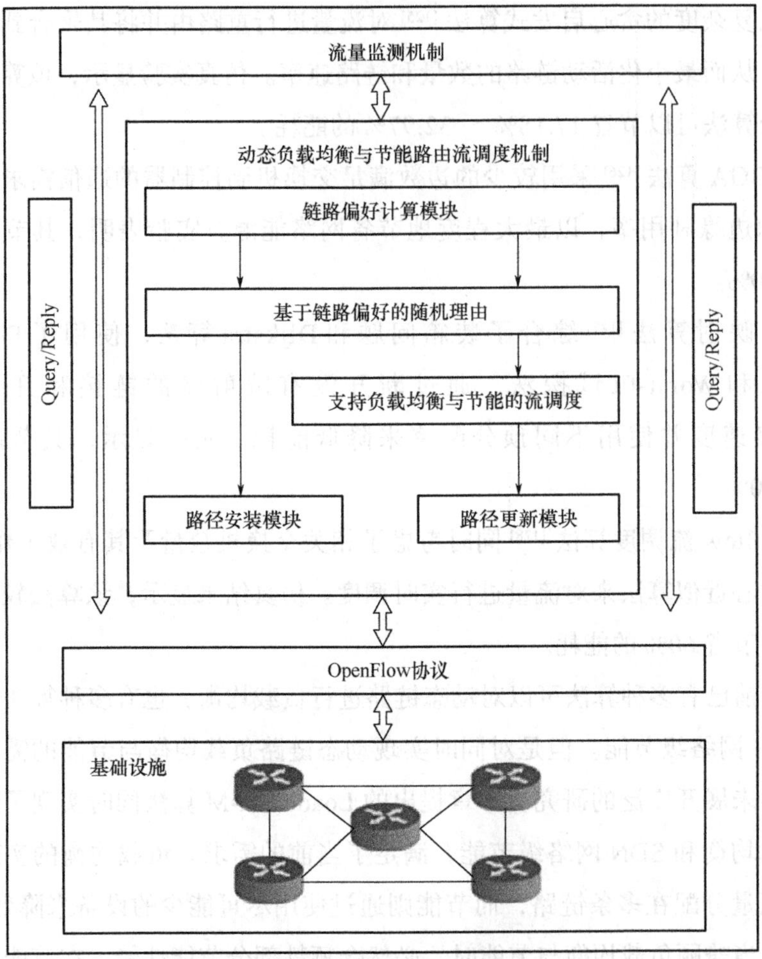

图 6-38　动态负载均衡与节能机制整体框架

流量监测机制对数据流进行速率监测，并与路由和流调度机制进行交互。

路由和流调度机制根据流量监测数据构建了链路偏好矩阵。该矩阵兼顾了负载均衡与节能的效果，为算法提供了基础数据。路由机制采用基于链路偏好的随机路由算法（Preference-based Random Routing Algorithm, PbRR）为数据流分配初始路径，LoadbE 算法（Load Balancing and Energy Saving Flow Scheduling）或 LoadbE-it 算法为数据流计算新的转发路径。

OpenFlow 协议将每个数据流路径添加、更新到基础网络设备上，并且作为向控制器传送数据流信息的通道。

基础设施模块对网络拓扑进行维护，统计数据流信息并存储于流表中，与控制器进行交互。

6.5.3　LoadbE-it 算法

LoadbE-it 算法可以调度多个数据流。该算法基于启发式信息选择数据流，然后采用 Dijkstra 算法获得一条该数据流的最短路径。接下来，对该路径的每一条边进行枚举，并采用 Dijkstra 算法获得不经过该边的最短路径，再用 PbRR 算法求得一条路径，最后对这些路径基于网络状态进行评分后选出最优路径。如调度后网络状态优于当前状态，则执行调度。该算法时间复杂度为 $O(n^4)$。

仿真结果显示，在负载均衡方面，LoadbE-it 算法与 IECMP 算法的性能基本相同，因此在全路径替换的流调度算法中 LoadbE-it 是有竞争力的。在网络能耗上，LoadbE-it 算法节能效率最高可达 25%。在平均链路利用率上，LoadbE-it 算法对数据流的聚合效果较 IECMP 算法和 ILABERIO 算法更佳。

基于时间复杂度分析，LoadbE-it 算法采用的是 Dijkstra 算法的朴素实现。当前对于 Dijkstra 算法的高效实现已取得了很多成果，如堆实现、优先队列实现、线段树实现、二叉堆实现、斐波那契堆实现等，但对于枚举最短路径的每一条边，采用 Dijkstra 算法获得不经过该边的最短路径的研究相对较少。当前大多采用去边后直接用 Dijkstra 算法求解的方法，计算效率不高。本小节提出 LoadbE-it-M 算法，其通过高效求解最短路径多次去边后新产生的最短路径来改善 LoadbE-it 算法计算效率低的问题。

6.5.4　LoadbE-it-M 算法

1. 算法总体描述

LoadbE-it-M 算法在 LoadbE-it 算法的基础上，采用 Dijkstra-M（Dijkstra-Multiple）算法对 LoadbE-it 算法中使用 Dijkstra 算法为每个数据流计算多条路径的方法进行改进，其他部分的执行过程与 LoadbE-it 算法是相同的。

Dijkstra-M 算法以斐波那契堆实现的 Dijkstra 算法为基础，并在多次运行 Dijkstra 算法的过程中逐步删除无需更新最短路的点的边，使得 Dijkstra 算法需要遍历的边减少，提升了运行效率。

本小节对 LoadbE-it-M 算法进行了详细的描述，其中，步骤 3 ～ 9 为 Dijkstra-M 算法，步骤 1、2、10 采用了与 LoadbE-it 算法相同的处理方法。

2. LoadbE-it-M 算法描述

（1）LoadbE-it-M 算法流程

算法输入为迭代次数 itk，带宽利用率矩阵 ratioTM，边的偏好权重矩阵 favorTM，边的占用带宽矩阵 bwTM。

步骤 1：设置拓扑类型为活动拓扑，循环执行步骤 2 ～ 10，直至达到迭代次数 itk（算法第 1、2 行）。

步骤 2：设置 pathset 容器存储规划的最短路径。判断当前循环次数，当循环次数超过迭代次数的一半后将拓扑类型设置为全局拓扑。根据 LoadbE-it 算法中的启发式信息流 $info_i$ 来选择数据流（算法第 3 ～ 7 行）。

步骤 3：根据拓扑类型及数据流选择拓扑，并获取路径的起点 start、终点 end，设置 dis 数组存储可达点的距离，设置 path 向量容器存储可达点路径。将使用 Dijkstra 算法求得的从 start 到 end 可达点的距离存储于 dis，路径存储于 path，start 至 end 的路径添加至 pathset，并构造一棵以 start 为根结点的最短路径树（算法第 8 ～ 12 行）。

步骤 4：设置 index 标识当前递归次数，设置 now_node 标识当前结点，设置 v_node 向量容器存储结点组，逆序断开 start 到 end 最短路径的每一条边，获取该边连接的子树上的结点的增量组，将结点组置于 v_node（算法第 13 ～ 22 行）。

步骤 5：设置哈希表 update 存储标记该点是否需要更新，初始化为 0，0 代表无须更新，1 代表需要更新。将当前 v_node 内的所有结点在 update 表中置为 1（算法第 23 ～ 26 行）。

步骤 6：顺序枚举 start 到 end 最短路径的每一条边，每去除一边，执行一次步骤 7 ～ 9（算法第 27 ～ 28 行）。

步骤 7：设置 fibonacci_max_heap 为斐波那契堆（小顶堆），heap_itr 为该堆迭代器，distance 数组存储可达点的距离，new_path 数组存储路径。修改 update 表中为 1 的点在 distance 表中的值为极大值，该点在 new_path 容器中的值为空。修改 update 表中为 0 的点在 distance 表中的值为 dis 表中该点值，将该点压入 fibonacci_max_heap，该点在 new_path 容器的值为该点在 path 中的值（算法第 29 ～ 38 行）。

步骤 8：遍历 *v*_node 的最后一项，将该项中的点在 update 中所对应的值置为 0，将 *v*_node 的最后一项删除（算法第 39 行～ 42 行）。

步骤 9：循环进行以下操作。当 fibonacci_max_heap 非空时，弹出堆顶的点，遍历该点的邻接边，若该点的 distance 数组的值 + 该边的权值 < 邻接点的 distance 值，则对 fibonacci_max_heap、distance、new_path 中到该邻接点的值进行更新。若该邻接点在 update 中的值为 0，则将该边删去。若 distance[*n*] 不为 ∞，则将 new_path[*n*] 添加至 pathset 操作完成（算法第 43 ～ 56 行）。

步骤 10：根据 PbRR 算法 [15] 规划一条路径并添加至 pathset，然后通过 LoadbE-it 算法中的评分函数挑选出 pathset 中的最优路径，若 pathset 中的最优路径优于当前路径，则将路径调度为最优路径（算法第 57 ～ 64 行）。

（2）LoadbE-it-M 算法伪代码

输入：迭代次数 itk，带宽利用率矩阵 ratioTM，边的偏好权重矩阵 favorTM，边的占用带宽矩阵 bwTM。

1. $i \leftarrow 0$, topo ← 1
2. WHILE $i <$ itk and trigger conditions are satisfied,DO
3. 　　pathset ← ∅
4. 　　IF $i \geqslant | \text{itk} / 2 |$, THEN
5. 　　　　topo ← 0
6. 　　ENDIF
7. 　　select the best flow as f using info_i

```
choose map base on topo and f, get start end n, m
dis[1...n] ← ∞ , dis[start] ← 0 , path[1...n] ← ∅
using Dijkstra algorithm get dis[1...n],path[1...n]
add path[end] to pathset
build a shortest_path_tree to root
index ← 0 , now_node ← root , v_node ← ∅
need_update_node_vector(now_node,index)
  now_node ← now_node.nextnode[path[end][index]]
  IF index < (length( path[end] ) – 1) , THEN
    need_update_node_vector(now_node,index+1)
    add now_node.tree without
      path[end][index+1].tree to vector
    ELSE
      add now_node.tree to vector
    ENDIF
      v_node.push(vector)
update[1...n] ← 0
FOR each node in v_node, DO
  update[node] ← 1
ENDFOR
FOR each edge_i of path[end] , DO
  map erase edge_i
  fibonacci_max_heap ← ∅ , heap_itr[1...n] ← 0
  FOR node in [1...n] , DO
    IF update[node] =1, THEN
      distance[node] ← ∞ , newpath[node] ← ∅
    ELSE
      distance[node] ← dis[node]
```

```
            new_path[node] ← path[node]
            heap_itr[node] ←
           fibonacci_max_heap.push(dis[node],node)
         ENDIF
      ENDFOR
      FOR each node of v_node.back,DO
         update[node] ← 0
      ENDFOR
      erase v_node.rbegin
      WHILE fibonacci_max_heap is not empty , DO
         node ← fibonacci_max_heap.top
         fibonacci_max_heap.pop()
         FOR each edge of node.edge , DO
            try to less distance and get new_path
            IF update[edge.to] = 0 , THEN
               erase edge
            ENDIF
         ENDFOR
      ENDWHILE
      IF distance[end] != ∞ ,THEN
         add new_path[end] to pathset
      ENDIF
   ENDFOR
   add the path of PbRR to pathset
   select the best path of pathset as path
   IF the schedule for f is better than current , THEN
      change the path of f with path
      update ratioTM,bwTM,favorTM
```

```
    ENDIF
    i ← i+1
ENDWHILE
```

3. 算法举例

LoadbE-it-M 算法选择需要调度的数据流并采取高效的多次最短路径求解算法来获得最短路径，并与 PbRR 算法求得的路径进行对比获得最优路径。若采用最优路径后的网络状态优于当前状态则执行调度。由于 LoadbE-it-M 算法中 Dijkstra-M 算法较为复杂，因此本部分将通过一个简单的例子来解释 Dijkstra-M 的执行过程。

图 6-39 为网络拓扑图，图 6-40 为图 6-39 构建的最短路径树，如 0—5 的最短路为 0—2—5。如图 6-42 所示，当边 0—2 断开时，点 0、1、4、3 的最短路径并未受到影响。受影响的点为 2、5、6、7。在点 0、1、4、3 已形成最短路的基础上，将指向点 0、1、4、3 的边去除，对新的最短路的生成不造成影响，因此可在去除这些边后，再对点 2、5、6、7 进行更新。

如图 6-41、图 6-42 所示，逆序枚举最短路径的每一条边，不经过该边时，图 6-42 受影响的点是图 6-41 子树的扩充。因此在求受影响的点时，无需对整棵子树进行遍历，只需在图 6-41 子树的基础上进行扩充。首先，求得断开某边后受影响的点和不受影响的点，再将连接不受影响的点的边去除，然后在起点至不受影响的点的最短路径及最短距离数据的基础上对受影响的点进行求解，从而实现高效求解。

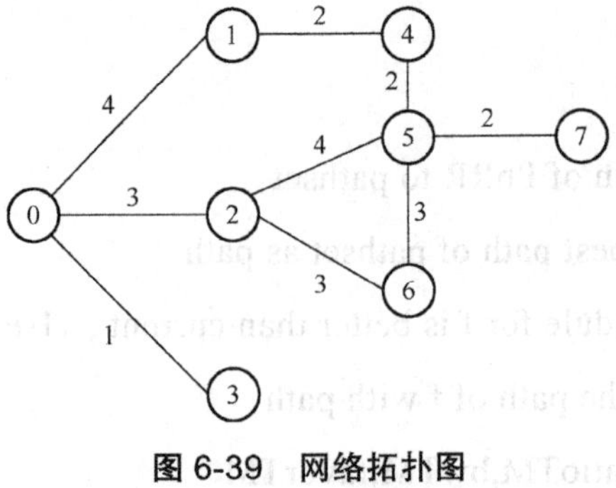

图 6-39 网络拓扑图

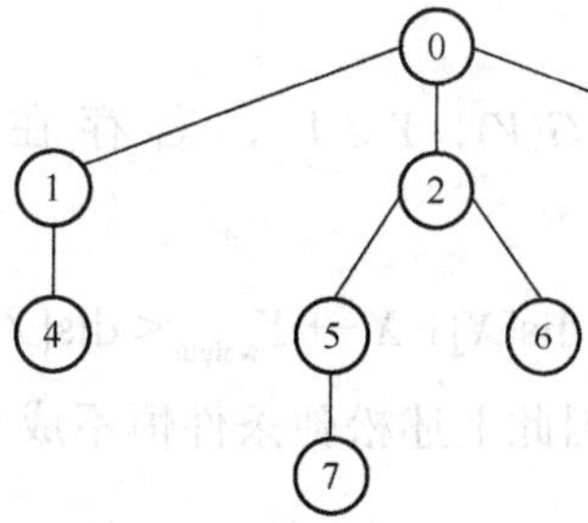

图 6-40　由拓扑图构建的以点 0 为源点构建的最短路径树

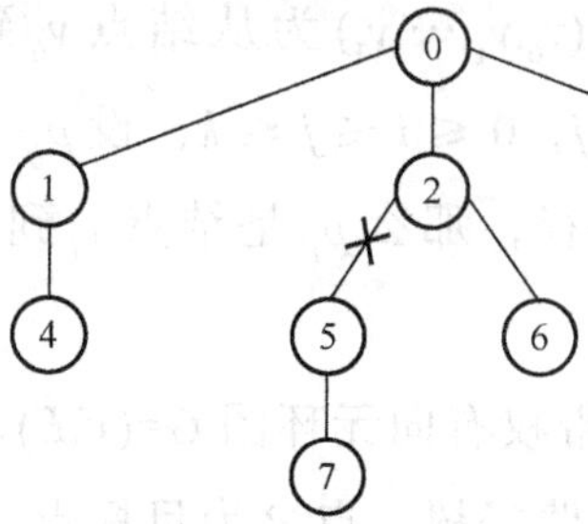

图 6-41　断开 2—5 边后，受影响的点

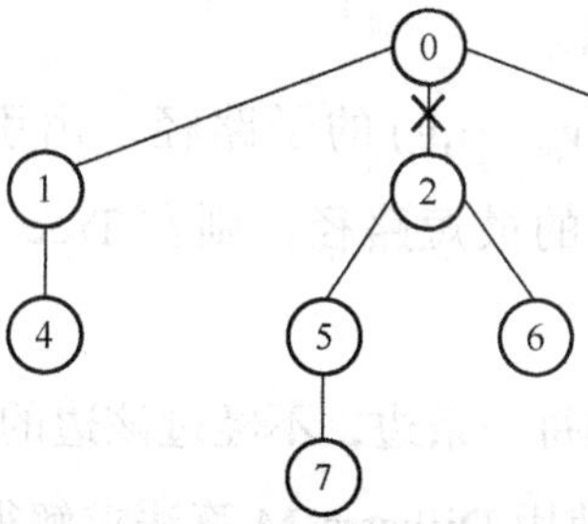

图 6-42　断开 0—2 边后，受影响的点

4. 算法正确性证明

本部分将从理论方面证明 LoadbE-it 算法和 LoadbE-it-M 算法具有相同的负载均衡能力和节能效果。

定理 6-1：对于一给定的带权有向无环图 $G=(V,E)$，假设点 A 为源点，点集 V_n 为已知源点到该点最短路径的点，$A \in V_n$，点 B 为目标点，点集 V_m 为未知源点到该点最短路径的点，$B \in V_m$，边集 E_n 的边指向 V_n 中的点。$V_n \cup V_m = G(V)$，$V_n \cap V_m = \varnothing$，已知源点至 V_n 的最短路径及距离，则 E_n 对求解

V_m 的最短路径无贡献。

证明：对于任意的 $X \in G(V)$，$Y \in V_n$，若存在边 $X \to Y$，则 $X \to Y \in E_n$。

Dijkstra 的松弛操作为：当 $\text{dis}[X] + X \to Y_{\text{weight}} < \text{dis}[Y]$，则对 $\text{dis}[Y]$ 进行松弛。因 Y 已获得最短路径，因此上述松弛条件恒不成立，故 E_n 对求解 V_m 的最短路径无贡献。

引理 6-1（最短路径的子路径也是最短路径）：给定带权重的有向图 $G=(V,E)$ 和权重函数 w。设 $p=(v_0,v_1,\cdots,v_k)$ 为从结点 v_0 到结点 v_k 的一条最短路径，并且对于任意的 i 和 j，$0 \leqslant i \leqslant j \leqslant k$，设 $p_{ij}=(v_i,v_{i+1},\cdots,v_j)$ 为路径 p 中从结点 v_i 到结点 v_j 的子路径，那么 p_{ij} 是结点 v_i 到结点 v_j 的一条最短路径。

定理 6-2：对于一给定的带权有向无环图 $G=(V,E)$，假设点 A 为源点，Tree 为以点 A 为根结点的最短路径树，点 B 为目标点，$p=(v_0,v_1,\cdots,v_k)$ 为从 A 到 B 的一条最短路径。对于任意的 i 和 j，$0 \leqslant i<j \leqslant k$，则在 Tree 上 i 的子树的结点包含 j 的子树的结点。

证明：$p_1=(v_0, \cdots,v_i)$ 是 $p_2=(v_0, \cdots,v_j)$ 的子路径，由引理 6-1 可知 p_1 为 A 到 v_i 的最短路径，p_2 为 A 到 v_j 的最短路径，则在 Tree 上，i 的子树的结点包含 j 的子树的结点。

定理 6-3：枚举最短路径的每一条边，不经过该边的情况下采用 Dijkstra 算法求解得到的最短路径集与使用 Dijkstra-M 算法求解得到的路径集相同。

证明：当逆序枚举最短路径的每一条边，不经过该边时，由定理 6-2 可知，受影响的点在原来的基础上进行扩充，我们可以把其增加的部分看作一个增量，按照产生增量的顺序组成有序增量集 S 后，不受影响的点的集合 T 是有序增量集的补集。在求解新的最短路径时，在网络中去除连接不受影响的点的边，并逐步将 S 中增量逆序加入 T 进行增量更新。这样可以高效地获得所有不受影响的点。定理 6-1 指出，已知源点至 V_n 的最短路径及距离，则 E_n 对求解 V_m 的最短路径无贡献，在求解 V_m 的最短路径时将 E_n 从拓扑中删去再进行求解对结果无影响。因此，枚举最短路径的每一条边，不经过该边的情况下采用 Dijkstra 算法求解得到的最短路径集与使用 Dijkstra-M 算法求解得到的路径集相同。

定理 6-4 ：LoadbE-it 算法和 LoadbE-it-M 算法具有相同的负载均衡能力和节能效果。

证明：LoadbE-it-M 算法是在 LoadbE-it 算法的基础上采用 Dijkstra-M 算法优化其求解路径集的方法而得到的。所以，LoadbE-it-M 算法与 LoadbE-it 算法仅在求解路径集的方法上不同，其余执行过程均相同。由定理 6-3 可知，Dijkstra 算法与 Dijkstra-M 算法求解得到的路径集相同，所以，LoadbE-it 算法和 LoadbE-it-M 算法具有相同的负载均衡能力和节能效果。

5. 算法时间复杂度分析

定理 6-5：Dijkstra-M 算法的时间复杂度为 $O(n(n \cdot \lg n+m))$。

证明：斐波那契堆实现的 Dijkstra 算法的时间复杂度为 $O(n \cdot \lg n+m)$。斐波那契堆实现的 Dijkstra 算法在运行过程中需要执行 3 种优先级队列操作。这 3 种操作如下：入队列，该操作的时间复杂度为 $O(1)$；出队列，该操作的时间复杂度为 $O(\lg n)$；松弛操作，该操作的时间复杂度为 $O(1)$。在算法执行过程中需要执行 n 次入队列和出队列操作，最多执行 m 次松弛操作。在 Dijkstra-M 算法运行过程中，最多要执行 n 次斐波那契堆实现的 Dijkstra 算法，并在执行过程中不断减少网络拓扑中需要计算的边，因此，Dijkstra-M 算法的时间复杂度为 $O(n(n \cdot \lg n+m))$，n 代表点，m 代表边，m 在运行过程中逐步减小。

Dijkstra-M 算法的主要贡献在于在运行过程中不断减少网络拓扑需要计算的边，有效克服因 m 过大而造成的时间复杂度退化，较斐波那契堆实现的 Dijkstra 算法直接求解实现性能更好。

定理 6-6：LoadbE-it-M 算法的时间复杂度为 $O(n^2(n \cdot \lg n+m))$。

证明：LoadbE-it-M 算法是在 LoadbE-it 算法的基础上采用 Dijkstra-M 算法优化其求解路径集的方法。Dijkstra-M 算法的时间复杂度为 $O(n(n \cdot \lg n+m))$，所以 LoadbE-it-M 算法的时间复杂度为 $O(n^2(n \cdot \lg n+m))$，

n 代表点，m 代表边，m 在运行过程中逐步减小。

6. 算法空间复杂度分析

定理 6-7：Dijkstra-M 算法的空间复杂度为 $O(n^2)$。

证明：Dijkstra-M 算法 start、end 的空间复杂度均为 $O(1)$，dis 数组的空间复杂度为 $O(n)$，path 向量容器的空间复杂度为 $O(n^2)$，最短路径树的空间复杂度为 $O(n^2)$，v_node 向量容器、update 表的空间复杂度均为 $O(n)$，all_path 数组的空间复杂度为 $O(n^2)$，distance 表的空间复杂度为 $O(n)$，new_path 容器的空间复杂度为 $O(n^2)$，fibonacci_max_heap 的空间复杂度为 $O(n)$。其中 distance 表、new_path 容器、fibonacci_max_heap 在每次循环后均释放内存，所以 Dijkstra-M 算法的空间复杂度为 $O(n^2)$，n 代表点。

定理 6-8：LoadbE-it-M 算法的空间复杂度为 $O(n^2)$。

证明：LoadbE-it 算法在调度数据流时输入 ratioTM 和 bwTM 的空间复杂度均为 $O(n^2)$，favorTM 的空间复杂度为 $O(n)$，itk 和 topo 的空间复杂度为 $O(1)$，采用 Dijkstra 算法来求解路径的空间复杂度为 $O(n^2)$，采用 PbRR 算法求解路径的空间复杂度为 $O(n)$，所以 LoadbE-it 算法的空间复杂度为 $O(n^2)$。LoadbE-it-M 算法是在 LoadbE-it 算法的基础上，采用 Dijkstra-M 算法优化其求解路径集的方法，Dijkstra-M 算法的空间复杂度为 $O(n^2)$，因此 LoadbE-it-M 算法的空间复杂度为 $O(n^2)$。

6.5.5 实验结果及分析

1. 评价指标与对比算法

本小节将验证算法的性能，评价的指标包括计算开销、负载均衡和节能效果。6.5.4 小节从理论上证明了 LoadbE-it 算法和 LoadbE-it-M 算法具有相同的负载均衡能力和节能效果，因此实验部分不再展示该部分的实验结果，实验将重点考量算法的计算开销。Dijkstra-M 算法在多次运行 Dijkstra 算法的过程中，逐步删去在其之后的运行中无须更新最短路的点的边，使得 Dijkstra 算法需要遍历的边减少，减少了计算开销。LoadbE-it-M 算法采用

Dijkstra-M 算法高效实现了 LoadbE-it 算法中对每个数据流计算多条路径的模块，使得计算开销减小。LoadbE-it-M 算法与 LoadbE-it 算法仅该模块的实现不同，其他部分均相同，因此计算开销的变化只来源于该模块，仅呈现该模块对应的算法在计算开销方面的对比将更加直观，这也是本节最重要的创新之处。

与 Dijkstra-M 比较的算法包括朴素实现的 Dijkstra 算法和斐波那契堆实现的 Dijkstra 算法。LoadbE-it 算法在计算多条路径时采用的是朴素实现的 Dijkstra 算法。因斐波那契堆实现的 Dijkstra 算法为当前效率较高的算法实现，故也将其作为对比算法。

当算法对较短的链路进行计算时，算法需要迭代的边较少，使用时间复杂度较高的算法依然可以使其计算开销处于可接受的阈值。但当对较长的链路进行计算时，时间复杂度较高的算法的计算开销远远超过可接受的阈值，所以采用较长链路来进行算法评估。

本小节的计算开销用在仿真实验下的实际计算时间来衡量，计算时间取 3 次实验的均值。

本小节从计算开销角度评估 Dijkstra-M 算法较对比算法的优化程度。因斐波那契堆 Dijkstra 算法为广泛使用且性能较好的 Dijkstra 算法，故主要以其作为参照。优化程度的计算如式（6-18）所示：

$$\text{Optimization} = [\,(A - B)\,/\,A\,] \cdot 100\% \tag{6-18}$$

其中，斐波那契堆 Dijkstra 算法的计算开销为 A，Dijkstra-M 算法的计算开销为 B。

2. 实验数据

在实验中，在 4 种网络中运行上述 3 种算法。这 4 种网络拓扑如下。

（1）Stanford Large Network Dataset Collection 提供的 Autonomous Systems Graphs，该数据集为真实拓扑，边的权值范围为 [1，1000) 的随机数，连接自身的边的权值为 0，其余参数见表 6-7。

（2）《洛谷 P1186》提供的测试数据 [130]，参数见表 6-8。

（3）利用模拟软件 Brite 生成的拓扑系列 A。拓扑中结点数量为 $\{x \mid x=1000n, 1 \leqslant n \leqslant 8 \text{ 且 } n \in N\}$，网络的结点的平均度的取值范围为 1 ～ 4，其余参数见表 6-9。

（4）利用模拟软件 Brite 生成的拓扑系列 B。拓扑中结点数量为 5000，网络的结点的平均度的取值范围为 $1 \sim x$，$\{x \mid 4 \leqslant x \leqslant 10 \text{ 且 } n \in N\}$，其余参数见表 6-9 所示。

表 6-7　真实拓扑的参数

数据编号	路由器数量 / 个	边数量 / 条	边类型
AS-oregon1	11174	23410	无向
AS-733	6474	13895	无向
AS-caida	26389	105722	有向
AS-skitter	1696415	11095298	无向
AS-oregon2	11461	32731	无向

表 6-8　P1186 拓扑参数

数据编号	路由器数量 / 个	边数量 / 条	边类型
P1186_2	1000	8995	无向
P1186_10	1000	253058	无向

表 6-9　Brite 拓扑参数

参数	Node Placement	Pref . Conn	alpha	Min BW
参数值	Random	None	0.15	10
参数	HS	Growth TYpe	Bandwidth Distr	beta
参数值	1000	Incremental	Constant	0.2
参数	MAx BW	Model	Waxman	—
参数值	1024	LS	100	—

3. 仿真实现与性能分析

算法的仿真实现硬件环境：CPU 为 Intel(R) Core(TM) i7-7700HQ，CPU 主频为 2.80GHz，内存为 8.00GB，操作系统为 Windows 10。算法基于 C++

语言实现，在 Windows 10 下调试运行。

表 6-10 描述了朴素 Dijkstra 算法、斐波那契堆 Dijkstra 算法、Dijkstra-M 算法在真实网络和模拟拓扑中一条较长链路的计算开销。

表 6-10　各种算法的计算开销

数据编号	开销		
	朴素 Dijkstra	斐波那契堆 Dijkstra	Dijkstra-M
AS-oregon1	10960 ms	511 ms	384 ms
AS-733	2366 ms	314 ms	225 ms
AS-caida	86038 ms	1619 ms	1119 ms
AS-skitter	66.09 h	217.7 s	132.9 s
AS-oregon2	13260 ms	586 ms	308 ms
P1186_2	1344 ms	850 ms	440 ms
P1186_10	318 ms	183 ms	63 ms

表 6-11 比较了 Dijkstra-M 算法较斐波那契堆 Dijkstra 算法在真实网络和模拟拓扑计算开销上的优化程度。

表 6-11　真实网络和模拟拓扑中优化程度对比　　单位：%

数据编号	Dijkstra-M 较斐波那契堆 Dijkstra 优化程度
AS-oregon1	24.85
AS-733	28.34
AS-caida	30.88
AS-skitter	38.95
AS-oregon2	47.44
P1186_2	48.23
P1186_10	65.57

图 6-43 描述了 Dijkstra-M 算法、斐波那契堆 Dijkstra 算法在 Brite 拓扑系列 A 中的计算开销。

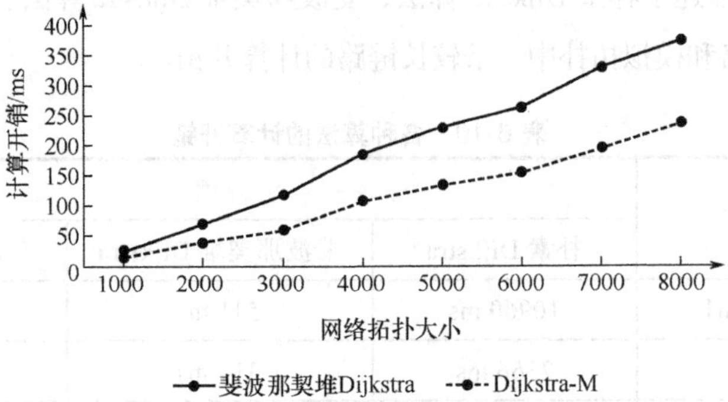

图 6-43　拓扑结点数与计算开销关系

表 6-12 比较了 Dijkstra-M 算法较斐波那契堆 Dijkstra 算法在 Brite 拓扑系列 A 计算开销上的优化程度。

表 6-12　Brite 拓扑系列 A 中优化程度对比　　单位：%

网络拓扑大小	Dijkstra-M 较斐波那契堆 Dijkstra 优化程度
1000	40.74
2000	42.25
3000	49.15
4000	40.86
5000	41.81
6000	41.60
7000	40.73
8000	36.73

图 6-44 描述了 Dijkstra-M 算法、斐波那契堆 Dijkstra 算法在 Brite 拓扑系列 B 中的计算开销。

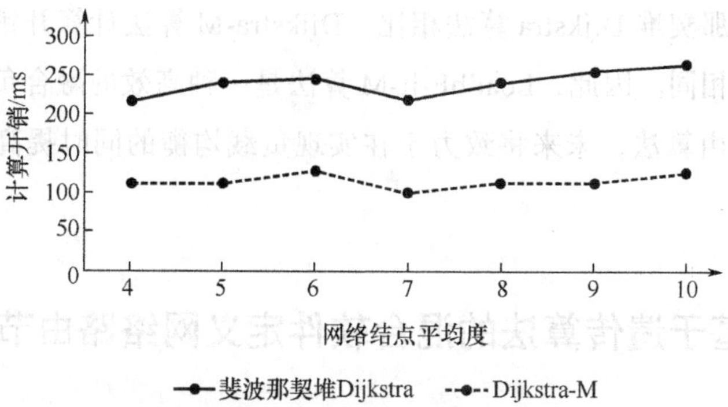

图 6-44　计算开销与网络结点平均度之间的关系

表 6-13 比较了 Dijkstra-M 算法较斐波那契堆 Dijkstra 算法在 Brite 拓扑系列 A 计算开销上的优化程度。

表 6-13　Brite 拓扑系列 B 中优化程度对比　　单位：%

网络结点平均度	Dijkstra-M 较斐波那契堆 Dijkstra 优化程度
4	47.93
5	52.72
6	47.56
7	53.67
8	53.14
9	55.91
10	52.67

从上所述的实验可知，Dijkstra-M 算法的计算开销小于朴素 Dijkstra 算法和斐波那契堆 Dijkstra 算法，且求得的路径集相同。由图 6-43 可知，在度相同的情况下，拓扑的计算开销随结点数的增长逐渐增大。由图 6-44 可知，在结点数相同的情况下，拓扑的计算开销与度数无明显关系。

6.5.6　结束语

本节主要解决了 LoadbE-it 算法时间复杂度较高的问题，通过改进其中应用的 Dijkstra 算法，减少需要运算的边来降低算法的计算开销，从而使得 LoadbE-it 算法更易于在大型网络中部署。实验结果表明，与朴素 Dijkstra

算法、斐波那契堆 Dijkstra 算法相比，Dijkstra-M 算法计算开销更小，且获得的路径集相同。因此，LoadbE-it-M 算法是一种高效的融合负载均衡和路由节能的路由算法，未来将致力于在实现负载均衡的同时提高算法的节能效果。

6.6 基于遗传算法的混合软件定义网络路由节能算法

学术界提出，可用在传统网络中部署 SDN 路由器并通过 SDN 路由器控制链路开闭的方式来实现网络节能。然而，一些已有的混合网络节能算法并没有给出合适且系统的路由器部署方案，一些算法在关闭链路时并没有考虑关闭前的网络状态，这导致关闭链路后出现了严重的路由振荡问题。针对路由器部署方案的问题，本节将其抽象为整数规划模型，并用遗传算法解答了此问题；针对关闭链路后的路由振荡问题，书中研究了关闭链路的次序，并提出了一种链路关键度模型；最后，本节提出了基于遗传算法的混合软件定义网络路由节能算法（Energy Efficient Routing Algorithm for Hybrid Software Definition Network Based on Genetic Algorithm, EEHSDNGA）。实验结果表明，EEHSDNGA 不仅可以计算出一个系统的路由器部署方案，而且在降低网络能耗方面也优于 EEGAH、LF、HEATE 等算法。

本节的研究成果主要包括以下几个方面。

（1）提出了一种基于遗传算法的路由器部署方案，该方案可以在升级成本内以相对最少的 SDN 路由器覆盖相对最多的链路，很好地解决了在混合 SDN 网络中部署 SDN 路由器数量的问题，节约了升级 SDN 网络所需要的成本。

（2）建立了一种衡量链路在网络中重要性的链路比较模型，该模型综合考虑了链路的利用率和链路消耗的能量，可以直观地显示出一条链路在网络中的重要程度。通过该模型可计算出链路在网络中的重要性，并按顺序关闭链路，较好地兼顾了网络性能和节能效果，提高了算法的实用性。实验结果表明，本节提出的方法可以在保证网络性能的前提下，有效地减少网络能耗。

6.6.1　问题描述

本节以无向图 $G=(V,E)$ 代表网络，其中 V 是网络中的关键路由结点，使用 $h(v)$ 来表示升级一个路由结点所需要的部署开销，$f(e)$ 来表示一个路由结点所覆盖的链路数量。E 是网络中的链路（边），若存在一条链路（边）e 满足 $e=(u,v)\in E$，则 $\chi(e)$ 表示该条链路消耗的能量。

本节研究的问题可以抽象为：在网络模型 $G=(V,E)$ 中，在保证节能效率和网络性能的前提下，部署 SDN 路由器，并通过 SDN 路由器来控制链路是否关闭，从而实现节能的目标。本节将问题描述为如下内容。

输入：网络拓扑结构 $G=(V,E)$，升级 SDN 路由器所需要的部署开销 H 以及遗传算法进化总代数 S；

输出：SDN 路由器部署方案（可控制链路的集合）P，关闭链路的集合 U；

目标：$\text{Maximize}\sum_{e\in U}\chi(e)$；

条件：$E\supseteq U,\ \sum_{j=1}^{m}h(v)\leqslant H$。

6.6.2　算法描述

本节研究的算法通过在网络中部署 SDN 路由器控制其关闭链路，以达到节能的效果。本算法得到一个路由器部署方案，该方案可以确保 SDN 路由器覆盖了最多的链路。此外，在网络拓扑中，每关闭一条链路会对网络性能产生影响，如何权衡节能与网络性能间的关系是本算法要解决的一个重要问题。

本节需要解决的两个问题如下。

（1）怎样部署 SDN 路由器可以使得 SDN 路由器覆盖的链路数是最大的。

（2）按照什么顺序关闭链路能更小地影响网络性能，即如何衡量一条链路对网络性能的重要性。

针对第一个问题，选择使用启发式算法来计算 SDN 路由器部署方案。

由于本节所研究的网络拓扑结构较大，使用贪心算法可能导致算法收敛时间较长，使得算法陷入局部最优解。而遗传算法通过模拟达尔文遗传进化论来计算近似最优解，拥有很强的全局搜索能力，可以快速地计算出如何部署路由器即最大化地覆盖链路。因此，遗传算法被用来解决第一个问题。遗传算法中的操作主要包括遗传编码、选择、交叉和变异。

1）编码

本算法中采用的编码方式为 0-1 编码。在该种编码方式中，0 表示这个路由结点是传统的路由器，1 表示路由结点是 SDN 路由器。对于本节研究的问题，需要$|V|$位来表示一种解决方案，例如 (0010010101) 表示在路由结点集合 V 中编号为 3、6、9、10 的结点上部署 SDN 路由器。本节将遗传算法编码描述为

$$v_i=\begin{cases}0 & \text{当前路由节点为普通的路由器}\\1 & \text{当前路由节点为SDN路由器}\end{cases} \tag{6-19}$$

2）初始化种群

算法中采用随机方式来生成初始种群。因为输入的部署开销 H 是一定的，所以先确定一个可升级的 SDN 结点数范围，在这个范围内随机生成一个数 m 作为本次升级的 SDN 结点数。根据 m 先确定一个可行的个体，随后开始初始化种群，若网络中有 k 个路由结点，那么随机生成的 k 个二进制数就是一个种群。该种群要满足初始条件

$$\sum_{v\in V} v(v_i=1)=m \tag{6-20}$$

$$\sum_{j=1}^{m} h(v)\leqslant H \tag{6-21}$$

若初始化多次仍不满足条件，则使用上次确定的个体作为初始种群。

3）适应度

适应度函数是评价一个种群中个体性能优劣的最有力的标准，适应度数值越大代表其对应个体的性能越优良。本节采用的适应度函数为：当前个体覆盖边的数量 / 当代中最优秀个体覆盖边的数量，即

$$f=\frac{\sum_{i=1}^{m}f(e)}{\text{Max}\sum_{i=1}^{m}f(e)} \tag{6-22}$$

4）选择

选择算子的作用是选择当前种群中的适应度高的个体来进化，并且将适应度低的个体逐渐淘汰。本节采用轮盘赌选择策略来进行选择。过程如下。

（1）使用适应度函数计算种群中所有个体 $i=\{1,2,3,\cdots,m\}$ 的适应度 f_i。

（2）计算每个个体被遗传给后代的概率。

（3）计算每个个体的累积概率 $q[i]$。

（4）产生一个均匀分布于 $[0,1]$ 区间的伪随机数 r。

（5）若 $r<q[1]$，则选择个体 1，否则，选择个体 k，使得 $q[k-1]<r\leqslant q[k]$ 成立。

执行步骤（4）和（5）m 次。

5）交叉和变异

交叉的具体方法为随机选择一个位置，将这个位置之后的所有两个个体的编码进行互换。变异的具体方法为随机选择一个位置，对该位置上的编码取非。由于算法的收敛速度可能变慢，算法的搜索空间可能变小，所以本节采用了自适应的遗传概率计算公式，该公式使得遗传算法的交叉概率和变异概率可以随着适应度的变化而变化。交叉概率计算公式为

$$p_c=\begin{cases}\dfrac{k_1(f_{\max}-f_{i\max})}{(f_{\max}-f_{\text{avg}})} & f_i\geqslant f_{\text{avg}}\\ k_2 & \text{其他}\end{cases}\quad k_1<k_2 \tag{6-23}$$

其中，$f_{\max}$ 为群体中的最大适应度，f_{avg} 为群体的平均适应度，$f_{i\max}$ 为执行交叉的两个个体中适应度较大的个体的适应度，k_1 和 k_2 均为小于或等于 1 的常数。

其变异概率计算公式为

$$p_m = \begin{cases} \dfrac{k_3(f_{\max} - f_i)}{f_{\max} - f_{\text{avg}}} & f_i \geqslant f_{\text{avg}} \\ k_4 & \text{其他} \end{cases} \quad k_3 < k_4 \tag{6-24}$$

其中，$f_{\max}$ 为群体中的最大适应度，f_{avg} 为群体的平均适应度，f_i 为执行变异的个体的种群适应度，k_3 和 k_4 均为小于或等于 1 的常数。

交叉和变异执行后，仍然需要判断当前个体的升级成本是否符合输入的成本，若不符合，则需要重新交叉和变异。

遗传算法的执行过程如下：首先输入网络拓扑、总部署开销和最大遗传代数，并利用随机方法构造初始种群（算法第 1 ～ 3 行）；然后根据适应度函数计算初始种群中所有个体对应的适应度（算法第 4 行）；接着是一些迭代过程，每次迭代均执行选择、交叉和变异操作（算法第 7 ～ 17 行）；最后对新产生的个体的适应度进行了计算（算法第 12 行）。

算法 6-7　Genetic Algorithm

Input：网络拓扑 $G=(V,E)$，总部署开销 H，进化总代数 S

Output：路由器部署结点集合 P（$P \subseteq V$）

1：确定可升级的结点数范围

2：随机生成可生成的结点数 m

3：初始化种群

4：计算初始种群中所有个体的适应度

5：$\text{gen}=0$

6：While $\text{gen}<S$ do

7：　选择

8：　交叉

9：　If $\sum_{i=1}^{m} h(v_i) \leqslant H$ Then

10：　变异

11：　　If $\sum_{i=1}^{m} h(v_i) \leqslant H$ Then

```
            计算新个体的种群适应度
        else
            重新变异
        EndIf
    Else
    重新交叉
    End While
    将个体存储在 P 中
    Return P
```

针对第二个问题，为了衡量一条链路在网络中的重要性，本节提出了一个比较模型以衡量一条链路在网络中的重要性。该模型可以用下式表达：

$$A = \alpha \cdot \text{util} + (1-\alpha) \cdot \frac{\text{power}}{\text{maxpower}} \tag{6-25}$$

其中，A 为链路关键度，α 为调节因子，util 为链路利用率，power 为当前链路消耗的能量，maxpower 为链路消耗的最大能量。A 是衡量链路重要性的标准，在节能算法执行的过程中，控制器将会根据 A 的大小按顺序关闭链路。调节因子 $\alpha \in [0,1]$，α 决定 A 的大小，α 的值不同，意味着在链路重要性的比较中链路利用率和链路能耗对应重要度的占比不同。如使 $\alpha = 0$，则 $A = \frac{\text{power}}{\text{maxpower}}$，这意味着关闭链路的顺序将完全以能耗为衡量标准，能耗越大，就越应该将其关闭。同样地，若 $\alpha = 1$，则 $A = \text{util}$，这意味着关闭链路的顺序将完全以链路利用率 util 为衡量标准；若以 $l(e)$ 代表链路流量，$\gamma(e)$ 代表链路容量，则 $\text{util} = \frac{l(e)}{\gamma(e)}$，util 越大，说明其流量就越大，而其消耗的能量也就越大，就越应该将其关闭。当然，并不是要把所有消耗能量大的链路关闭，还要考虑关闭链路对网络性能产生的影响，所以 α 一般不会取到极值。算法对每一种 α 的取值都给出了一个节能方案，以供选择。

算法在计算关闭链路的集合时，需要网络拓扑结构 $G = (V, E)$ 以及上文通过遗传算法计算出的 SDN 路由器部署方案（可控制链路集合）P。算法开始执行时，先加载 P、链路能量图及链路流量图，加载完成后计算每条链路的 util（算法第 1 ～ 4 行）。完成上述几步后，算法会计算当前的能耗和链路拉伸度（算法第 5 行），接着就是一个由调节因子控制的循环过程。在每次循环中，算法都会先获取当前的比较因子，将关闭链路的集合 U 置空（算法第 7、8 行），然后按照比较因子对链路进行升序排序，存入队列中，按顺序关闭链路（算法第 9 ～ 14 行）；然后，判断关闭链路后网络是否联通，如果联通，则关闭链路，如果不联通，则重新打开链路（算法第 15 ～ 20 行）；最后，运行最短路径算法计算链路拉伸度，输出关闭链路的集合（算法第 22、23 行）。

算法 6-8　Algorithm EEHSDNGA

Input：网络拓扑 $G=(V,E)$

　　　可控制链路集合 P

Output：关闭链路集合 U $(U \subset E)$

1：加载可控制链路集合 P

2：加载能量图

3：加载流量图

4：计算每条链路 util

5：计算当前能耗 power 和链路拉伸度 Ω

6：for α 0 to 1 by 0.1 do

7：　$U \leftarrow \varnothing$

8：　获取比较因子 A

9：　根据 A 对所有链路升序排列

10：　将链路存储在队列 Q 中

11：　$E' \leftarrow E$

12：　While　Q 不为空　do

13：　　从 Q 中取出第一个元素 e

14：　　$G' = (V, E' - e)$

If 网络连通 Then
　$E' \leftarrow E - e$
　$U \leftarrow U \cup e$
Else
　$G' \leftarrow (G, E')$
EndIf
End While
计算链路拉伸度 Ω
Return U
End

6.6.3 实验及结果分析

本算法使用 C++ 语言实现并用其搭建模拟平台。对该算法的评价指标主要有两个：其一为部署的 SDN 路由器控制的链路数量；其二为算法的节能比率。与本章算法比较的算法有 LF[131]、HEATE[132] 和 EEGAH[133]。在 IP 网络中部署 SDN 路由器需要一定的部署开销，由于经济问题，只能部署很少的路由器，所以路由器部署的位置至关重要，每一个路由器部署的位置要尽可能多地覆盖网络中的链路，只有覆盖最广的链路，才能达到较好的节能效果；节能比率的定义则是关闭链路之后网络拓扑节省的能量与网络中所有链路消耗的总能量的比值，节能比率越大，算法节省的能量越多。为了表述简洁，引入了部署开销比率。部署开销比率可以定义为部署 SDN 结点的开销与将所有结点全部升级为 SDN 结点的开销的比值。本节首先说明实验所使用的网络拓扑，然后针对实验结果进行详细的解释分析。

1. 实验拓扑

为了精确地评估不同算法的性能，选取真实拓扑作为实验数据集。因为可以从互联网中获取到 Abilene 和 Geant 的真实流量数据，所有下面的实验将在这两个拓扑中进行。Abilene 和 Geant 网络拓扑的参数见表 6-14。

表 6-14　实验所使用的拓扑结构

网络拓扑	结点数量 / 个	链路数量 / 条
Abilene	11	14
Geant	23	37

2. 控制的链路数量

因为控制链路数量受部署开销比率和遗传代数两个因素的影响，所以下面分别讨论这两个因素对控制链路数量的影响。

首先讨论当固定部署开销时，控制链路数量和遗传代数之间的关系。表 6-15 为在 Abilene 拓扑中部署开销比率为 20% 时控制链路数量和遗传代数之间的关系。从表 6-15 可知，控制链路的最高数量为 12 条，约占链路总数的 85.71%，最低数量为 5 条，约占链路总数的 35.71%，其中控制链路数量为 7 ～ 9 条的有 3 个，控制链路数量为 10 ～ 12 条的有 4 个，这说明在该网络中使用该算法部署的 SDN 路由器可控制的链路数量约占整个 IP 网络中链路数量的 50.00% ～ 85.71%，平均可达 67.86%。

表 6-15　Abilene 中控制链路数量和遗传代数之间的关系

遗传代数	控制链路数量 / 条
2	5
4	9
6	12
8	6
10	11
12	11
14	11
16	6
18	9
20	9

表 6-16 为在 Geant 拓扑中部署开销比率为 20% 时控制链路数量和遗传代数之间的关系。从表 6-16 可知，控制链路的最高数量为 27 条，约占链路

总数的 72.97%，最低数量为 14 条，约占链路总数的 37.84%，其中控制链路数量为 20 ～ 25 条的有 4 个，而为 15 ～ 20 条的则有 3 个，这说明在该网络中使用该算法部署的 SDN 路由器可控制的链路数量约占整个 IP 网络中链路数量的 40.54% ～ 67.57%，平均可达 54.06%。

表 6-16　Geant 中控制链路数量和遗传代数之间的关系

遗传代数	控制链路数量 / 条
2	21
4	26
6	15
8	20
10	14
12	21
14	20
16	27
18	16
20	15

接着讨论当固定遗传代数时，控制链路数量和部署开销比率之间的关系。

表 6-17 为在 Abilene 中设定遗传算法进化代数为 10 代时控制链路数量与部署开销比率之间的关系。从表中可以明显看出，控制链路数量与部署开销比率之间并不具有完全拟合的线性关系，但是具有线性正相关的趋势。当部署开销比率低于 20% 时，路由器控制的链路数基本都是 3 条，约占链路总数的 21.43%，可当部署开销比率高于 20% 时，最低控制链路数达到了 6 条，占比则达到了 42.86%，增长将近 1 倍。

表 6-17　Abilene 中控制链路数量与部署开销比率之间的关系

部署开销比率 /%	控制链路数量 / 条
2.70	2
3.12	3

（续表）

部署开销比率 /%	控制链路数量 / 条
3.45	3
10.52	3
12.20	6
14.29	3
15.62	3
20.51	6
28.13	10
29.17	8

表 6-18 为在 Geant 中设定遗传算法进化代数为 10 代时控制链路数量与部署开销比率之间的关系。当部署开销比率低于 20% 时，路由器控制的链路数平均约为 16 条，约占链路总数的 43.24%，而当部署开销比率高于 20% 时，路由器控制的链路数平均达到了 24 条，占比达到了 64.84%。

表 6-18　Geant 中控制链路数量与部署开销比率之间的关系

部署开销比率 /%	控制链路数量 / 条
10.00	18
12.00	15
12.32	11
16.18	20
17.54	21
18.33	16
21.91	16
24.00	21
26.67	29
33.33	32

结合表 6-15 ～表 6-17 的数据不难看出，部署开销比率是决定控制链路数量的一个重要因素，当部署开销比率超过 20% 时，在两个网络拓扑中路由器控制的链路数都有一个显著的增长，这与前文提到的部署开销比率与控制链路数量有正相关趋势是相符的。而表 6-18 中部署开销比率为 21.91% 时的数据也说明了部署开销比率并不能完全决定路由器控制的数量，其数量还与网络拓扑的大小、遗传算法初始种群的选择等因素有关。

3. 节能比率

本部分主要比较不同算法的节能效果。本部分使用节能比率来衡量算法的节能效果，节能比率可以定义为关闭链路节省的能量和网络中所有链路消耗能量的比值。从该定义可以看出，节能比率越大，算法对应的节能效果越好。因为 EEHSDNGA 的节能比率与部署开销密切相关，所以下面将研究节能比率和部署开销之间的关系。图 6-45 和图 6-46 分别描绘了当最大链路利用率为 65% 时，算法 EEHSDNGA、EEGAH、LF 和 HEATE 在 Abilene 和 Geant 拓扑结构中节能比率和部署开销比率之间的关系。其中 Abilene 网络中采集数据的时间为 2004 年 3 月 14 日，Geant 网络中采集数据的时间为 2005 年 8 月 30 日。

图 6-45 和图 6-46 分别为不同算法在 Abilene 和 Geant 上部署开销比率和节能比率之间的关系。从图中可以看出，LF 的节能比率与部署开销比率之间没有关系，这是因为 LF 是针对传统网络的节能算法，不随部署 SDN 结点的变化而变化。而其余 3 种算法都与部署开销有着密切的关系。并且，EEHSDNGA 节能比率始终优于其余 3 种算法，并且节能比率随部署开销比率的变化较为明显，当部署开销比率大于 40% 时，EEHSDNGA 的节能比率基本不再变化。EEGAH 和 EEHSDNGA 的图形变化趋势基本相似，但是 EEGAH 的节能比率明显低于 EEHSDNGA 的节能比率。HEATE 的节能比率随着部署开销比率的变化较慢，只有将网络中全部结点升级为 SDN 结点时，HEATE 的节能比率才能达到最大值。

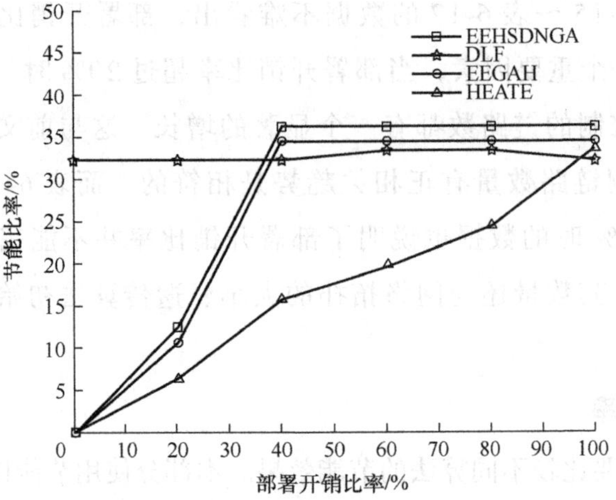

图 6-45 不同算法在 Abilene 上部署开销比率和节能比率之间的关系

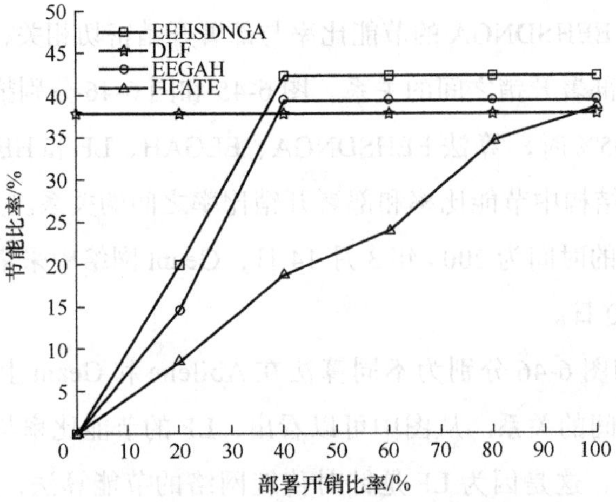

图 6-46 不同算法在 Geant 上部署开销比率和节能比率之间的关系

6.6.4 结束语

本节提出了一种基于启发式算法的节能算法 EEHSDNGA 及衡量一条链路在网络拓扑中重要性的链路比较模型。本章首先将在 IP 网络中部署 SDN 结点的问题抽象为一个 0–1 整数规划模型，并且使用遗传算法解决了该问题；实验结果表明，在一定的部署开销下，SDN 路由器可控制的链路数平均可达链路总数的一半多。在此前提下，本章接着利用链路比较模型对一些不重要的链路进行了关闭，达到了非常好的节能效果，实验结果表明，EEHSDNGA 的节能效果要优于 EEGAH、HEATE 等节能算法。然而，本章在研究部署开销比率与控制链路数量的关系时，并没有建立一些线性的拟合模型，此外本章仅研究了在 IP/SDN 混合网络中的节能方案，因此，在今后的研究中，将深入研究在纯 SDN 网络以及传统网络中的一些新颖的节能算法。

参考文献

[1] 耿海军，施新刚，王之梁，等. LFA 算法的一种高效实现方法 [J]. 软件学报，2018,29(12):3904-3920.

[2] Kun Q, Jin Z, Xin W, et al. Efficient Recovery Path Computation for Fast Reroute in Large-scale Software Defined Networks[J]. IEEE Journal on Selected Areas in Communications, 2019, 37(8):1755-1768.

[3] 陈若宾，王兴伟，马连博，等. 绿色主干网络中一种高效的路由节能算法 [J]. 计算机学报，2018,41(11):2612-2623.

[4] 何荣希，雷田颖，林子薇. 软件定义数据中心网络多约束路由节能算法 [J]. 计算机研究与发展，2019,56(06):1219-1230.

[5] Klaus-Tycho F, Yvonne-Anne P, Stefan S, et al. Local Fast Failover Routing With Low Stretch[J]. ACM SIGCOMM Computer Communication Review,2018, 48(1):35-41.

[6] Jia X, Jiang Y, Guo Z, et al. Intelligent path control for energy-saving in hybrid SDN networks[J].Computer Networks,2018,131:65-76.

[7] Clark D. The design philosophy of the DARPA internet protocols[J]. Acm Sigcomm Computer Communication Review, 1988, 18(4):106-114.

[8] Duijn I V, Jensen P G, Jensen J S, et al. Automata-theoretic approach to verification of MPLS networks under link failures[J]. IEEE/ACM Transactions on Networking, 2022,30(2): 766-781.

[9] Foerster K T, Kamisiski A, Pignolet Y A, et al. Improved fast rerouting using postprocessing[J]. IEEE Transactions on Dependable and Secure Computing, 2022,19(1):537-550.

[10] Varshney U, Snow A, Mcgivern M, et al. Voice over IP [J]. Communications of the Acm, 2002, 45(1):89-96.

[11] Goode B. Voice over internet protocol (voip) [J]. Proceedings of the IEEE, 2002, 90(9):1495-1517.

[12] Drew P, Gallon C. Next-generation voip network architecture [C]//Multiservice Switching Forum, March, 2003:1-19.

[13] Yallouz J, Rottenstreich O, Babarczi P, et al. Optimal Link-Disjoint Node-"Somewhat Disjoint" Paths [C]//International Conference on Network Protocols (ICNP). IEEE, 2016:1-10.

[14] Kwong K W, Gao L, Zhang Z L. On the feasibility and efficacy of protection routing in IP networks[J]. IEEE/ACM Transactions on Networking, 2011, 19(5):1543-1556.

[15] Gopalan A, Ramasubramanian S. IP Fast Rerouting and Disjoint Multipath Routing With Three Edge-Independent Spanning Trees[J]. IEEE/ACM Transactions on Networking, 2016, 24(3):1336-1349.

[16] Antonakopoulos S, Bejerano Y, Koppol P. Full Protection Made Easy: The DisPath IP Fast Reroute Scheme[J]. IEEE/ACM Transactions on Networking, 2015, 23(4):1229-1242.

[17] Xu A, Bi J, Zhang B. Failure Inference for shortening traffic Detours[C]//Proc of the International Symposium on Quality of Service. IEEE, 2016:1-10.

[18] Janos T, Gabor R, Peter B, et al. Berczi-Kovacsy, Panna Kristofy, Gabor Enyediz. Scalable and Efficient Multipath Routing: Complexity and Algorithms[C]//2015 IEEE 23rd International Conference on Network Protocols (ICNP). IEEE, 2015: 376-385.

[19] Zheng J Q, Xu H, Zhu X J, et al. We've Got You Covered: Failure Recovery with Backup Tunnels in Traffic Engineering[C]//2016 IEEE 24rd International Conference on Network Protocols (ICNP). IEEE, 2016:1-10.

[20] Yang Y, Xu M, Li Q: Tunneling on demand: A lightweight approach for IP fast rerouting against multi-link failures [C]//IEEE International Symposium on Quality of Service (IWQoS). IEEE, 2016: 1-6.

[21] Antonakopoulos S, Bejerano Y, Koppol P. Full Protection Made Easy: The DisPath IP Fast Reroute Scheme [J]. IEEE/ACM Transactions on Networking, 2016, 23(4):1229-1242.

[22] Markopoulou A, Iannaccone G, Bhattacharyya S, et al. Characterization of

failures in an operational ip backbone network[J]. IEEE/ACM Transactions on Networking, 2008, 16(4):749-762.

[23] Hou M J, Wang D, Xu M W, et al. Selective protection:A Cost-Efficient Backup Scheme for Link State Routing[C]//IEEE International Conference on Distributed Computing Systems (ICDCS) 2009. 68-75.

[24] Moy J. RFC 2328 OSPF Version 2 [S/OL]. The Internet Engineering Task Force,1998[2022-09-06].https://www.ietf.org/rfc/rfc2328

[25] Basu A, Riecke J. Stability issues in OSPF routing[J]. Acm Sigcomm Computer Communication Review, 2001, 31(4):225-236.

[26] Clad F, Merindol P, Vissicchio S, et al. Graceful router updates in link-state protocols[C]//IEEE International Conference on Network Protocols. IEEE, 2013:1-10.

[27] Francois P, Bonaventure O. Avoiding Transient Loops During the Convergence of Link-State Routing Protocols[J]. IEEE/ACM Transactions on Networking, 2007, 15(6):1280-1292.

[28] Pal S, Gadde R, Latchman H A. On the reliability of voice over ip (VoIP) telephony [C]//The SPRING 9th International Conference on Computing, Communications and Control Technologies, Orlando, Florida, USA, 2011.

[29] Xu M W, Hou M J, Wang D, et.al. An efficient critical protection scheme for intra-domain routing using link characteristics[J]. Computer Networks, 2013, 57(1):117-133.

[30] Xu A, Bi J, Zhang B B, Wang S H, et al. Failure Inference for shortening traffic Detours[C]. IEEE/ACM International Symposium on Quality of Service (IWQoS), 2017. 1-10.

[31] Kwong K W, Gao L, Zhang Z L. On the feasibility and efficacy of protection routing in IP networks[J]. IEEE/ACM Transactions on Networking, 2011, 19(5):1543-1556.

[32] Peng Q, Walid A, Low S H. Multipath TCP algorithms: theory and design[C]// Proceedings of the ACM SIGMETRICS/international conference on Measurement and modeling of computer systems, 2013. 305-316.

[33] Gran E. G, Dreibholz T, Kvalbein A. NorNet Core - A multihomed research testbed[J]. Computer Networks, 2014, 61(C):75-87.

[34] Atlas A, Kebler R, Konstantynowicz M, et al. Tantsura, Ericsson and M. Konstantynowicz. An Architecture for IP/LDP Fast-Reroute Using Maximally Redundant Trees, Internet-Draft, Standards Track, 2015:1-41.

[35] Enyedi G, Csaszar A, Atlas A, et al. Algorithms for computing Maximally Redundant Trees for IP/LDP Fast-Reroute, Internet-Draft, Informational, 2013:1-56.

[36] 徐明伟，李琦，潘凌涛，等．网络故障及自愈路由模型和算法 [J]. 中国科学：信息科学，2010, 40(7):943-953.

[37] 徐明伟，杨芫，李琦．域内自愈路由研究综述 [J]. 电子学报，2009, 37(12):2753-2761.

[38] 李清．基于弱转发的互联网路由可用性和扩展性研究 [D]. 北京：清华大学，2013.

[39] Lee S, Yu Y, Nelakuditi S, et al. Proactive vs Reactive Approaches to Failure Resilient Routing[C]. Proceedings of IEEE INFOCOM, Hong Kong, 2004. 1-11.

[40] 耿海军．基于路由度量的域内多路径路由研究 [D]. 北京：清华大学，2015.

[41] Narvaez P. Routing Reconfiguration in IP Networks[D]. Massachusetts Institute of Technology, 2000.

[42] Narvaez P, Siu K, Tzeng H. New dynamic algorithms for shortest path tree computation[J]. IEEE/ACM Transactions on Networking (TON), 2000, 8(6): 734-746.

[43] Narvaez P, Siu K, Tzeng H. New dynamic spt algorithm based on a ball-and-string model[J]. IEEE/ACM Transactions on Networking (TON), 2001, 9(6): 706-718.

[44] Francois P, Shand M, Bonaventure O. Disruption free topology reconfiguration in OSPF networks [C] . Proceedings of INFOCOM, 2007:89 - 97.

[45] Fortz B, Thorup M. Optimizing OSPF/IS-IS weights in a changing world[J].IEEE Journal on Selected Areas in Communications, 2002, 20(4):756-767.

[46] Nucci A, Schroeder B, Bhattacharyya S, et al. IGP Link Weight Assignment for

Transient Link Failures[J].Teletraffic Science and Engineering, 2003, 5:321-330.

[47] Moy J. RFC 2328 OSPF Version 2 [S/OL]. The Internet Engineering Task Force,1998[2022-09-06].https://www.ietf.org/rfc/rfc2328.

[48] Atlas A, Zinin A. RFC 5286 Basic Specification for IP Fast Reroute: Loop-free Alternates [S/OL]. The Internet Engineering Task Force, 2008[2022-10-08]. https://www.ietf.org/rfc/rfc5286.

[49] Francois P, Bonaventure O. An evaluation of IP-based fast reroute techniques[C] //Proc of the ACM Conf on Emerging Network Experiment and Technology. New York: ACM, 2005: 244-245.

[50] Geng H, Shi X, Wang Z, et al. A hop-by-hop dynamic distributed multipath routing mechanism for link state network[J]. Computer Communications, 2018, 116:225-239.

[51] Yang Xiaowei, Wetherall D. Source selectable path diversity via routing deflections[J]. Computer Communication Review, 2006,36(4):159-170.

[52] Schollmeiers G, Charzinski J, Kirstadter A, et al. Improving the resilience in IP networks[C] //Proc of the High Performance Switching and Routing. Piscataway, NJ: IEEE, 2003. 91-96.

[53] Kvalbein A, Hansen A F, Čičić T, et al. Fast IP network recovery using multiple routing configurations[C] //Proc of the 25th Int Conf on Computer Communications. Piscataway, NJ: IEEE, 2006:1677-1687.

[54] Lakshminarayanan K, Caesar M, Rangan M, et.al. Achieving convergence-free routing using failure-carrying packets[J]. ACM SIGCOMM Computer Communication Review, 2007, 37(4):241-252.

[55] Nelakuditi S, Lee S, Yu Y, et al. Fast local rerouting for handling transient link failures[J]. IEEE/ACM Transactions on Networking, 2007, 15(2):359-372.

[56] Zhang B, Wu J, Bi J. RPFP: IP fast reroute with providing complete protection and without using tunnels[C]//IEEE/ACM International Symposium on Quality of Service. 2013:1-10.

[57] Yang B, Liu J, Shenker S, et al. Keep forwarding: Towards k-link failure resilient routing[C] //Proc of the 33th Int Conf on Computer Communications. Piscataway,

NJ: IEEE, 2014. 1617-1625.

[58] Enyedi G, Rétvári G, Szilágyi P, et.al. IP Fast ReRoute: Lightweight Not-Via without Additional Addresses. INFOCOM, 2009. 2771-2775.

[59] Geng H, Shi X, Yin X, et al. An efficient link protection scheme for link-state routing networks[C]//IEEE International Conference on Communications (ICC). IEEE, 2015:6024-6029.

[60] Xu M, Yang Y, Li Q. Selecting Shorter Alternate Paths for Tunnel-based IP Fast ReRoute in Linear Time[J]. Computer Networks, 2012, 56(2):845-857.

[61] Banerjee G, Sidhu D. Comparative analysis of path computation techniques for MPLS traffic engineering. Computer Networks, 2002, 40(1):149-165.

[62] Sommers J, Barford P, Eriksson B. On the prevalence and characteristics of MPLS deployments in the open Internet[C]//Proceedings of the 2011 ACM SIGCOMM conference on Internet measurement conference. Toronto, Ontario, Canada, ACM, 2011: 445-462.

[63] Chris B, Gaurav A, et al. Maximally Redundant Trees in Segment Routing[J]. Chinese Journal of Engineering Design, 2016, 94(1):33-42.

[64] Cianfrani A, Listanti M, Polverini M. Incremental Deployment of Segment Routing Into an ISP Network: a Traffic Engineering Perspective[J]. IEEE/ACM Transactions on Networking, 2017, 25(5):3146-3160.

[65] Renaud H, Stefano V, Pierre S. A Declarative and Expressive Approach to Control Forwarding Paths in Carrier-Grade Networks[J]. Acm Sigcomm Computer Communication Review, 2015, 45(5):15-28.

[66] 耿海军，刘洁琦，尹霞．基于段路由的单结点故障路由保护算法 [J]. 清华大学学报（自然科学版），2018, 58(8): 710-714.

[67] 侯美佳．互联网路由保护研究 [D]. 北京：清华大学，2013.

[68] Gupta M, Singh S, Greening of the Internet [C]//Proceedings of the ACM Conference on Applications, Technologies, Architectures, and Protocols for Computer Communications (SIGCOMM 2003), 2003:19-26.

[69] Chabarek J, Sommers J, Barford P, et al. Power Awareness in Network Design and Routing[C]//Proceedings of the IEEE Conference on Computer Communications

(INFOCOM), 2008:457-465.

[70] Clark D. The design philosophy of the DARPA internet protocols [J]. Acm Sigcomm Computer Communication Review, 1988, 18 (4):106-114.

[71] Kreutz D, et al. Software-Defined Networking: A Comprehensive Survey[J]. Proceedings of the IEEE. 2015, 103(1): 14-76.

[72] Li J, Liu B, Wu H. Energy-Efficient In-Network Caching for Content-Centric Networking[J]. IEEE Communications Letters, 2013, 17(4):797-800.

[73] Herrera-Alonso S, Rodrguez-Pérez M, Fernández-Veiga M, et al. Optimal configuration of Energy-Efficient Ethernet[J]. Computer Networks, 2012, 56(10):2456-2467.

[74] Wolkerstorfer M, Statovci D, Nordstr M T . Energy-saving by low-power modes in ADSL2[J]. Computer Networks, 2012, 56(10):2468-2480.

[75] Gan L, Walid A, Low S. Energy-efficient congestion control[J]. Acm Sigmetrics Performance Evaluation Review, 2012, 40(1):89-100.

[76] Tian P, Zhang T, Shi J, et al. Towards zero-time wakeup of line cards in power-aware routers[J]. IEEE/ACM Transactions on Networking, 2016, 24(3):1448-1461.

[77] Idzikowski F, Bonetto E, Chiaraviglio L, et al. TREND in energy-aware adaptive routing solutions[J]. IEEE Communications Magazine, 2013, 51(11):94-104.

[78] Ma Y, Banerjee S . A smart pre-classifier to reduce power consumption of TCAMs for multi-dimensional packet classification[C]// Acm Sigcomm Conference on Applications. ACM, 2012.

[79] Lu W, Sahni S . Low Power TCAMs for Very Large Forwarding Tables[C]//The IEEE Conference on Computer Communications. IEEE, 2008:1-9.

[80] Gunaratne C, Christensen K, Nordman B, et al.Reducing the Energy Consumption of Ethernet with Adaptive Link Rate(ALR)[J].IEEE Transactions on Computers,2008,57(4):448-461.

[81] Gupta M, Singh S.Using Low-Power Modes for Energy Conservation in Ethernet LANs[A].The 26th IEEE International Conference on Computer Communications [C].2007:2451-2455.

[82] Mahadevan P, Banerjee S, Sharma P.Energy Proportionality of an Enterprise Network[C]//Proceedings of the First ACM SIGCOMM Workshop on Green Networking.ACM,2010:53-60.

[83] Yang Y, Xu M, Wang D, et al. A Hop-by-Hop Routing Mechanism for Green Internet[J]. IEEE Transactions on Parallel & Distributed Systems, 2016, 27(1):2-16.

[84] Zhou B, Zhang F, Wang L, et al. HDEER: A Distributed Routing Scheme for Energy-Efficient Networking[J]. IEEE Journal on Selected Areas in Communications, 2016, 34(5):1713-1727.

[85] Lee S S, Chen A, Tseng P K, Multi-Topology design and link weight assignment for green IP networks[C]//IEEE Symposium on Computers and Communications (ISCC), 2011:377-382.

[86] Lee S S, Tseng P K, Chen A . Link weight assignment and loop-free routing table update for link state routing protocols in energy-aware internet[J]. Future Generation Computer Systems, 2012, 28(2):437-445.

[87] Amaldi E, Capone A, Gianoli L G, et al. A MILP-Based Heuristic for Energy-Aware Traffic Engineering with Shortest Path Routing[C]//International Conference on Network Optimization 2011:464-477.

[88] Amaldi E, Capone A, Gianoli L G, et al. A MILP-Based Heuristic for Energy-Aware Traffic Engineering with Shortest Path Routing[J].Computer networks, 2011(57):1503-1517.

[89] Zhang M, Yi C, Liu B, et al. GreenTE: Power-aware traffic engineering[C]//IEEE International Conference on Network Protocols (ICNP). 2010:1-10.

[90] Avallone S, Ventre G . Energy efficient online routing of flows with additive constraints[J]. Computer Networks, 2012, 56(10):2368-2382.

[91] Kim Y M, Lee E J, Park H S, et al. Ant colony based self-adaptive energy saving routing for energy efficient Internet[J]. Computer Networks, 2012, 56(10):1343-2354.

[92] Chiaraviglio L, Mellia M, Neri F . Reducing Power Consumption in Backbone Networks[C]//IEEE International Conference on Communications. IEEE,

2009:1-6.

[93] Chiaraviglio L, Mellia M, Neri F . Energy-Aware Backbone Networks: A Case Study[C]//IEEE International Conference on Communications Workshops. IEEE, 2009:1-5.

[94] Chiaraviglio L, Mellia M, Neri F. Minimizing ISP Network Energy Cost: Formulation and Solutions[J]. IEEE/ACM Transactions on Networking, 2012, 20(2):463-476.

[95] Gelenbe E, Silvestri S . Optimisation of Power Consumption in Wired Packet Networks[C]//International Workshop on Quality of Service in Heterogeneous Networks, 2009:717-729.

[96] Bianzino A P, Chiaraviglio L, Mellia M . Distributed algorithms for green IP networks[C]//Computer Communications Workshops. IEEE, 2012.

[97] Bianzino A P, Chiaraviglio L, Mellia M, et al. GRiDA: GReen Distributed Algorithm for energy-efficient IP backbone networks[J]. Computer Networks the International Journal of Computer & Telecommunications Networking, 2012, 56(14):3219-3232.

[98] Chiaraviglio L, Cianfrani A, Rouzic E L, et al. Sleep modes effectiveness in backbone networks with limited configurations[J]. Computer Networks the International Journal of Computer & Telecommunications Networking, 2013, 57(15):2931-2948.

[99] 耿海军，施新刚，王之梁，等. 基于有向无环图的互联网域内节能路由算法 [J]. 计算机科学，2018, 45(4):112-116.

[100] 张举，耿海军. 基于网络熵的域内节能路由方案 [J]. 计算机科学，2019.

[101] Restrepo J C C, Gruber C G, Machuca C M. Energy Profile Aware Routing[C]// IEEE International Conference on Communications Workshops. 2009:1-7.

[102] Chiaraviglio L, Ciullo D, Mellia M, et al. Modeling sleep modes gains with random graphs[C]. Computer Communications Workshops. 2011:1-6.

[103] Chiaraviglio L, Ciullo D, Mellia M, et al. Modeling sleep mode gains in energy-aware networks[J]. Computer Networks, 2013, 57(15):3051-3066.

[104] Andrews M, Anta A F, Zhang L, et al. Routing for Energy Minimization in the

Speed Scaling Model[C]//Conference on Information Communications. IEEE, 2010:1-9.

[105] Fisher W, Suchara M, Rexford J. Greening backbone networks:reducing energy consumption by shutting off cables in bundled links[C]//Acm Sigcomm Workshop on Green Networking. 2010:29-34.

[106] Lin G, Soh S, Chin K, et al. Efficient heuristics for energy-aware routing in networks with bundled links[J]. Computer Networks, 2013, 57(8):1774-1788.

[107] Julien Minerau, Liang Wang, Sasitharan Balasubramaniam, et al. Hybrid Renewable Energy Routing for ISP Networks[C]//IEEE International Conference on Computer Communications. IEEE, 2016:1-9.

[108] Yang Y, Wang D, Pan D, et al. Wind blows, traffic flows : green internet routing under renewable energy[C]//IEEE International Conference on Computer Communications. IEEE, 2016:1-9.

[109] Congdon P T, Mohapatra P, Farrens M, et al.Simultaneously Reducing Latency and Power Consumption in OpenFlow Switches[J].IEEE/ACM Transactions on Networking,2014,22(3):1007-1020.

[110] 胡滢 . 软件定义网络节能技术研究 [D]. 北京：北京邮电大学，2017.

[111] Lee U, Rimac I, Hilt V. Greening the internet with content-centric networking[C]//Proceedings of the 1st International Conference on Energy-Efficient Computing and Networking.ACM,2010:179-182.

[112] Vissicchio S, Vanbever L, Bonaventure O . Opportunities and Research Challenges of Hybrid Software Defined Networks[J]. Acm Sigcomm Computer Communication Review, 2014, 44(2):70-75.

[113] Nascimento M R, Rothenberg C E, Salvador M R, et al. Virtual routers as a service: the routeflowapproach leveraging software-defined networks[C]// International Conference on Future Internet Technologies. ACM, 2011: 34-37

[114] Subbiah S, Perumal V. Energy-aware network resource allocation in SDN [C]. Wireless Communications, Signal Processing and Networking (WiSPNET), International Conference on. IEEE, 2016: 2071-2075

[115] 马晓慧 . 基于混合 SDN 的节能研究与应用 [D]. 成都：电子科技大学，2018.

[116] Network A B. Advanced networking for research and education. [Online]. http://abilene. internet2. edu, 2003.

[117] Spring N, Mahajan R, Wetherall D, et al. Measuring isp topologies with rocketfuel [J]. IEEE/ACM Transactions on Networking, 2004, 12(1):2-16.

[118] Medina A, Lakhina A, Matta I, et al. Brite: An approach to universal topology generation[C]//IEEE International Workshop on Modeling, Analysis, and Simulation of Computer and Telecommunication Systems, 2001:346-353.

[119] Long H, Shen Y, Guo M, et al. LABERIO: dynamic load-balanced routing in openflow-enabled networks[C]// Proceedings of the 2013 Advanced Information Networking and Applications. Barcelona, Spain, 2013: 290-297.

[120] Wang Y, You S. An efficient route management framework for load balance and overhead reduction in SDN-based data center networks. IEEE Transactions on Network and Service Management, 2018, 15(4): 1422-1434.

[121] Xue H, Kim K T, Youn H Y. Dynamic load balancing of software-defined networking based on genetic-ant colony optimization[J]. SENSORS, 2019, 19(2): 1-17.

[122] Fernandez-Fernandez A, Cervello-Pastor C, Ochoa-Aday L. Achieving energy efficiency : an energy-aware approach in SDN[C]// 2016 IEEE Global Communications Conference (GLOBECOM), 2016:1-6.

[123] Awad M K, Rafique Y, Alhadlaq S, et al.A greedy poweraware routing algorithm for software-defined networks[C]// IEEE International Symposium on Signal Processing & Information Technology, 2017:1-6.

[124] Kurroliya K, Mohanty S, Sahoo B, et al. Kanodia, Minimizing Energy Consumption in Software Defined Networks [C]// 7th International Conference on Signal Processing and Integrated Networks (SPIN), SPIN, 2020:885-890.

[125] Conterato M D, Ferreto T C, Rossi F, et al. Reducing energy consumption in SDN-based datacenter networks through flow consolidation strategies[C]// Proceedings of the 34th ACM/SIGAPP Symposium on Applied Computing,2019: 1384-1391.

[126] Li D, Yu Y, He W, et al. Willow: saving data center network energy for network-

limited flows[J]. IEEE Transactions on Parallel and Distributed Systems, 2015, 26(9): 2610-2620.

[127] 鲁垚光，王兴伟，李福亮，等．软件定义网络中的动态负载均衡与节能机制 [J]. 计算机学报 ,2019,:1-15.

[128] Cormen T H. 算法导论（第三版）[M]. 殷建平译．北京：机械工业出版社 ,2013.1:375.

[129] Fredman M L, Tarjan R E. Fibonacci Heaps And Their Uses In Improved Network Optimization Algorithms[C]// 25th Annual Symposium on Foundations of Computer Science, 1984:338-346.

[130] Luogu Dev Team, P1186[S/OL].[2022-08-07]. https://www.luogu.com.cn/problem/P1186

[131] Coiro A , Chiaraviglio L , Cianfrani A ,et al.Reducing power consumption in backbone IP networks through table lookup bypass[J].Computer Networks, 2014, 64(8):125-142.

[132] Wei Y, Zhang X, Xie L, et al. Energy-aware Traffic Engineering in Hybrid SDN/IP Backbone Networks[J]. Journal of Communications and Networks, 2016, 18(4):559-566.

[133] Galán-Jiménez, Jaime. Legacy IP-Upgraded SDN Nodes Tradeoff in Energy-Efficient Hybrid IP/SDN Networks[J]. Computer Communications, 2017:114(12), 106-123.